ハヤカワ文庫NF
〈NF283〉

〈数理を愉しむ〉シリーズ

数学をつくった人びと Ⅰ

E・T・ベル
田中勇・銀林浩訳

早 川 書 房
5230

MEN OF MATHEMATICS

The Lives and Achievements of the Great Mathematicians from Zeno to Poincaré

by

E. T. BELL

1937

トビーに

目次

9　解析学の権化——オイラー　273

史上もっとも多産な数学者／神学からの脱出／気前よく払う王侯たち／非実際家の実際性／天体力学と海戦／偶然と運命の数学者／サンクト・ペテルブルクにとらわる／沈黙は金／若くしてなかば盲目／自由プロイセンへの逃走／フリードリヒ大王の寛大と野暮／厚遇のロシアへ帰る／エカテリーナ女王の寛大と優美／働きざかりに全盲に／一世紀間の大家にして、諸大家の激励者

10　誇り高きピラミッド——ラグランジュ　299

一八世紀中最大にして、もっとも謙虚な数学者／経済的破滅がチャンスのもと／一九歳で傑作を構想／オイラーの雅量／トリノからパリへ、パリからベルリンへ／恩を忘れぬ私生児、天才を助ける／天体力学を征服／フリードリヒ大王の愛顧／うっかりと結婚／仕事は悪徳／数論の古典／『解析力学』、生きた傑作／方程式論の一里塚／マリー・アントアネットにパリで歓迎される／神経衰弱、憂鬱症、中流生活への嫌悪／フランス革命と若い女性で再びよみがえる／ラグランジュの革命観／メートル法／革命家たちのラグランジュ観／哲学者の死に方

11　農民から俗物へ――ラプラース　335

リンカーンのように貧しく、魔神ルシファーのように高慢／つめたい応対とあたたかい歓迎／太陽系に対する壮大な取り組み／『天体力学』／自己観／世間のラプラース観／物理学における基礎《ポテンシャル》／フランス革命下のラプラース／ナポレオンとの親交／ナポレオンの上をいく政治的現実主義

12　皇帝の友――モンジュとフーリエ　355

小刀とぎ師の息子と仕立て屋の息子、ナポレオンを助けて貴族をやっつける／エジプトでの喜歌劇／モンジュの画法幾何学と機械時代／フーリエ解析と近代物理学／王を信頼したり、貧民を信頼したりする愚かさ／生涯あくせくしながら最後にはうんざり

原注および訳注　399

解　説／森　毅　409

人名索引　421

『数学をつくった人びと』

II巻内容

III巻内容

文庫化に際しての訳者挨拶

本書の原書が初めて出版されたのは、一九三七年アメリカのサイモン・アンド・シュスター社からで、「ツェノンからポアンカレにいたる大数学者の生涯と業績」という副題がついていた。その後一九五三年イギリスでペンギン・ブックス二分冊となって、おおいに愛読された。邦訳は戦前一九四三年に半分だけ（ガウスまで）出された（今井末夫訳／金城書房）ことがあるが、全訳は本書の元になった一九六二年の東京図書刊／横書き四分冊版が最初である。その後一九七六年に縦書き二分冊版になってからも、多数の版を重ねることができたのは、何といっても原著の魅力によるものであろう。

今日の日本の硬直化した学校数学を学んだ人は、数学というと答が決まった退屈なものという印象が強いと思うが、それは大間違い。数学とは大なり小なり、精神の劇的なドラマだということを、本書ほど鮮やかに描きだしたものは少ないと思う。それは、個個の数学者の生涯や研究についてもいえるし、彼等の業績を綴った数学全体の発展についてもいえることである。

その端的な例は、本書でもフェルマやクンマーの項でたびたび触れられている「フェルマの最終定理」であろう。二十世紀も押し詰まった一九九四年、これは意外な方向から三百六十年ぶりに最終解決をみた。この問題には、一九〇八年ゲッティンゲン王立協会に十万マルクの懸賞金（ヴォルフスケール賞）が委託されていたが、今回の解決者アンドリュー・ワイルズにはそのうち八千マルクが支払われたという。

本書がただの天才数学者の列伝に終わることなく、こうした大きなドラマをも描き切っているのは、原著者E・T・ベルの含蓄ある才筆もさることながら、彼の数学に対する強い愛着と深い洞察によるものであろう。

ただ本書はポアンカレ、つまり基本的には十九世紀末で終わっている。ヒルベルト以降の二十世紀は、ある意味では十九世紀以上に変化と激動の時代であり、数学とて例外ではない。世紀の初頭一九〇〇年パリでの国際数学者会議（ＩＣＭ）で、ヒルベルトが解決を期待して提出した二十三個の問題のうち、十八個が解かれたがまだ五個が未解決である。今世紀の冒頭二〇〇〇年アメリカのクレイ数学研究所は、格別の未解決難問を七個あげ、それぞれの解決に百万ドルの賞金をかけると発表した。その中にはヒルベルトの未解決問題のうち、リーマン予想（ζ《ゼータ》関数の虚な零点に関する、一八五九年）とポアンカレ予想（三次元多様体が三次元球面になる条件、一九〇四年）とが残されている。この二つはまあ十九世紀からの宿題だが、他の五個は二十世紀が投げかけたものである。

これらの新しい課題あるいは挑戦の意味とそれらの解決のドラマとを、ベル以上の筆力をもって描いてくれる人が現れるのを望むのは、われわれ訳者のみではなかろう。

二〇〇三年　夏　　訳者

おぼえがき

この本では、史実を述べるたびに典拠をあげるとしたら、たいへんな量の脚注が要《い》るであろう。しかも参考資料のうちほとんどが大きな大学図書館でしかみられないもので、そのうえたいていは外国語で書かれている。個々の学者の生涯の主な日付や事実については（現代の学者にかぎり）死亡者略歴を参照したが、これはその学者が会員となっている学会の会報に掲載されたものである。ほかに数学者同士のあいだでやりとりされた手紙や全集などにも、興味ある事実が記録されている。すぐあとであげる二、三の特定の出典のほかに、特別役に立つのはつぎの文献である。

(1)『数学の進歩に関する年鑑』（数学史の項）に摘要された多くの史実上の注釈や論文。

(2)　『数学集書』の同様な注や論文。

典拠のなかで、つぎの三つはとくに《私的な》ものなので、はっきり述べておく必要がある。ガロアの伝記は『高等師範学校紀要』（一八九六年、第三巻、一三号）所載のP・デュピュイによる古典的な叙述と、ジュール・タンヌリの編集した注釈とをもとにした。ワイエルシュトラスとソーニャ・コワレフスカヤの文通は、ミッタグ＝レフラーによって『数学綱要』（一部は一九〇二年パリ開催第二回国際数学者会議議事録）に発表されているものである。ガウスについての多くの史実は、ザルトリウス・フォン・ヴァルタースハウゼンの（一八五六年ライプツィヒ発行）『回想のガウス』から採録した。

この本に引いた日付や固有名詞のつづりがすべて正確だとはいえない。日付を使ったのは、主に、ある学者が、いくつのときにとりわけ独創的な発明をしたのか、読者に見当をつけてもらうためである。つづりについていえば、スイスのある都市がBasle, Bâle, Baselであったり、またもう一つの都市がUtzendorffやUitzisdorfであったり、しかもそれぞれが世にいう権威者によって使われている有様で、私にはどちらを選んだらよいかわからなかったことを白状する。JamesとJohann、WolfgangとFarkasとのどちらを選んだらよいかという場合は、そのやさしいほうを選び、そうでなければ同一人物であることを知らせる手段をとった。

旧著『真理の探求』の場合と同様、エドウィン・ハッブル博士ならびにグレース夫人の貴重なご援助にたいして、厚く感謝したい。この本の叙述の責任はまったく私にあるが、それにしても私の専門とはいいかねる領域の専門家お二人から学問的批判をえたことは（必ずしも有益ばかりとはかぎらなかったが）、非常な励ましとなり、またお二人の建設的批評が私の欠陥を補ってくれたものと信じている。モルガン・ワード博士からも、この本の一部について批評をいただき、博士が専門とする問題について多くの有益な示唆《しさ》をいただいた。これまで同様、妻トビーの助力は大きく、その尽力にむくいるため、この本を彼女に献ずることにした（彼女が受けてくれさえすれば）。この本は私の著作であると同時に彼女の著作でもある。

最後に、稀覯書や文献資料の貸し出しに助力してくださった各図書館の方々に厚く感謝する。ことにスタンフォード大学、カリフォルニア大学、シカゴ大学、ハーバード大学、ブラウン大学、プリンストン大学、エール大学、ジョン・クリラー図書館（シカゴ）およびカリフォルニア工科大学の図書館各位に謝意を表したい。

E・T・ベル

彼らは語る　彼らはなにを語る？　彼らに語らしめよ
（アバディーンのマリシャル・カレッジの標語）

近代における純粋数学の発展は、人間精神のもっとも独創的な産物といってよいだろう。

ホワイトヘッド（『科学と現代世界』一九二五）

数学的真理は本質的に単純なものだとか、複雑なものだとかはいえない。それはただ存在するのだ。

エミール・ルモワーヌ

詩人味をもちあわせない数学者は完璧な数学者とはいえない。

カール・ワイエルシュトラス

私が数学の敵であるという非難を耳にしたが、私ほど数学を高く評価しているものは

いまい。数学はまさしく私の到達しえないことを成し遂げているからである。ゲーテ

数学者は恋人に似ている……数学者に最小の原理を許せば、あなたも認めなければならないような一つの結論をひきだし、この結論からさらにまた新しい結論を導きだす。

フォントネル

数学者をまるめこむのは、円を正方形にするのよりむずかしい。

オーガスタス・ド・モルガン

この講義中に四次元幾何学という薬を多量に投入しなければならなかったことは残念であるが、弁解はしない。自然がそのもっとも基本的な相において四次元であるという事実については、私はまったく責任がないからである。事物は本来そうしたものなのである……

ホワイトヘッド（『自然の概念』一九二〇）

＊　＊　＊

数は宇宙を支配する。

ピタゴラス学派

数学は科学の女王であり、数論は数学の女王である。

カール・フリードリヒ・ガウス

数は量の世界全体を支配するといってもよく、また算術の四則は数学者の完全装備とみなしてよい。

ジェイムズ・クラーク・マックスウェル

算術のいろいろな部門は……野心、放心、醜悪、あざけり。

にせの海亀（『不思議の国のアリス』より）

神は整数を創りたもうた。残りすべては人間の業《わざ》である。

レーオポルト・クロネッカー

（算術は）人間の知識のいちばん古い部門の一つであり、おそらくは最古の部門だろう。しかもそのもっとも深遠な秘密のあるものは、そのもっとも平凡な真理のすぐそばに横たわっている。

ヘンリ・スミス

プラトンの著作は、その著者が幾何学に心酔していたことを数学者に納得せしめるものではない……われわれはプラトンが数学を奨励したことを知ってはいる……しかしだれも信じないだろうが……ツェツェスによれば、彼の門の上に「幾何学を知らざるものは入るべからず」が掲げられてあったにせよ、それはサンドウィッチを一包み持参することを忘れるなという警告が必ずしもご馳走を約束しないのと同じように、門内の幾何学を証明するものではなかったろう。

オーガスタス・ド・モルガン

幾何学に王道なし。

メナイクモス（アレキサンダー大王に）

＊　＊　＊

彼は国会議員になってからユークリッド六巻を研究し、ほとんど完全に精通した。彼は自分の能力、ことに論理と言語の能力を向上させる目的で、自分に厳格な精神訓練を課しはじめていた。ここから彼のユークリッド愛好の念が深まり、巡回旅行にも携《たずさ》えていって、とうとうユークリッド六巻の命題全部をやすやすと証明することができるようになった。枕もとにろうそくをおいて、夜がふけるまで勉強することがたび重なったが、同室の六人の同僚弁護士はたえずいびき声で室内をみたしていた。

エイブラハム・リンカーン（『自叙伝略記』一八六〇）

不思議にきこえるかもしれないが、数学の力というものは、あらゆる不必要な考えをさけること、および精神機能を極度に節約することにかかっている。

エルンスト・マッハ

＊　＊　＊

綿花価格の曲線とおなじ様式で描かれた単純な曲線が、非常に複雑な音楽演奏から耳がキャッチしうるほとんどすべてのものを表示しているということ……それは、私にとっては、数学の威力のおどろくべき証明と思われる。

ケルヴィン卿

＊　＊　＊

数学者は記号の洪水に押し流され、一見純粋に形式的な真理をとりあつかっているようにみえるが、それでも物質世界の解明にとって無限の重要性をもつ結論をひきだすこともありうるのである。

カール・ピアスン

実例は任意にふやすこともできるのだが……このことは、実験者がその結論を数学のたすけを借りずに解釈することが、しばしばどんなにむずかしいことかを示している。

しかし数学が高い評価をうけるのにはもう一つの理由がある。厳密な自然科学にある程度の確実性を与えるのが数学であり、数学なしにはそれは不可能なのである。

レイリー卿

数学はあらゆる種類の抽象概念をとりあつかうのに最適な道具であって、この領域における数学の力は無限である。したがって、新しい物理学に関する本は、純粋に実験作業を記述するものでないならば、必ず数学的なものでなければならない。

アルベルト・アインシュタイン

ディラック（『量子力学』一九三〇）

ファラデーの研究をすすめるにつれて、その（電磁気）現象把握の方法もまた、ありきたりの数学形式を用いてはいないが、数学的なものであることに気づいた。私はまた、これらの方法を通常の数学形式で表現し、数学専門家の方法と比較することができることを発見した。マックスウェル（『電気ならびに磁気に関する論文』一八七三）

＊　＊　＊

第六四問……数学者は神秘を、さらにまた不調和や矛盾をすらもっていないだろうか？

バークリ主教

健全な哲学を創造するためには形而上学《けいじじょうがく》を打ち捨ててよき数学者にならなければならない。

バートランド・ラッセル（ある講義で、一九三五）

数学はただ一つのよい形而上学である。

ケルヴィン卿

結局は経験から独立した思考の産物である数学が、どうしてこんなにも見事に現実の事物に適合するのであろうか。

アルベルト・アインシュタイン（一九二〇）

あらゆる新発見は形式上数学的である。このほかに手引きをもつことはできないから。

ダーウィン（一九三二）

無限！　これほど人間の精神を動かした問題はなかった。

ダーフィット・ヒルベルト（一九二一）

無限という考えはわれわれの最大の友である、と同時にわれわれの心の平和をみだす最大の敵でもある……ワイエルシュトラスがわれわれに教えたことは、われわれがついにこの無軌道な要素を徹底的に馴らし、手なずけてしまった、と考えよということである。ところが事実はそうではなかった。それは再び脱出し自由の身となった。ヒルベルトとブローウェルとはそれをもう一度馴らしにかかった。どのくらいかかるか、われわれにもわからない。

ジェイムズ・ピアポント（『アメリカ数学協会報』一九二八）

私の考えでは、数学者は数学者であるかぎり哲学にかかずらう必要はない……これは多くの哲学者がいだいている意見でもある。

アンリ・ルベーグ（一九三六）

神はつねに幾何したまう。

プラトン

神はつねに算術したまう。

ヤコービ

宇宙の大建築家はいまや純粋数学者として姿を現しはじめている。

ジーンズ（『神秘の宇宙』一九三〇）

数学はもっとも厳密な科学であり、その結論は絶対的に証明しうる。しかし、これは数学が絶対的結論をひきだそうとはあえて試みないからである。すべての数学的真理は相対的、条件的である。

チャールズ・プロテウス・スタインメッツ（一九二三）

数学者または哲学者がもうろうとした深遠さをもって、ものを書いている場合には、無意味なことを語っているのだと思えば間違いはない。

ホワイトヘッド（一九一一）

数学をつくった人びと　I

1　序　論

この章をまえがきとせずに（ほんとはそうなのだが）序論としたのは、まえがきをとばして読むくせのある人をつりこんで――そういう人たちにも面白く――最初の数ページを読んでもらってから、そのうえで、大数学者の何人かと会ってもらいたいと思ったからである。まず強調したいのは、この本が数学史として、あるいは数学史の一部として書かれたものでは全然ないということである。

ここに紹介した数学者の生涯は、一般読者や、現代数学をつくりだした人間とは、どんな人間なのかを知りたいと思う人びとを対象に書かれたものである。私の目的は、今日《こんにち》の数学の広大な領域を支配しているいくつかの主流をなす考え方へ〔読者を〕導くこと、しかもそれらの考え方をつくりだした人びとの生涯を語ることを通じて導くことにある。

とりあげる人物を選択するにあたっては、二つの基準をおいた。一つは、現代数学に対してもつその人物の業績の重要性であり、第二は、その生涯と性格の人間的魅力である。ある人物は両方の基準にあてはまる。たとえばパスカル、アーベル、ガロアなどである。またガウスやケイリーのような人物は、興味ある生涯をおくったにしても、おもに第一の基準にあてはまる。特定の功績があり、記念されるべき候補者が複数あって、二つの基準が衝突したり重複したりするときには、第二の基準に重点をおいたが、それは、私がこの本では、なによりも人間としての数学者に興味を抱《いだ》いているからである。

最近数年間、科学とくに物理学、および急速に変貌しつつある哲学的宇宙観に対する物理学の関係について、一般の関心がものすごく高まっている。最近の科学の発達について、それほど専門的でない言葉で書かれたたくさんの解説のおかげで、専門の科学者と、科学以外の分野で生計をたてている人びととのあいだのギャップがちぢめられた。これらの解説、とくに相対性理論や量子論の多くの解説には、ガウスとかケイリー、リーマン、エルミートなどの、一般読者にはなじみのなさそうな名前がでてくる。これらの人びとがどんな人間なのか、一九〇〇年来の物理学の爆発的進歩の準備にどんな役割を果たしたのかを知り、そのゆたかな人格を理解するならば、この壮大な科学の進歩も、正しい展望のうちにとらえられ、新しい意味をもってくることだろう。

偉大な数学者たちは、科学・哲学思想の発展において、科学者や哲学者に劣らない役割を演じてきた。この役割を、それぞれの時代の支配的問題を背景に、大数学者の生涯を通して描きだすこと、これがこの本の目的である。重点は現代数学においた。つまり、いまも生きて何かを生みだしている、科学と数学にとってきわめて重要な、偉大でしかも単純な指導的数学思潮に重点をおいた。

数学といえば、《諸科学のはしため》であり、科学に奉仕するのが唯一の目的だと考えてはならない。数学は《科学の女王》とも呼ばれてきた。ときによっては、この女王が諸科学からものを乞《こ》うているようにみえることもあるが、非常に誇り高い物乞いであって、より富裕な姉妹科学にただでほどこしを求めたり、受けたりしたことは一度もない。もらったものに対しては支払ってきた。数学は、科学への応用にもまして、自身の光と智恵をもち、数学自体の意味をみてとる聡明な人間に対しては、豊かなお返しをするのである。これは芸術のための芸術といった古くさい教理ではない。数学は人類のための芸術である。なんといっても科学のほんとうの目的は技術ではない。神は私たちがすでにたくさんの小道具をもっていることをご存知である。科学はまた、どんなに想像をたくましくしても人間の訪れることのできない、あるいは私たちの物質的存在に影響をおよぼすこともないような宇宙の深淵をも探求する。大数学者たちは、いくつかのことがらは、その本質的美しさのために進んで理解する価値があると考えたが、それらについても、のちに見ることにする。

プラトンは、アカデミーの門の上に「幾何学を知らざるもの入るべからず」という銘をかかげた。ここにそのような警告を掲げる必要はないが、良心的すぎる読者に余計な苦しみをしてもらいたくないので、一言忠告しておくのもわるくないだろう。いちばん大切なことは、現代数学のつくり手の生涯や個性にあるのであって、この本のうちに散見する公式や図のなかにあるのではない。何千人という研究者の手で、広大な入り組んだ複雑な形に仕上げられた現代数学も、その根本観念は単純で、しかも果てしない展望をもっており、普通の知能を有する人間ならだれにでも理解できるものである。数学者は、街頭にでていって最初に会った人にわかりやすく説明できるほどにハッキリさせるまでは、自分自身の仕事を完全に理解しているとはいえない、とラグランジュ（この人物とはあとで出会う）は信じていたくらいである。

もちろん、これは理想であって容易にできるとはかぎらない。しかし、ラグランジュがこのことをいうわずか二、三年まえまでは、ニュートンの引力の《法則》が高等教育をうけた人びとにとってさえ理解に苦しむものであったことを想い起こしてほしい。それ以後昨日までは、ニュートンの法則はすべての教育ある人びとが単純な真理だとうけいれていた常識であった。そして今日では、一八世紀初めごろニュートンの法則が占めていた位置に、アインシュタインの相対性理論が立っている。明日、明後日には、アインシュタインの理論は、昨日のニュートンの《法則》のように《あたり前のこと》のようにみえてくることだろう。

もう一人の偉大なフランスの数学者は、自分ばかりか読者の難渋《なんじゅう》に気づいて、何事でも一つことにあまり長くかかずりあうことをやめて、「先へすすめば、おのずと目が開かれるだろう」と、良心的な人びとに対し助言している。つまり、ときどき公式や図や文章があまり専門的すぎると思った場合には、読みとばしてしまうがよい。残りの部分にも報いてあまりあるものがあるということである。

数学の学徒は、《遅々《ちち》とした進歩》という現象、すなわち潜在意識的同化作用のことをよく知っている。はじめて何か新しいことを研究しだしたときには、こまかいところがやたらに目につき、絶望的に混乱してしまい、全体の統一した印象というものがえられない。それから少し休んだあとでやりなおしてみると、すべてのものが、写真を現像するときのように、それぞれにふさわしいトーンで適当な場を占めていることがわかるようになる。解析幾何学とまじめに取り組んだ初心者の大部分は、こうした種類のことを経験する。一方、微積分学は、はじめから目的がハッキリしているので、理解がはやい。専門の数学者でも、自分に興味のある細部に集中するまえに、全体の概観をうるために他人の著作を拾い読みすることがしばしばある。飛ばし読みは、私たちが厳格な先生から教えられたように罪悪ではなく、常識の教える智恵なのである。

賢明な策として読みとばしてもかまわないのであるが、それにしても、この本をすみからすみまで理解するのに必要な数学の知識量はどの程度であろうか。それは中・高等学校程度の数学で十分だといってさしつかえない。この程度をこえた問題もところどころでてくるが、中・高等学校程度の学力ある人ならついてゆけるだけの説明はしておいた。創始者と関係ある、いくつかのもっとも大切な観念、たとえば群《ぐん》、多次元空間、非ユークリッド幾何学、記号論理学についても、おおまかな概念を理解するには、中・高等学校程度以下でも十分である。何よりも必要なのは、興味と落ち着いた頭脳とである。現代数学のこれらのいきいきした観念を吸収することは、暑い日中に飲む冷水のようにさわやかで、芸術のように人を鼓舞《こぶ》するものである。

読みやすくするため、大切な定義は必要なたびに繰り返しておいたし、まえの章を参考にしたところもちょいちょいある。

章は順を追って読む必要はない。瞑想的または哲学的傾向の人は最後の章から読みはじめるのもよい。社会的背景に適合するように、ほんの少し順序をかえたほかは、各章はほぼ年代順になっている。

この本にとりあげた数学者のうちでいちばん寡作《かさく》な人のでも、その全部の業績を述べることはできないし、一般読者向けの本でそのようなことをしても役には立つまい。そのうえ過去の数学者は大学者であっても、その作品の多くは、現在は歴史的興味しかなく、より広汎《こうはん》な展望のうちにくり込まれてしまっている。そこで、それぞれの数学者が成し遂げたきわだって革新的なことだけを叙述し、それも独創性と現代思想における重要性とを基準にして選んだ。

ここに選んだ題目のうち、つぎのようなものが（とくに）一般読者の興味をひくだろうと思われる。すなわち、現代の無限論（2章および29章）、数学的確率の起源（5章）、群の概念と重要性（15章）、不変式の意味（21章）、非ユークリッド幾何学（16章と14章の一部）、一般相対性理論における数学の起源（26章最後の部分）、整数の性質（4章）、整数の現代的一般化（25章）、いわゆる虚数——$\sqrt{-1}$のような——の意味と有用性（14章および19章）、記号論理（23章）など。数学的方法がどんな威力をもっているか、ことに科学に適用した場合の威力について見たいと思う読者がいたならば、微積分とは何をするものなのか（2章および6章）を読めば、うるところがあるだろう。

近代数学は解析幾何学と微積分学という二大進歩から始まった。前者がはっきりした形をとったのは一六三七年であり、後者は一六六六年で、それが一般に知れわたったのは一〇年後のことである。その背後にある思想というのは、子どものように単純なものであるが、それにしても解析幾何学的方法の威力はたいへんなものである。きわめて平凡な一七歳の少年でも、それを使えば、ユークリッド、アルキメデス、アポロニウスなどギリシア最大の幾何学者を悩ませたような結果を証明することができる。この偉大な方法をついに結実させた人はルネ・デカルトで、人なみすぐれて充実した興味ある生涯を送った。

デカルトが解析幾何学の創造者であるからといって、その新しい方法がすっかり仕度をととのえて、彼の頭脳からとびだしてきた、というのではない。デカルト以前に多くの人びとが、この新方法に向かってかなりの進歩を遂げていたのである。デカルトは最後の一歩を進め、幾何学的証明、発見、発明の有効なエンジンとして、この方法を始動させさえすればよかったのである。しかもそのデカルトでさえ、フェルマとその名誉を分かたなければならない。

近代数学の他の進歩の大部分にも、似たようなことがいえる。だれか一人、ときには二、三人がいっしょに、先行者たちが見過ごしていた本質的な細部をハッキリ見てとるのである。このような新しい事態が生まれるまでは、新しい概念というのはいく世代ものあいだ《ばくぜんと空中にただよっている》ものなのかもしれない。たとえば相対性理論はミンコフスキーの天才のために、時がしまっておいてくれた偉大な発明だったといわれることがある。ところが、実際は相対性理論を創造したのはミンコフスキーではなく、アインシュタインであった。事情がちがっていたら、だれそれはあれこれのことを仕遂げたかもしれない、などというのは無意味なことであろう。私たちと物理的宇宙とが、いまのような状態でないとしたら、おそらく私たちのだれかが月をとび越すこともできるであろうが、本当のところはとび越せはしないのである。

しかしまた、大きな進歩に対する功績が、いつも正しくその人に帰せられるとは限らないので、発明者に先んじてその新方法を強力な仕方で使ってみた人が必要以上の名誉にあずかることもある。たとえば、微積分という大変重要な問題についても、このことが当てはまるようである。アルキメデスは、積分の根本原理である和の極限という基本的な考え方をもっていたばかりではなく、それを応用することができることも示した。アルキメデスはまた、自分の問題の一つに、微分の方法を用いた。一七世紀のニュートンやライプニッツに近づくにつれて、微積分の歴史はきわめて複雑なものになってゆく。この新しい方法は、ニュートンやライプニッツが地上にひきおろすより前に、「ばくぜんと空中にただよっている」どころではなく、すでに、フェルマが実際にその方法をつかんでいた。フェルマはまた、デカルトとは別に、座標幾何学の方法を発明していた。こうした明白な事実があるとしても、私は伝統にしたがって進むことにしよう。したがって、公平な取り分よりも少し多く与えすぎる危険があっても、多数票の命ずるところをそれぞれの大学者たちに割り当てようと思う。けっきょく、優先権というものは、当人やその擁護者が生存しているあいだは、激しい論争のたねとなっていても、その時代から遠のくにしたがって、次第に切実な重要性を失ってゆくものなのである。

＊　　＊　　＊

専門の数学者を知らない人は、会ってみてびっくりするかも知れない。それはおそらく一般読者にとって、一つの階層としての数学者は、どんな種類の頭脳労働者よりも、なじみが薄いからであろう。数学者が小説に登場するのは、その親類関係の科学者よりもずっと例が少なく、たとえ小説や映画に現れたとしても、まったく常識を欠いただらしない夢想家――喜劇的な息抜き――として登場することが、あまりにも普通になっている。それでは実際生活ではいったいどんな人間なのだろう。**偉大な**数学者の数人がどんなふうな人であったか、どんな生涯を送ったかを仔細《しさい》にみるだけでも、普通に知られている数学者のイメージがどんなに間違っているかを知って吹きだしてしまうに違いない。

奇妙に思えるかもしれないが、偉大な数学者のだれもが大学教授であったわけではない。その中には少なからず職業軍人がおり、神学や法学、医学から数学にはいったものもいる。またもっとも偉大な数学者の一人に、祖国のために嘘を吐《つ》いた狡猾《こうかつ》な外交官もいた。まったく職業を持たない人も数人いた。もっと奇妙なことには、数学の教授のだれもが数学者であったわけではない。だがこれは、高給をはむありきたりな詩学の教授と、屋根裏部屋で飢え死にしかけている詩人との距離が、いかにかけ離れているものかを考えてみたら、おどろくほどのことではない。

以下に述べる伝記は少なくとも、数学者がだれにも劣らず、ときには悩ましいほどに、人間的であったことを示すだろう。普通の社会生活では、大多数の数学者は常人であった。もちろん、数学者にも奇矯《ききょう》な人がいたが、その割合は一般の商売や専門職業の場合とたいして変わらない。全体として偉大な数学者たちは、多方面の能力をもち、精力的で機敏で、数学以外の多くのことがらに強い興味をもち、争いとなると人なみ以上のバックボーンの持ち主である。一般に数学者は、いじめるにはつごうの悪い相手であった。いつも、もらったものに複利をつけてお返しができたからである。彼らはただ、数学をやりたいという抑えきれない衝動があったからこそ、数学の天才として、大多数の有能な同僚にぬきんでて、けたはずれの業績をあげることができたのである。ときに数学者は、きわめて有能な行政官であった（フランスには、現在でもそういう数学者がいる）。

政治的な傾向についてみると、偉大な数学者たちは、反動的保守主義から急進自由主義にいたるまでのあらゆる領域にわたっている。一つの階層としてみれば、彼らの政治的見解は、やや左よりであるといってもさしつかえなかろう。その宗教はもっとも偏狭《へんきょう》な正統主義——ときにはもっとも暗黒な狂信の影さえ宿したものがいるが——から、完全な懐疑主義にまでおよんでいる。少数の人びとは、何も知らないことについて独断的なことをも主張したが、大多数のものは大ラグランジュの「私にはわからない」という言葉をおうむ返しにする傾向の持ち主である。

何人かの作家や芸術家（そのあるものはハリウッドの）の求めにしたがって、偉大な数学者のもう一つの特徴――その性生活――についてここでふれておこう。ことにこれらの質問者が知りたがっていることは、大数学者のうち何人が性的倒錯者であったかである。これは少し穏やかでない質問かもしれないが、このような話題に熱心ないまの時代には、まじめな答えに値するもっともな質問であろう。性的倒錯者は一人もいなかった。ある者はおもに経済的理由から独身生活を送ったが、大多数は幸福な結婚をし、文化的・知的なやり方で子どもを育てあげた。ついでながら、その子どもたちは人なみをはるかに越えた才能をもつものが多かった。過ぎ去った世紀の大数学者のいく人かは、当時の風習にしたがって妻以外にも愛人をもっていた。本書でとりあげた数学者のうちで、多少なりともフロイト主義者の興味をひくにたるただ一人の人物は、パスカルである。[1]

しばらく映画の理想とする数学者のイメージに立ち返ってみよう。大数学者はいつも汚れた洋服を着ていたわけではない。私たちがかなり詳しい知識をもっている長い数学史を通観してみれば、数学者たちは他のどんな集団と比べても、同じくらい身なりに注意をはらっていたことがわかる。ある者はおしゃれで、あるものはだらしなかったが、大多数は目立たない程度にきちんとしていた。もし今日、だれかまじめな人間が、目につく服を着て髪を長くのばし、黒い縁の広いソンブレロをかぶり、あるいは何か人目をひくような身なりをして、自分は数学者であると自称したとしたら、その人間は数秘学者に変じた心理学者だと賭ければ、当たらなくとも遠くはないだろう。

いま一つ大変興味をひくことは、大数学者たちの心理学的特性である。あとの章にでてくるポアンカレは数学創造の心理学について示唆《しさ》するところがあるだろう。しかし一般的な問題については、心理学者たちがたがいに論争をやめて、何が何であるかについて一致するまでは、どうともいえない。大体において、大数学者はあくせくと働く一般人よりは豊かで男らしい生涯を送った。この豊かさは全部が全部、知的冒険にかかわっているわけではない。大数学者の数人は人なみ以上の肉体的危険と激情とを経験し、ある者は手におえないおこりん坊――結局同じことになるが、たくみな論客――であった。多くのものは血気ざかりに闘争の快さを味わった。これは非難すべきことではあるが、十分人間的なことでもある。それを知ることによって、骨なしが味わったことのないこと、すなわちあの敬虔《けいけん》なクリスチャンのウィリアム・ブレイク(2)が『地獄のことわざ』の中でいった「呪咀《じゆそ》は緊張させ、祝福は弛緩《しかん》させる」ということを経験したのである。

このことは、(本書にとりあげた何人かの言動から)一見して数学者の著《いちじる》しい特徴である、怒髪天《どはってん》を衝《つ》くごとき口論好きとも見えるものについて考えさせる。これら数人の人びとの生涯を調べてみると、大数学者は他人が自分の研究をぬすんだ、そしった、また自分に値する名誉をあたえなかったと考えたり、あるいは想像上の権利を取りもどすために口論をはじめたりするという印象を受けがちである。このようないざこざから超然としているべき人びとが、自分の道からそれて発見の一番乗りを争ったり、競争者を剽窃《ひょうせつ》のかどで訴えたりする。真理の探求は人間を真率《しんそつ》にするというのは迷信で、これをくつがえすにたるだけの不正直な例が見いだされるけれども、かといって数学が人間の性質をそこねたり口論好きにしたりするというほどの証拠もない。

もう一つの似通った心理学的特徴は、もっとわずらわしいものである。つまり嫉妬だが、これは相当なものである。偏狭なナショナリズムと国際間の嫉妬とは、非人格的な純粋数学においても、発明、発見の歴史を傷つけ、あるきわだった例では、事実をはっきりさせることができなかったり、現代思想に対する特定の人の意義を正しく評価できなかったりすることさえある。人種的狂信も、ことに最近では、自分の属す人種や国民以外の科学者の生涯や業績を偏見なく物語ろうとする人びとの仕事を複雑なものにしている。

その複雑な歴史のなかで、それぞれの学者やそれぞれの国民の果たした応分の役割を判定することも含めて、ヨーロッパ数学について公平な説明ができるものがいるとするならば、それは中国の歴史家だけだろう。中国の歴史家だけが変に顚倒《てんとう》した図柄のもつれをほどき、私たちの差別的なヨーロッパ流の高慢さのなかにかくされた真実を発見するだけの辛抱強さと、超然とした冷徹《れいてつ》さとをもっているようである。

いま主に数学の近代的な時期に注意をかぎったとしても、なんとかして解かなければならないのは、選択の問題である。私の選んだ解決法をいうまえに、ある重大な時期、たとえばフランス革命とかアメリカの南北戦争とかの政治史と同じくらいの規模の詳しい数学史を書くとしたら、どのくらいの労働量が必要であるかを調べてみたら面白かろう。

＊　＊　＊

数学史のうちのある一本の糸をほぐしはじめると、数学自体が広大な墓地のようなもので、それに永久に保存するための新しい死骸がたえず運び込まれてくるのだ、というふうに感じられてがっかりしてしまう。最近持ち込まれたばかりの死骸も、とこしえの追憶のため棚に納められた五〇〇〇年まえのあのミイラと同じように、死んだときの男ざかりの元気さを保っているように見せかけなければならない。実際に彼らが、まだ生きつづけているかのような幻想を起こさせなければならない。そしてこの見せかけもごく自然で、霊廟のなかをうろつくきわめて懐疑的な考古学者ですら、現存の数学者といっしょに感動して、こう叫ぶようでなければならない。「数学の真理は不死不滅だ。昨日も今日も、永遠に不変だ、永遠の真理を形造る材料だ。誕生と死と衰退のさまざまな循環の背後に、人類がかいまみた不変性だ」と。事実そうなのかもしれない。多くの数学者、とくに古い時代の数学者はまったくそう信じていた。

しかし数学史をただ見物するにすぎない人は、数学的発明の大量なのにびっくりし、たちまち圧倒されてしまう。これらの発明は、現代の研究に対してもなおその生命力と重要さとを保ちつづけているが、科学の他の分野では、過去の発見が何世紀にも何十世紀にもわたって、これを保ちつづけるということはないのである。

フランス革命や南北戦争について、その意義あることごとくを書くとしても、一〇〇年たらずの期間を追えばいいし、いずれも、記録に値する重要な役割を演じたのは五〇〇人たらずの指導者である。ところが、数学に少なくとも確定的な一つの貢献をなした人びとの群れはといえば、歴史をふり返ったとたんに暴徒のように押し寄せてくる。忘却のうちにおき去りにされまいと、六〇〇〇人から八〇〇〇人の名前が、私たちの口の端《は》にのせてもらいたいと押し寄せてくる。そのなかから大胆なリーダーが見つかったとしても、叫びさわぐ群衆のうちからだれが生きのこることを許され、だれが忘却の淵へと蹴落とされる運命にあるかをきめるのは、大体のところ非論理的なでたらめな基準によるほかはない。

物理学の発達について述べるときは、こうした問題は起こらない。物理学もその起源はずっと古代にさかのぼるけれども、その大部分については、現代思想に対する重要性をもつすべてのことを記すにしても三五〇年の期間だけで十分たりる。これに対して、数学と数学者に対して、十分なしかも人間的な判定をくだそうとするならば、その人は六〇〇〇年の荒野のなかでありったけの才能をはたらかせて、六〇〇〇人から八〇〇〇人までの要求者をまえに、区別したり判定をくだしたりしなければならなくなるだろう。

現代に近づくにしたがって、問題はいっそう絶望的となってくる。これは今世紀に先立つ二つの世紀の人びとについては、決して距離が近すぎることのためではなく、一九世紀から二〇世紀にかけて、世界始まって以来最大の数学時代だという（専門数学者のあいだでの）広く認められている事実によるものである。光輝《こうき》あるギリシアが数学において成し遂げた事実も、一九世紀のそれにくらべれば、かがり火のそばの一銭ろうそくのようなものにすぎない。

この数学的発明の迷路へと導く糸は何であろうか。その中心の糸はすでに述べた。つまり、半ば忘れられた過去から、数学の無限の帝国を現在支配しているいくつかの主要概念へと導いてくれる糸である。しかしこれとても、明日になるともっと広大な普遍化のために席をゆずるかもしれないのである。その中心的な糸をたどってゆくうえで、啓蒙家のほうは素通りして、創始者を重んじてゆくとしよう。

発明者も完成者も、ともに科学の進歩には必要である。探検家はすべて、偵察ばかりでなく、自分の発見したものを世界に知らせるための追随者を持たなければならない。しかし大多数の人びとにとっては、正しいかどうかは別として、はじめて新しい道を拓《ひら》いた探検家は、たとえ半歩前進しただけでつまずいたとしても、より魅力ある人物である。私たちは啓蒙家よりも創始者を追ってみよう。歴史は公平なものであるということは、幸いにも、数学の偉大な創始者は大部分が同時に比類のない啓蒙家である点にみられる。

このように限定してみても、過去から現在への道は、すでにそれをたどってきた人でない限り、必ずしもハッキリわかるものではない。そこで、全数学史を通じてわれわれを導いてくれる主な手がかりについて、手短かに述べておこう。

大昔から二つの相反する傾向が、ときにはたがいに助けあって数学の複雑な全発展を支配してきた。大ざっぱにいえば、それは**離散**《りさん》と**連続**とである。

離散派はあらゆる自然とすべての数学を原子論的に、すなわち壁をつくる煉瓦や1, 2, 3, …などの数字のように、ハッキリと識別しうる個々の要素を使って、叙述しようとつとめる。連続派は自然現象――惑星の軌道上での進行、電流の流れ、潮の干満《かんまん》、その他自然界を知りつくしているかのように私たちに思い込ませてくれるたくさんの現象――を、ヘラクレイトスの神秘的な公式「万物は流転《るてん》する」をもって理解しようとする。現在では（最後の章でわかるように）《流れ》とか、その同義語である《連続》性は、ほとんど意味がとりにくいほど不明瞭であるが、この問題にはしばらく触れないでおこう。

私たちは、空中の小鳥や弾丸、あるいは雨滴のしたたりなどから、直観的には《連続的運動》の意味がわかっているかのように感じる。運動はなめらかであり、ギクシャクとは進まず、中断もしない。連続的運動、もっと一般的にいえば連続性そのものの概念においては、1, 2, 3, … などの個別化された整数は、適切な数学的イメージではない。たとえば線分上のすべての点は、数列 1, 2, 3, … がもつような明確な個別性をもたない。数列においては、一つの数からつぎの数への歩幅は同じである（すなわち 1, 1+1=2, 1+2=3, 1+3=4 など）。線分上の二点についてはそれらがどんなに接近していても、そのあいだに第三の点を必ず発見することができる。少なくとも想像することはできる。一つの点から《つぎの点》への《最短》の歩みは存在しない。事実、つぎの点などというものは絶対にないのである。

このこと、つまり**連続**の概念、「つぎがないこと」は、ニュートン、ライプニッツ、およびその後継者の方法で発展させられ、微積分の果てしない領域、科学技術への微積分の無数の応用、および今日**数学解析**と呼ばれているさまざまな問題へと導かれてゆく。1, 2, 3, … を基礎とするもう一つの離散的なパターンは、代数学、整数論、記号論理学の領域となっている。幾何学は連続と離散の双方にまたがっている。

今日の数学の主要な任務は、連続と離散を調和させ、一つの包括《ほうかつ》的な数学にまとめ、両方から不分明なものをとりのぞくことである。

現代数学思想に力点をおく際、おそらくは最初のもっともむずかしい一歩をふみだした先駆者のことをあまりかえりみないのは、先輩たちに対して不公平な仕打にならないだろうか。しかし、一七世紀以前に成し遂げられた数学の業績で有益なものは、そのほとんどがつぎの二つの運命のいずれかに出会っている。すなわち現在では、どんな学校でも習う正規の学科のなかに取り入れられているほど単純化されてしまったか、あるいはずっと以前に、より普遍的な業績の一つの細目として吸収されてしまったかしている。

＊　＊　＊

今日では常識のように簡単だと思われていること、たとえば《位取《くらいど》りの原理》を使って数を書くやり方とか、この位取りの原理を実質的に完成させたゼロ記号の採用などは、その発明までに信じられないほどの労苦を要したのである。数学思想の本質そのものである**抽象性**と**一般性**とを含めて、もっと単純なことも、それを考案しだすまでに何世紀もの苦闘を必要としたにちがいない。しかもその創始者たちは、その生涯や個性のあとかたも残さず消えうせてしまっている。たとえば、バートランド・ラッセルがいったように「ひとつがいのキジも、二日という日数も、ともに2という数の実例であることを発見するまでには、いくつもの時代を経たにちがいない」のである。そして《2》またはその他の基数についてのラッセルその人の論理学的定義（最後の章で説明する）を展開できるためには、なお約二五世紀間の文明時代を必要としたのである。

また、私たちが学校にはいって幾何学を学びはじめたときは、《点》という概念は(誤って)完全にわかっていると思い込むが、この概念にしても、洞穴に芸術的な絵をかく動物としての人間の経歴がだいぶ進んだころから現れたにちがいない。イギリスの理論物理学者ホレイス・ラムはいった、「科学研究の最初から必要な条件であった抽象というものの最高形式としての、数学上の《点》を発明した知られざる数学者のために、記念碑を建てたい」と。

ところで、数学上の《点》を発明した人は、だれであろうか。ある意味ではラムのいわゆる忘れられた人であり、またある意味では《点とは部分も大きさも持たないものである》と定義したユークリッドであり、第三の意味では《点の座標》を発明したデカルトである。今日専門家のあいだで研究されている幾何学では、この神秘的な《点》は忘れられた人や、崇高な神々とともに永久の忘却へと追いやられ、もっと役に立つもの——一定の順序に書かれた数の組——にとって代わられてしまった。

いま述べたことは、近代における数学がたえず追求している抽象性と正確性の例であるが、数学においてはこの抽象性と正確性が達成されるや否《いな》や、理解を明確にするため、もっと高度の抽象性やもっと鋭い正確性が求められるようになる。私たちの《点》というものについての概念も、まちがいなくもっと抽象的なものへと発展するだろう。事実、現在では、点を記述する手段として使われている《数》は、今世紀の初め、純粋論理のほのかな青い光のなかに溶けこみ、その純粋論理もまた、もっと稀《まれ》でもっと非物質的な何ものかに消え入ろうとしている。

だから先輩のあとを一歩一歩たどってゆくことが、先輩たちの、あるいは現代の私たちの数学概念を理解するための確実な道であるとは、必ずしもいえないのである。現在の展望へと導いてきた道をたどりなおすことも、もちろんそのこと自体たいへん興味あることだろう。しかし、私たちが現在立っている丘の上から地面を眺めおろすことのほうが、もっと手っ取り早くはないだろうか。まちがえた歩みや、外れた足跡や、行き止まりの道などははるかにかすみ、広いハイウェイだけがまっすぐに過去へとつづいて、しまいに不確実さと当て推量の霧のなかに消え失せている。空間も数も、また時間さえも、霧を通してぼんやり大きくみえる人びとに対してと、私たちに対してとでは、その意味がちがってくる。

紀元前六世紀のピタゴラス学派ならば、「汝《なんじ》、神々と人間とを創りたまえる聖なる数よ、願わくばわれらを祝福したまえ」と唱えることもできただろう。一九世紀のカント派ならば、《純粋直観》の一形式としての《空間》について確信をもってうんぬんすることができただろう。一〇年まえの数理天文学者ならば、宇宙の偉大な建築家は純粋数学者だと広言することができたかもしれない。すべてこれらの深遠なおしゃべりに共通するきわだった特徴は、私たちよりはるか優れた人間が、かつてこれらのことばには意味がある、と考えていたことである。

現代の数学者にとっては、このようなすべてを包括する一般的なことは何の意味ももたない。だが数学は、神々と人間との普遍的創造者であるという主張から別離するにあたって、もっと実質的なもの、すなわち自己と、その人間的諸価値を創造しうるという能力とについての信念を獲得したのであった。

私たちの考え方は変わったし、いまもなお変わりつつある。「われに空間と運動を与えよ。されば世界を与えん」といったデカルトに対し、アインシュタインは今日こういい返すだろう。「その要求はまったく過大だし、要求そのものが意味をなさない。《世界》つまり物質なしには、《空間》も《運動》も存在しない」と。神秘的な$\sqrt{-1}$について一七世紀のライプニッツは「聖霊は、私たちがマイナス1の虚〔平方〕根と呼んでいるところの、あの解析の驚異、理想のきざし、存在と非存在の中間に崇高な出口を見いだした」と述べたが、この騒々しい、混乱した神秘主義をしずめるために、ハミルトンは一八四〇年代に二つの《数の対《つい》》を考案した。これは利口な子どもならだれにでも理解し、扱えるもので、数学と科学のためにかつて誤って《虚数》と名付けられたものの成し遂げたことは、何でもやってのけることができた。一七世紀のライプニッツの神秘的な《非存在》はイロハと同じぐらい単純な《存在》をもっていると見られるようになっている。

これは無駄なことだったのだろうか。あるいは、現代の数学者は、電磁波の発見者ハインリヒ・ヘルツ[3]のいうあの捕えがたい《感じ》を公理的方法で追求するとき、何か価値あるものを失ってしまうというのだろうか。ヘルツはいう、「これらの数学的公式は独立した存在とみずからの知性をそなえ、私たちよりも、いや発明者自身よりも賢明であって、私たちは最初にそこに注入された以上のものを、そこから汲《く》みとっている、と感じないわけにはいかない」と。

有能な数学者ならば、ヘルツのこの感じがわかるだろうが、また同時に、大陸や電磁波は発見されるが、発電機や数学は発明されるもので、私たちの思いのままに動かせる、というふうに考えがちにもなる。私たちはまだ夢を見てもいいが、わざわざ《過去の》悪夢をよび起こす必要もないだろう。チャールズ・ダーウィン[4]のいったように、「数学は何か新しい感覚を人間に授ける」ということがほんとうならば、その感覚とは物理学者で技師のケルヴィン卿が、数学こそまさにそうであると断言したように、それは純化された常識なのである。

プラトンとともに「神はつねに幾何学する」とか、ヤコービとともに「神はつねに算術する」と主張するよりも、ガリレオとともに「自然の偉大な書物は数学的記号で書かれている」ことをひとまず肯定して、そっとしておくほうが、私たち自身の思考習慣に近くはないだろうか。この自然の偉大な書物に書かれた記号を、現代科学の批判的な眼を通して調べてみると、すぐにそれを書いたのが私たち自身であり、私たち自身の理解に適するように考案した特製の書体を使っていることに気づく。いつの日か、私たちは物質世界についての経験をたがいに関連づけるため、数学よりも表現力に富んだ速記術を見つけだすかもしれない。ただし、「すべてが数学そのものなのであって、単に便宜上数学用語で表現されているのではないとする」科学的神秘主義者の信条をうのみにするのでない限り、である。もし、ピタゴラスのいうように「数が宇宙を支配する」ものであるにしても、数はただ私たちの代理人として王座についているにすぎない。なぜなら、私たちが数を支配しているのだから。

現代の数学者は、数学の記号から片時離れて、数学がその心中に呼び起こすインスピレーションを他人に伝えようとするとき、ピタゴラスやジーンズ(5)の言葉を繰り返すよりは、バートランド・ラッセルの二五年ほど前の言葉を引用するかもしれない。「数学は、適切な見方をすれば、真理ばかりでなく、崇高な美しさをも持っている。その美は彫刻の美のように冷たくおごそかで、人間の弱点に訴えるものでなく、また絵画や音楽のようにはなやかな飾りも持たない。しかも荘厳《そうごん》なほどに純粋で、最上の芸術のみが示しうる厳格な完璧さに到達することができる」。

ラッセルが数学の美について賞嘆してから今日までに、数学的《真理》について、私たちの概念にどんな変化が生じたか。このことをよく知っている数学者ならば、数学の意味をつかもうと努力するうちに得られる《鉄の忍耐》について言及するかもしれない。そして、もしある研究に没頭する人物が、同胞の生活に直接なんの影響も持たないような美を、利己的に追求しているとしか多くの人にはみえないで、しかもそのようなことに生涯を捧げているといって非難されるとするならば、彼はポアンカレのつぎのことばを繰り返すだろう。「数学のための数学。世人はこの信条にショックを受けた。だが、それも、生活が悲惨そのものだとしたら、生活のための生活に優るとも劣らぬくらいよいことだ」。

＊　＊　＊

現代数学が古代数学にくらべて、どのくらいのことを成し遂げたかを評価するには、一八〇〇年以前とそれ以後の仕事の量をくらべてみればよい。もっとも広い範囲を扱った数学史はモーリッツ・カントール[6]の『数学史』であるが、これは三巻から成り、字のつまった大冊である（第四巻は協力者の編纂《へんさん》した補遺《ほい》になっている）。四巻全部で約三六〇〇ページに達するが、カントールの書いているのは発展の概観にすぎず、業績の細部にたちいることもなく、また素人にも話のあらましがわかるようにするための術語の説明もなく、伝記は骨組みだけのものとなっている。この数学史は、ある程度専門的知識のあるものを対象としたものである。この本は一七九九年——近代数学がその自由を感じはじめる直前——で終わっている。一九世紀だけの数学の概略史をおなじ程度の規模で書いたら、どうであろうか。そのためにはカントールの本の大きさで一九巻か二〇巻、約一七〇〇〇ページは必要になると思われる。この分量で測ると、一九世紀が数学的知識になした貢献は、その前史全体にくらべて五倍ほどにも達することになる。

一八〇〇年以前のいつ始まったかわからない時期も、ハッキリと二つにわかれる。わかれ目は一七〇〇年ごろで、おもにアイザック・ニュートンによるものである。数学におけるニュートンの最大のライバルは、ライプニッツであった。ライプニッツによると、ニュートンの時代にいたる全数学の半分のうち、重要なほうはニュートンの功績だそうである。この評価はニュートンの仕事の量よりは、その一般的方法の力を指したもので、主著『数学的原理《プリンキピア》』はいまなお一人の人間の科学思想に対する貢献のうちで最大のものと目《もく》されている。

一七〇〇年からさかのぼると、ギリシアの黄金時代——約二〇〇〇年まえ——までは比較すべきほどのものはない。さらに紀元前六〇〇年よりさかのぼると、たちまち闇のなかに没してしまい、古代エジプトにおいて一瞬光明がさしてくる。最後に、紀元前二〇〇〇年ごろユーフラテス渓谷における数学の最初の全盛期に行きつくのである。

バビロニアにおけるシュメール人の子孫は、数学における最初の「近代人」ではなかったかと思われる。確かに彼らの代数方程式に対する取り組み方は、黄金時代のギリシア人の仕事にもまして、代数の精神にかなったものである。これら古代バビロニア人の代数技術よりも大事なことは、彼らの業績からも知られるように、数学における**証明**の必要性を認識していたことである。最近まで数学的命題には証明が必要であることを、最初に認識したのはギリシア人だと思われていた。この数学における証明ということは、人類の成し遂げた最大の進歩の一つである。しかし不幸なことに、私たちの文明に関する限り、ギリシア人たちが意識的に証明を追求するまでは、長いあいだそのことがとくに、何かへの進路をきりひらくとは考えられなかった。ギリシア人はそれを果たした。彼らは先人たちに対してそんなに寛容《かんよう》ではなかったのである。

こうして数学は四つの全盛期をもつことになる。すなわちバビロニア時代、ギリシア時代、ニュートン時代（一七〇〇年前後の時期を名付けるとすれば）、そして一八〇〇年ごろから現在にいたる新時代と。その最後の時代を有能な批評家たちは、数学の黄金時代と名付けた。

今日の数学的発明（発見といってもよい）は、これまでにまして力強く前進している。その進歩を押しとどめることのできるのは、多分、私たちが好んで文明と呼んでいるものの全面的崩壊以外にはないだろう。もしこの文明の崩壊が起こるならば、バビロンが亡びたあとのように、数学は何世紀間か地下に埋もれることになるかもしれない。しかし、「歴史は繰り返す」ということばが不当でないならば、私たち自身とその愚行がすべて忘れ去られたのちに、やがてまえよりも新鮮で、明るい春が訪れることを期待してもよいであろう。

2　古代のからだに近代のこころ——ツェノン、エウドクソス、アルキメデス

……ギリシアにこそ栄光が、ローマには尊大があった。

——E・A・ポオ

現在の数学黄金時代について評価するためには、ずっと昔、私たちのための道をひらいてくれた天才たちの偉大で簡明な指導的観念を、いくつか心にとめておくほうがよいだろう。そこで三人のギリシア人、ツェノン（紀元前四九五〜四三五）、エウドクソス、（紀元前四〇八〜三五五）、アルキメデス（紀元前二八七〜二一二）の生涯と業績とを見てみよう。

ツェノンとエウドクソスとは、今日《こんにち》栄えている有力な相反する二派の数学思想、すなわち破壊的批判と建設的批判の二派を代表している。二人とも一九世紀、二〇世紀の後

継者たちと同じくらい徹底した批判精神を持っていた。これを裏返していえば、クロネッカーとブローウェルとは、数学解析――無限と連続の理論――に対する近代の批判者として、ツェノンと同じくらい古い。また連続と無限の近代理論の創造者であるワイエルシュトラス、デーデキントおよびカントールは、エウドクソスの知的同時代人ともいえよう。

古代最大の知性であるアルキメデスは、骨の髄まで近代的である。そしてアルキメデスとニュートンは、たがいに完全に理解しあえたであろう。また、アルキメデスがしばらく生き返って数学と物理学の大学院課程をとることができたとしたら、アインシュタイン、ボーア[1]、ハイゼンベルク[2]を、彼らがたがいに理解しあっている以上に、もっとよく理解したことであろう。すべての古代人のうちでアルキメデスだけが、何物にもとらわれない自由な思考をした唯一の人である。この自由こそは、今日偉大な数学者たちが二五世紀間の苦闘の結果獲得したと自負しているものなのである。また、ギリシア人のなかで彼だけが、おじけづいて哲学者に耳を傾けた幾何学者たちによって数学の進歩の前にきずかれた障害物を、やすやすと乗り越えるだけの背丈と力量とを持っていたのである。

歴史上《最も偉大な》数学者三人だけをあげようといわれるならば、そのリストにはかならずアルキメデスの名がはいることだろう。普通アルキメデスとならべられる他の二

アルキメデス

人は、ニュートンとガウスである。これらの巨人の生きたそれぞれの時代における数学や物理学の比較的な豊かさ、あるいは貧しさをはかり、その時代の背景に照らして、彼らの業績を評価する人は、アルキメデスを第一位におくだろう。ギリシアの数学者や科学者が、ユークリッドやプラトンやアリストテレスではなくて、アルキメデスのあとを追っていたならば、二〇〇〇年もまえに、一七世紀にデカルトやニュートンとともにはじまった近代数学の時代、同じ世紀にガリレオの手で始められた近代物理学の時代を座して待つことができたであろう。

これら三人の近代の先駆者たちの背後にぼんやりと浮かびでているのが、ピタゴラスのなかば神話的な姿である。彼は神秘的な数学者であり、みずから自分の才能をしばりつけながらも、そのありったけをつくして自然を探求した人であり、その《十分の一は天才、十分の九はたわごと》であった。その生活は信じられないほどいろいろの奇蹟がつみかさなったお伽話《とぎ》となっている。その宇宙観を包んだ怪奇な数の神秘主義とは別に、つぎのことは数学の発達のために重要である。ピタゴラスは、ひろくエジプトを旅行し、僧侶から多くを学び、それ以上に信じ、バビロンを訪ねて、エジプトでの経験を繰り返し、最後にほとんど無意味とも思える高度の数学的思索と、物質、精神、道徳、倫理の思索のための秘密の宗教団体を、南イタリアのクロトンに創始した。こうしたいろいろのことから、彼は数学全史に二つの最大の貢献をなした。伝説によればピタゴラスは、彼の企《くわだ》てた啓蒙運動に反対する政治的宗教的狂信者にそそのかされた大衆の手で、自分の学校に火をつけられ炎に包まれて死んだ、といわれる。この世の栄光はかくて過ぎ去る。

ピタゴラス以前には、**証明**が**仮説**から生ずるということがはっきりと理解されていなかった。根強い伝説によると、彼はヨーロッパ人としては初めて、幾何学を展開するにあたって最初に設定されるべきは**公理**、すなわち**仮説**であり、その後の全展開は綿密な演繹《えんえき》法を公理に適用することによって進められるべきである、と説いた。これ以後は慣用にしたがって、《公理》の代わりに《仮説》ということばを使うことにする。というのは、《公理》が《自明の必然的な真理》という有害な歴史的連想をともなうのに反して、《仮説》はそれをともなわないからである。仮説とは全能の神によってではなく、数学者自身の手でかってに定められた仮定にすぎない。

こうしてピタゴラスは、数学に**証明**を導入した。これは彼の最大の功績である。彼以前の幾何学は大体において、法則相互の関連について明確な指示もなく、また比較的少数の仮説からすべてを推論できるということには、少しも気づかなかった。それはただ、経験的に到達されたバラバラな事実の集積にすぎなかった。現在では、証明とは数学的精神そのものであると、一般には当然のことと認められているので、数学的推論に行きつくまでに行なわれたにちがいない原初的な事柄を、あれこれ想像することはむずかしい。

数学に対するピタゴラスの第二の重要な貢献は、私たちを現代の問題へと導く。これは、彼の慢心《まんしん》をふみにじった発見であって、1, 2, 3, … などのいわゆる自然数が、彼の知っていたような初歩的形式においてすらも、数学の建設に不十分だということであった。この大発見以前には、彼はインスピレーションを受けた予言者のように、全自然界や、現実の、形而下的《けいじか》、形而上的、心理的、道徳的、数学的な全宇宙——一切《いっさい》のもの——が、1, 2, 3,… などの整数の離散的パターン上にうち立てられ、神が与えたこれらの煉瓦を通じてのみ解釈できる、と説教した。神は《数》なり、と彼は断言したが、この数とはいわゆる自然数だけを意味していた。疑いもなく、これは荘厳な着想であり、美しいほど純粋ではあるけれども、プラトンの「神はつねに幾何学する」、ヤコービの「神はつねに算術する」、あるいはジーンズの「宇宙の大建築家はいまや数学者としてその姿を現しはじめる」などと同様に、何の役にも立たない。一つの頑強な数学的矛盾が、ピタゴラスの離散的哲学・数学・形而上学を倒壊させた。しかしその後継者の何人かとはちがって、ピタゴラスはみずからの信条をほろぼした発見を、無効にしようとむだな苦闘を続けたあげくに、ついに敗北を認めた。

彼の理論を破滅させたのは、次の事実である。どんな二つの整数をとってきても、そのうち一方の二乗が他方の二乗の二倍に等しくなるようにはできない。これは二、三週間も代数学を勉強したものならだれにでも、あるいは算術の初歩を完全に知っているものなら、手のとどくほど簡単な推論(3)で証明できる。実際には、ピタゴラスは幾何学においてこの障碍物《しょうがいぶつ》にうちあたった。正方形の一辺に対する対角線の比は、どんな二つの整数の比をもってしても表現できない。これは整数の二乗について前に述べたことと同じである。いいかえれば、この平方根は**無理数**である。すなわち、どんな整数にも小数にも、またはいかなる分数、つまり整数を整数でわった形の数にも等しくない。こうして正方形の対角線のような簡単な幾何学的概念さえ、1, 2, 3, … などの整数に反抗し、初期のピタゴラス哲学を否定するのである。われわれは幾何学的にたやすく対角線をつくることはできる。しかし、われわれはそれを、どんな有限回の手段によっても、測《はか》ることができない。明らかにこの不可能性が、数学者の注意をするどく、無理数とそれによって暗示されるようにみえる無限（終わりのない）過程にむけさせたのである。すなわち、2の平方根は学校で習う方法でもよいし、あるいはもっと有力な方法でもよいが望むだけ先の小数位まで計算できる。この小数は（たとえば、1/7のように）、決して《循環する》ことはなく終わりもしない。この発見によってピタゴラスは、近代的数学解析への導入の主因を見つけたのである。

それ以来、この簡単な問題は論争の種《たね》となり、いまだにすべての数学者の納得のゆくようには解決されていない。その論争というのは、新しい数学解析の根底にある無限（終わりのないもの、かぞえきれないもの）、極限・連続などの数学的概念に関係している。これらの外見上必要不可欠な概念とともに、数学のなかにしのびこんだ逆説やパラドックスは、ときにはすでに取り除かれたと思われてきたが、一、二世代後には外見だけを変えて、また現れてくるのであった。われわれは現代の数学において、以前にも

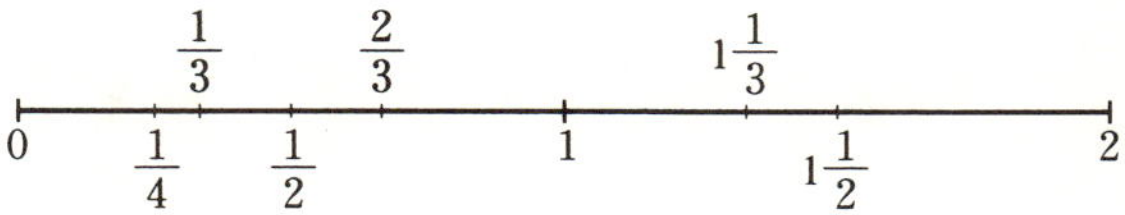

まして活発になったこれらの逆説やパラドックスに出会うのである。それらの内容について、極端に単純化し、直観化したスケッチを次にお目にかけよう。

長さ二インチの線分を考え、それが《点》の《連続的》な《運動》によって描かれたと想像しよう。《　》中の語は厄介物《やっかいもの》をうちにひそめているものである。それらを分析することもせずに、われわれはその意味するものを描いているとたやすく思い込む。さて、線の左端を0、右端を2と名づけよう。0と2との真中にはもちろん1をおき、0と1との真中に$\frac{1}{2}$を、0と$\frac{1}{2}$との真中に$\frac{1}{4}$をおくなど。同様にして、1と2との真中に$1\frac{1}{2}$を、$1\frac{1}{2}$と2との真中に$1\frac{3}{4}$をおくなど。このようにして

$$\frac{1}{3},\ \frac{2}{3},\ 1\frac{1}{3},\ 1\frac{2}{3}$$

とすすみ、できあがった線分をさらに小さい線分にわける。最後に、《想像において》にすぎないが、われわれはこの過程が0より大きく、2より小さいすべての分数および帯分数に対して実行されたと考えることができる。この概念的な分割点によって、われわれは0と2との

あいだのすべての**有理数**をうることになる。その有理数は無限に多くある。それらは完全にその線分を《埋めつくす》であろうか。否。2の平方根はどんな点に一致するか。どんな点にも一致しない。なぜなら2の平方根はどんな自然数を他のどんな自然数で割っても得られないからである。しかし2の平方根は明らかにある種の《数》で、[4]その代表点は1.41と1.42とのあいだのどこかに存在し、われわれはその点をどんなにでも小さな区間のなかに入れこむことができる。線分を完全に埋めつくすためには、われわれは有理数よりも無限に多いある《数》を想像するか、発明するかしなければならない。われわれが線分を連続していると認め、その各点に一つの、そしてただ一つの《実数》が適合すると仮定すれば、どうしてもそうならざるをえない。同じような想像は全平面へも、さらにそれ以上にも当てはめることができるが、現在はこれで十分であろう。

　このような簡単な問題でも、すぐに重大な困難に導かれる。これらの困難に関して、ギリシア人もわれわれと同じく、和解しがたい二つの流派に分裂した。一方は数学的進路の上で足踏みして、解析——後に述べる積分学——へと進むことをこばみ、他のものは困難にうち勝とうと試み、それを実現することができたとみずから信ずるまでに成功した。足踏みしたものは少し誤りをおかすだけで、誤謬《ごびゅう》も少ない代わりに真理にもまたとぼしい。進み続けたものは、数学や合理的な思索一般に対して特に重要なものを発見したけれども、そのなかのあるものは、われわれ自身の時代に起こったとまったく同じように、破壊的批判の的《まと》となるかもしれないものである。遠い昔からわれわれは、これら二つの相反し、相分かれる心の型、足もとで大地が揺れるたびにためらう、正当にも注意ぶかい人と、向こう岸に財宝と比較的な安全さとを見いだすために、大地の裂け目をもとび越える勇敢な先駆者に出会う。まず飛ぶことを拒《こば》んだものの一人についてみてゆこう。その人の洞察力をそなえた思考の精妙さは、二〇世紀のブローウェル[5]にいたって、ようやく比肩《ひけん》すべきものを見いだすくらいである。

エレアのツェノンは、哲学者パルメニデスの友であるが、自分の保護者とともにアテネを訪れたとき、哲学者たちが言葉では解けないような、四つの無邪気な逆説を工夫して、哲学者たちの自惚《うぬぼ》れを打ちやぶった。ツェノンは、独学の田舎育ちの少年だったといわれる。彼が何の目的でそれらの逆説を工夫したかは、しばらくおいて——学者はそれについていろいろの説をはいている——今はただ、それを紹介するだけにしておこう。この逆説をわれわれの前において考えれば、前に述べた二インチの線分の《無限連続》分割にツェノンが反対しただろうことは明らかである。このことは彼の逆説のなかの前の二つ——《二分法》と《アキレス》——からうかがわれる。しかし、あとの二つは、彼が同じ熱烈さをもって、反対の仮説、すなわち線分が《無限分割》できないこと、つまり1, 2, 3, … とかぞえられる点の離散的な集まりから成り立っていることに対しても、反対しただろうことを示している。これら四つの逆説は、いっしょになって鉄壁をきずき、それを乗り越えて進むことはまず不可能であるかのようにみえる。

まず第一に《**二分法**》。運動は不可能である。なぜならすべて運動するものは、その目標に達するまえにその行程のなかばに達しなければならない。しかし、なかばに達するまえに1/4の点に達しなければならない。以下無限に続く。このゆえに、運動は開始することとさえできない。

第二に《**アキレス**》。アキレスは自分の前方をはい歩くカメを走って追い抜こうとするが、できない。なぜなら、彼はまずカメが出発した位置に着かなければならない。アキレスがそこについたときは、カメはもう出発しているから、まだ彼の前方にいる。この議論を繰り返せば、カメがいつもアキレスの前方にいることになる。

《**矢**》。動いている矢は各瞬間とまっているか、とまっていないかである。つまり動いているかいないかのいずれかである。もし瞬間が分割できないものならば、矢は動けない。なぜならば、もし動いたらその瞬間はすぐに分割されるだろうから。ところが、時間は各瞬間から構成されている。矢はどの一瞬間にも動けないから、どんな時間にも動くことはできない。したがって、矢はいつもとまっている。

《**競技場**》。「半分の時間がその二倍の時間に等しいことを証明するため、三つの隊列を考える。

第一の位置

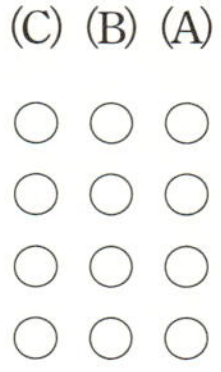

第二の位置

そのなかの一つ(A)はとまっており、他の二つ(B)、(C)はおなじ速さで反対の方向に動いていく。同じ時間内で、(B)は(A)の個体をとおり過ぎる数の二倍だけの(C)の個体をとおり過ぎるであろう。それゆえに、(B)が(A)をとおり過ぎるのにかかる時間は、(C)を過ぎる時間の二倍になる。しかし、(B)と(C)とが(A)の位置に達するのに必要な時間は同じである。そこで二倍の時間はその半分の時間に等しい」(バーネット訳による)。(A)を円形の柵と考えれば理解は容易となる。

以上はいかにも非数学的な表現ではあるが、これらが連続と無限とに取り組んだ昔の人びとがぶちあたった難問題なのである。カントールの創意による《実無限の理論》や、エウドクソス、ワイエルシュトラス、デーデキントがみいだした、2の平方根のような《無理》数の実証論は、これらのすべての厄介物をきっぱりと解決してしまったと、二〇年ばかり前のものの本には書かれていた。このような叙述は、今日では数学思想のあらゆる学派によって承認されているとはかぎらない。そこでツェノンを論ずるわれわれは、実際はわれわれ自身を論じているのだといってもよい。ツェノンについてもっと知りたいならば、プラトンの『パルメニデス』をひもとけばよろしい。われわれはただ、ツェノンが反逆か何かの理由で首をはねられたことを記すにとどめ、彼の議論にまどわされなかった人びとに移るとしよう。ツェノンと同じように、前進しなかった人たちは数学の発達に貢献するところが少なかったが、彼らの後継者たちは数学の根底を少なからずゆり動かした。

クニドゥスのエウドクソスはツェノンの残したごったまぜの食物を相続したが、それ以上のものは相続しなかった。数学史にその名をとどめた多くの人びとと同じく、彼も青年時代には非常な窮乏《きゅうぼう》を味わった。エウドクソスの生きていた頃は、プラトンの壮年時代であり、その死んだときには、アリストテレスは三〇歳ぐらいであった。ツェノンが数学の体内に注射した疑惑を、エウドクソスはその比例論――《ギリシア数学の王冠》――によって、一九世紀最後の四分の一期までなんとか沈静してきたが、古代哲学の雄《ゆう》であるプラトンもアリストテレスも、この疑惑にすでに大きな関心をもっていた。

エウドクソスは若いときイタリアのタレントゥムからアテネにゆき、一流の数学者、行政官、軍人であるアルキタス（前四二八～前三四七）といっしょに勉強した。アテネに着くと、エウドクソスはプラトンと会った。しかし、アカデミーの近所に住むにはあまりに貧しかったので、魚やオリーブ油が安く買え、微笑でもおくれば下宿も見つかるという郊外のピレウスから毎日歩いてかよった。

プラトン自身は専門的な数学者ではなかったけれど、《数学者の養成者》といわれ、彼自身よりもはるかにすぐれた数学者をかりたてて真の数学を創造させたことは否定できない。あとにみられるように、数学の発達に対する彼の影響は、全体として有害であったろう。しかし彼はエウドクソスの才能をみとめ、その忠実な友となったが、ついにはこの聡明な被保護者に対して嫉妬めいたものを示しはじめるようにまでなった。プラトンとエウドクソスはいっしょにエジプトに旅したといわれる。もしそれが本当なら、エウドクソスは先輩ピタゴラスほど信心深くはなかったように思われる。だが、プラトンは東方の数の神秘主義を多量に呑みこんだことによる影響を示している。エウドクソスは、アテネで人気がないのをみてとって、ついにキジクスに移って、そこに落ちついて晩年まで教えていた。彼は数学のほかに医学をも学び、開業医となり、法律の立案者ともなったといわれる。そこでもなお、この一人の人間を忙しくさせ足りないとみえ、彼はまじめに天文学を研究し、その方面でもすぐれた業績を残している。科学的展望という点では、彼は同時代の議論ずきで哲学ずきな人びとよりも数世紀も進んでいる。ガリレオやニュートンのように、彼は観察と実験で裏づけられない宇宙観を軽蔑していた。

彼はいった。「もし太陽にゆきついて、その形や大きさ、性質を究《きわ》めることができるとしたら、よろこんでファエトン[6]と運命をともにするが、それができないで推量だけするのはいやだ」と。

エウドクソスの業績についてみることは、非常に簡単である。長方形の面積をみつけるためには、長さに幅をかける。これはまったく明らかなことにみえるが、両辺が**有理数**で測れない場合には、重大な困難が現れてくる。このような特殊な困難はさておき、つぎの最も簡単な型の問題のなかに、すなわち、曲線の長さ、あるいは曲面の面積、曲面に囲まれた立体の体積を求めるという問題のなかに、もっとはっきりした形で困難が現れる。

自分の数学的才能をためしたいと思う若い天才がいれば、だれでもこれらのものを求める方法を工夫したらよかろう。もし学校でそれらを求めるのを見たことがないとしたら、彼はどうやって一定半径の円周を求める公式の厳格な証明をすることができるのであろうか。それを全部自分の独創でやれる人なら、一流の数学者と自負してもよいであろう。直線や平面でかぎられた図形からはみ出すやいなや、われわれは連続のすべての問題、無限の謎、無理数の迷路につきあたる。エウドクソスはこのような問題を扱うために、初めて論理的に満足すべき方法を工夫した。ユークリッドがこれを、その『幾何学原論』の第五巻で再現した。面積と体積の算定に応用された**窄出法**《さくしゅつほう》の中では、エウドクソスはあいまいな無限小の存在を仮定する必要がないことを示した。与えられた量を続けて分割することによって、われわれが欲するだけの小さな量に達することができれば、数学の目的のためには十分なのである。

エウドクソスを終えるまえに、比の相等に関する彼の画期的定義について述べておこう。これによって、数学者は有理数と同様な厳格さで無理数を扱うことが可能になったのである。これは本質的には、無理数に関する一つの近代的理論の出発点であった。「四つの量のうち、第一と第三との同じ倍量（両方の量を同じ自然数倍だけしたもの）を取り、また第二と第四との他の同じ倍量を取ったとき、第三の倍量が第四の倍量より大きいか、等しいか、小さいかに従って、第一の倍量が第二の倍量より大きいか、等しいか、小さいかであるならば、第一の量と第二の量との比は第三の量と第四の量との比に等しいといわれる」。

一六〇〇年以後の数学に影響をおよぼすほどの業績を持ち、しかもまだこの本のなかでその名をあげなかったギリシア人のうち、アポロニウスだけはここで触れておく必要があろう。アポロニウスは幾何学をユークリッドが残し去った状態よりさらに、ユークリッドの様式――かわいそうに、いまだに初歩の者に教えられているあのやり方――にのっとって押し進めた。この型の幾何学者――**綜合的**な、《純粋》幾何学者――としては、一九世紀のシュタイナーが現れるまで、アポロニウスと肩をならべられるものはいない。

頂点の両側に無限に延びている直円錐を、一つの平面で切断するとき、その平面と円錐面とが交わってできる曲線を、**円錐曲線**という。円錐曲線には五つの種類がある。楕円、二つの分枝をもつ双曲線、真空中の投射物の進路を表す放物線、円および相交わる二直線がそれである。プラトン派の定則によれば、楕円と放物線と双曲線とは《機械的曲線》である。定規やコンパスをもちいれば、これらのうちのどの曲線上にも任意に多くの点をつくることができる。このことはやさしいけれど、これらの器具だけをもちい

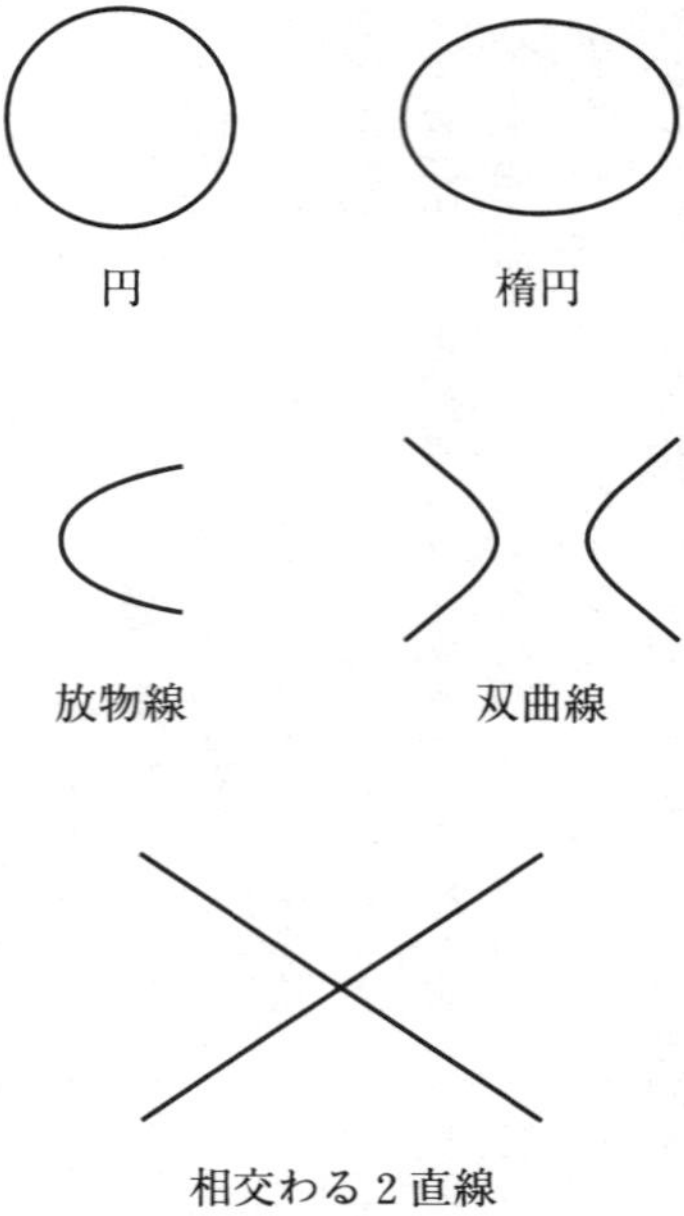

て、これらの曲線を完全に描くことはできない。アポロニウスとその後継者によってある程度完全に研究された円錐曲線の幾何学は、一七世紀以降の天体力学にとって非常に重要なものとなった。実際、もしギリシアの幾何学者がケプラーの先駆をつとめなかったら、面倒で精巧なケプラーの惑星の軌道に関する計算も、またそれによって準備されたニュートンの万有引力の法則も発見されなかったかもしれない。

後期のギリシア人および中世紀のアラビア人のあいだで、アルキメデスは、ガウスが同時代人と一九世紀におけるその追随者に対して、またニュートンが、一七、八世紀において起こしたと同じような畏怖と尊敬の念をいだかせた。アルキメデスは、彼らすべてにとって比類ない首領、《師父》、《賢者》、《師匠》、《大幾何学者》であった。アルキメデスは年代からいうと、紀元前二八七年から二一二年まで生きている。プルタルコスのおかげで、彼の死のほうがその生涯よりもよく知られているが、典型的な伝記歴史家であるプルタルコスは、たしかに数学の王者よりもローマの武人マルケルスのほうが歴史的に大切だと考えたらしく、後者の伝記のなかにアルキメデスのことを、まるで厚いサンドイッチのなかの薄いハムのようにはさんでいる。だが今日ではマルケルスが記憶され、そして呪われるのも、主としてアルキメデスのおかげといえよう。アルキメデスの死において、きわめて実際的な文明が、自分より偉大なものに初めてぶつかって、それを滅ぼしたのを、ローマがカルタゴをなかば倒し、勝利におごり勇気四海《しかい》を圧して、美しくも脆《もろ》いギリシアにおそいかかったのを、われわれはみるであろう。

アルキメデスは心身ともに貴族であった。シチリアのシラクサに天文学者フェイディアスの子として生まれ、シラクサの僭主《せんしゅ》ヒェロン二世の血縁だったという。いずれにせよ、彼はヒェロンとも、その子ゲロンとも親しく、数学の王として二人の尊敬をえた。本質的に貴族的な彼の性格は、今日応用科学と呼ばれているものに対するその態度からもうかがわれる。彼がほんのわずかしか手掛けなかったにしても、それをみれば、最大の力学者であったとはいえないにしても、古今《ここん》を通じて少なくとも最大の力学的天才の一人ではあった。貴族的なアルキメデスは、自分自身が行なった実際的な発明を心から軽蔑していた。ある点からすれば、彼のこの態度は正しい。アルキメデスが応用力学のためにつくしたことがらについて何冊もの本が書けようし、また今日の力学偏重の見地からすれば、その事績がどんなに偉大なものにみえるにしても、彼の純粋数学への貢献にくらべれば完全に光彩《こうさい》を失う類《たぐ》いのものである。われわれは彼について知られているわずかばかりの事実と、彼の人格に関する伝説をまずみることにしよう。

伝説に従えば、アルキメデスは、大数学者たるべき人物についての世人の考えにぴったりあった博物館用見本である。ニュートンやハミルトンと同じように、彼は数学に没頭しているときは食事も忘れた。衣服についての無関心さはニュートン以上である。彼が液体中の物体はそれが排除した液体の重さに等しいだけ重さを減じる、という名高い発見をしたときは、ちょうど入浴中で、自分の浮かんでいる体を観察していたのであるが、風呂からとびだしてシラクサの町を「エウレカ、エウレカ」（見つけた、見つけた）と叫びながら走りまわったという。彼が発見したのは静水力学の最初の法則であった。ある物語によれば、不正な飾り屋が、ヒェロンのための王冠の金を銀にすりかえたところ、僭主は不正を疑ってアルキメデスに問題の解決をたのんだ。どんな少年たちでもこの問題がある簡単な実験と比重に関するやさしい算数で解けることを知っている。《アルキメデスの原理》とその多数の実際的応用とは、今日の少年たちや造船技師たちの血肉となっているが、初めてこれを見とおした人はなみなみならぬ洞察力をもっていたわけである。飾り屋が有罪となったかどうかはわかっていないが、話をおもしろくするために、普通には有罪になったということになっている。

今日伝わっているもう一つのアルキメデスの叫びは、「立つべき場所をあたえよ、そうすれば地球を動かしてみせる」（ドーリス訛《なまり》でパ・ボー・カイ・キノー・タン・ガン）である。彼は自分のテコの法則の発見に感動して、この自慢をしたのである。この文句は、近代の学術研究所のもっともな標語になるであろうに、いままで使われていないのは不思議なことである。この文句には、もっとよいギリシア語でかかれたものもあるが、意味は同じである。

奇癖《きへき》の点では、アルキメデスは、もう一人の大数学者ワイエルシュトラスとも似ている。ワイエルシュトラスの妹の話によると、彼が若い教師であった時代には、ちょっとしたきれいな壁紙やきれいな袖カバーが目につくところでは、鉛筆を持たせておけなかったという。アルキメデスは、この記録をやぶっている。砂をまいた床やほこりの積もった固い平らな地面が、その頃には普通の《黒板》であった。アルキメデスはどんな機会をも利用した。火にあたっているときには灰をならして、そのなかに図を描いた。風呂からあがると、当時の習慣でオリーブ油をからだに塗るのだが、それから着物も着ずに、油を塗った皮膚に指先で図を描くのに没頭していた。

アルキメデスは孤独のワシであった。青年時代には短期間ではあったが、アレクサンドリアに遊学し、そこで二人の生涯の友をつくったが、その一人はコノンといって、アルキメデス自身が人間的にも知的にも尊敬していた有能な数学者であり、もう一人はエラトステネスといって、これもよい数学者であったが、こちらのほうは伊達者《だてもの》であった。これら二人、ことにコノンをおいては、同時代人中アルキメデスが自分の思っていることを打ち明けてわかってもらえる相手はないと感じていたくらいであった。彼の研究中で最もすぐれたもののいくつかは、手紙でコノンにつたえられ、コノンが死んでからは、コノンの弟子ドシテウスにつたえられた。

天文学と力学的発明に対する大きな貢献はさておき、アルキメデスの純粋数学と応用数学へのおもな貢献を不十分ながら簡単に要約してみよう。

彼は、平面上の曲線内の面積および曲面に囲まれた体積を求めるための一般的方法を発明し、これらの方法を多くの特殊な実例——円の面積、球の表面積、放物線の弧と弦とで囲まれた弓形の面積、二つの動径と螺線《らせん》の相つぐ二つの弧とのあいだに囲まれた面積、さらに球冠《きゅうかん》および長方形、三角形、放物線、双曲線、楕円などをその主軸のまわりに回転したとき生ずる立体（すなわち円柱、円錐、放物面体、双曲面体、楕円体）の一部分の表面積をふくむ——に応用した。彼はπ（円周の長さのその直径に対する比）を計算する方法を案出し、πが$3\frac{1}{7}$と$3\frac{10}{71}$とのあいだにあることを決定した。また平方根の近似値をみいだす方法を考えだしたが、それは循環連分数に関するインド人の発明に先んじたものであった。算術においては、大きな数を書いたり、あるいは説明するためにさえ、数をアルファベットで表すという非科学的なギリシア的記数法の無能さをはるかに乗り越えて、どんな大きな数でもあつかうことのできる命数法を発明した。力学ではいくつかの基本的仮定を設定し、テコの法則を発見し、数個の平面およびいろいろの形の物体の体積と重心を計算するために、この力学的（テコの）原理を応用した。彼は静水力学の全分野にわたる科学を創《はじ》め、液体中の数種類の物体の静止と平衡《へいこう》との位置を見いだすために、それを応用した。

アルキメデスのものした傑作は一つではなく、たくさんある。彼は、どのようにして、これらすべてのものを作ったのか、彼が非常に簡潔を旨《むね》として行なった論理的な解説は、どのようにしてそれらのおどろくべき結果に到達したかという方法論については何の暗示も与えていない。しかし歴史家であり、ギリシア数学の研究者であるJ・L・ハイベルクが、一九〇六年にイスタンブールで劇的な発見をした。すなわち、彼は、アルキメデスが友人エラトステネスあてに送ったもので、それまで失われていた『力学的定理・方法について』という論文をみつけ出したのである。そのなかでアルキメデスは、面積または体積が未知の図形または立体を、既知のものと想像で比較して重さをはかり、そのことによって求める事実を知ることができると説明している。事実が知られたら、それを数学的に証明することは（彼にとっては）比較的やさしいことであった。簡単にいえば、彼はみずからの数学を発展させるために、力学を使ったのである。このことは、彼が近代的な精神をもっていたことの証明になる。彼は問題を解くため武器となりうるようなものはどんなものでも利用した。

現代人にとっては、戦争、恋愛、数学のすべてはフェア・プレーであるが、多くの古代人にとっては、数学は哲学的なプラトンによって課せられた、かたくるしい規則にしたがって行なわれなければならない馬鹿らしい遊戯であった。プラトンによれば、幾何学における作図用の道具として許されるものは、一つの定規と一つのコンパスのみであった。だから、古代の幾何学者たちが、数世紀ものあいだ、角を三等分すること、与えられた立方体の二倍の体積をもつ立方体を作図すること、円に等しい面積をもつ正方形を作図するという、いわゆる《古代の三問題》に頭を悩ましたのも無理はない。これらの問題のうちどれ一つをとっても定規とコンパスだけで作図できるものはない。もっとも第三の問題の不可能性を証明することはむずかしくて、一八八二年になってようやく証明された。[7] ほかの道具を使って解かれた作図はすべて《機械的》と名づけられ、プラトンとその幾何学する神以外には知られない何か神秘的な理由からひどく卑俗なものと考えられ、尊敬すべき幾何学にはまったく禁物《きんもつ》とされていた。プラトンの死後一九八五年もたって、デカルトがその解析幾何学を発表するまで、幾何学はそのプラトンふうな一種の囚人拘束服を脱ぐことはできなかった。もちろん、プラトンはアルキメデスが生まれる六〇幾年も前に死んでいるのだから、アルキメデスの方法の、しなやかな力と自由さを理解しなかったと非難するわけにはいかない。反対にアルキメデスが、幾何学の女神の本質について、きついコルセットをはめたようなプラトン的な概念のオールド・ミス性を尊重しなかったのは、彼の名誉に値するだけである。

　近代性に対するアルキメデスの第二の資格も、また彼の方法にもとづいている。ニュートンやライプニッツより二〇〇〇年以上も先んじて、彼は積分学を発明し、彼の問題の一つでは、微分学の発明すら予想させるものがあった。これら二つの算法がいっしょになって、物理的宇宙の数学的探究にとって、いままで発明されたもっとも有力な道具

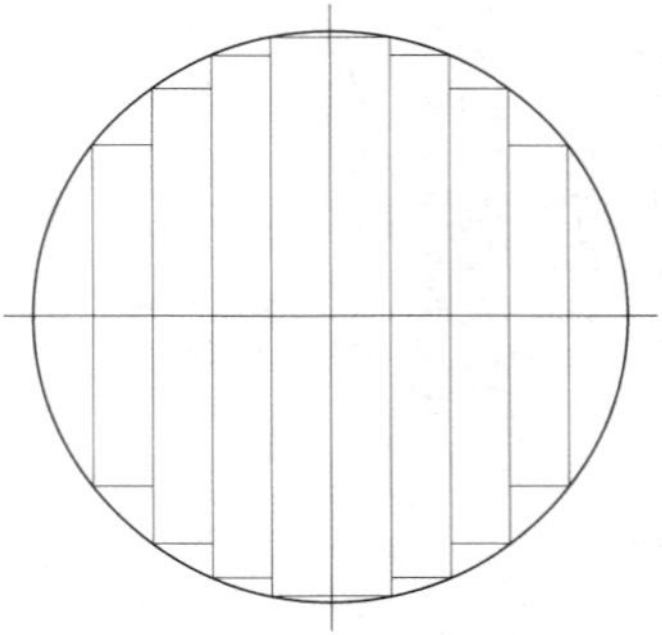

といわれている、いわゆる《微積分学》をなしている。簡単な例をとって、円の面積を求めるとしよう。その方法はいろいろあるが、まず円を同じ幅のいくつかの平行な細長い断片に分割し、切り捨てられる部分ができるだけ少なくてすむように、これら断片に垂直な線によってその曲がった端を切り去り、そこに得られたすべての長方形の面積を加え合わせる。これは求める面積の近似値である。断片の数を無数に増し、面積の和の極限をとることによって、正確な円の面積が得られる。この和を作って極限をとる（不十分ないい方ではあるが）という過程が**積分**と呼ばれ、このような極限つき加法を実行

する方法が**積分学**と呼ばれる。アルキメデスが放物線の弓形の面積を求めることや、その他の問題に使ったのはこの方法であった。

彼が微分学を使った問題は、螺線上の与えられた一点で接線をひくことであった。もしその接線と与えられた直線とのなす角が既知であれば、その接線をひくことはたやすい。なぜなら、与えられた点を通り、与えられた直線に平行な直線をひくことは簡単にできるからである。上述の角（単に螺線に対してだけでなく、どんな曲線に対してでも）を見いだす問題は、幾何学の言葉に翻訳された**微分学**の主要問題である。アルキメデスは自分の螺線について、この問題を解いた。彼の螺線は、一定点のまわりを一定の角速度で回転する半直線（動径）に沿って一定の速度で運動する点の描く曲線である。微積分学を研究しないで、アルキメデスの問題をやさしいと想像する人があったら、これを解きながら時間を計ってみるとよい。

もしアルキメデスの運命が、彼のうちにあるすべてのものを完成するということにあったならば、彼の生涯は数学者にふさわしく平穏であっただろう。彼の生涯の一切の行為と悲劇とは、その末期に集中している。紀元前二一二年、第二次ポエニ戦役が荒れ狂っているとき、アルキメデスの住んでいたシラクサの町は、ローマ艦隊を誘惑するかのように、その航路近くに横たわっていた。どうしてそれを攻囲しないでいられようか。

ローマ艦隊は、実際、それを攻囲したのである。

ローマ軍の指揮官マルケルスは慢心に高ぶり（「自分自身の大きな名声にたより」とプルタルコスはいう）、自分の頭脳よりむしろ《用意万端》の壮大さに期待をかけ、《この小さな町》をすぐにも征服できると予想していた。彼の自信にみちた誇りは、八隻のガリー船をつなぎあわせ、その上に作られた高いハープ型の台の上にある原始的な大砲であった。その名声をきき知っていて、たくさんの船がおそいかかってくるのを見れば、臆病な市民だったら町の鍵をマルケルスに渡したにちがいない。が、ヒェロンはそうでなかった。彼もまた戦争の準備を怠《おこた》らず、しかもその準備たるや経験主義者マルケルスが夢にも思わないたぐいのものであった。

アルキメデスは、自分自身は応用数学を軽蔑しながら、平和な時代にはヒェロンの懇願に応じて、数学がときにはすさまじく実用性を発揮することを、納得のいくように証示したようである。数学が単なる抽象的演繹《えんえき》法でないことをその友人に納得させるため、アルキメデスは荷を一杯につんだ船の取り扱いにテコと滑車の法則を応用し、自分の片手で進水させてみせた。不吉な戦雲がシラクサの上空近くをおおいはじめたとき、この離れわざを思いだしたヒェロンは、アルキメデスにマルケルス《歓迎》の準備をたのんだ。友の願いを受けいれて、もう一度その研究から離れ、アルキメデスは襲いくるローマ人をつまずかせる大《歓迎》の準備にとりかかった。彼らが到達したとき、アルキメデスの巧みな工夫は、彼らに迎えの挨拶をしようと冷酷に待ちうけていた。

八隻の五段櫂の奴隷船に乗せられたハープ状の砲台は、うぬぼれたマルケルスの名声と同様、永続きしなかった。1/4トン以上の石が、アルキメデスの超大型投石機からつづけざまに打ちだされ、扱いにくい敵の仕掛けを破壊した。鶴のようなくちばしと鉄の鉤爪《かぎつめ》とが城壁を越して伸び、近づく船をつかまえて振りまわし、突きでた岩にぶっつけて沈めたり粉みじんにしたりした。陸兵もアルキメデスの大砲になぎ倒されて、同じ運命におちいった。マルケルスは予定の後方地点まで退却したのだと報告して敗走をごまかし、幕僚と協議を行なったが、反乱の気配のある部隊に二度とこの恐るべき城壁を攻撃させることができず、この有名な指揮官は退却したのである。

その後、いくらか軍略的常識をはたらかせて、マルケルスはもはや《城壁にとって返せ》の命令を発せず、正面からの攻撃を断念し、背面のメガラを占領し、ついに背後からシラクサに迫った。今度は運が彼に味方した。おろかにもシラクサ人は、女神アルテミスの祭で祝宴に酔っていた。戦争と宗教は、いつもにがにがしいカクテルをつくりだすものだ。それにシラクサ人は酔いつぶれていた。彼らが目ざめたときには、すでに虐殺の真最中であった。アルキメデスもこの流血の惨事にまき込まれてしまった。

町が敵の手中におちいったことを最初に彼に教えたのは、ほこりにまみれた彼の作図にうつったローマ兵の影であった。一説によると、その兵士が作図をふみつけたので、怒ったアルキメデスは「わしの図を攪乱《かくらん》するな」と叫んだという。また一説には、アルキメデスはその問題を解くまで、兵士の命令にしたがってマルケルスのもとに連行されることをこばんだという。いずれにせよ、兵士は激昂してきらきら光る剣を抜き、七五歳の非武装の老幾何学者を殺害し、かくしてアルキメデスは生を終えたのである。

まことに、ホワイトヘッドが述べたように、「ローマには、数学の作図に没頭していたために命をおとした者は一人もいない」。

3　貴族・軍人・数学者——デカルト

〔解析幾何学は〕彼の形而上学的思索のいずれよりもはるかにデカルトの名を不朽のものとし、厳密科学の進歩のうえにかつてない最大の貢献をなした。

——ジョン・スチュアート・ミル

「私がほしいのは平穏と休息だけだ」。これが数学を新しい水路に導き、科学史の進路を変えた人のことばである。ルネ・デカルトの多忙な生活のなかで、平穏がみつけられるところといえば軍役中であり、また冥想《めいそう》のための休息といえば、好奇心のつよいうるさい友人から逃れて一人になることであった。この平穏と休息だけを望むデカルトが生まれたのは、一五九六年三月三一日、フランスは中部、トゥール近くのラ・エ〔現在名デカルト〕という小さい村で、当時ヨーロッパは、戦乱のさなかに宗教的政治的再興の生みの苦しみを味わっていた。

その時代は現代と似ていなくもなかった。旧秩序は急速に過ぎ去りつつあり、新秩序はまだ確立されていなかった。中世紀の略奪好きな王侯貴族は、政治的追いはぎの倫理と、馬丁ほどの知力としかもたない多くの支配者たちのむれを養成した。常道にしたがえば他人の所有であるものも、腕っぷしが強くさえあれば、自分のものとなった。これがヨーロッパ史上後期ルネッサンスとして知られる、あの光栄ある時代のいつわらざる姿であったろう。しかし、それは文明社会の実体について親しく経験したことから生まれた、われわれ自身の認識の移り変わりとかなり一致するものがある。

デカルト時代には略奪戦争のうえに宗教的頑迷《がんめい》と不寛容が山ほどかさなり、これがまた戦争をつぎつぎ起こし、冷静な学問追求を大変危険な仕事にしていた。そのうえに公衆衛生という基礎的なルールが全般的に無視されていた。衛生という点からいえば、富豪の邸宅も、貧乏人が汚物と無智のうちにうずくまっているスラムと同じくらい不潔であった。そして周期的疫病は頻繁な戦争とあいまって、過剰人口を飢餓線以下におさえ、人間の収支の帳尻をあわせることなどにはまったく無頓着だった。芳《かんば》しからざる昔のことはこれぐらいにしておこう。

しかし物質的でない永続性のある面では、収支勘定は大分あかるい。デカルトの時代は、汚点こそあれ文明史のなかでも偉大な知性的な時代の一つだった。その生涯がデカルトと前後する著名人を数人あげるとすれば、フェルマとパスカルを同時代人に数えることができる。またシェイクスピアはデカルトが二〇歳のとき亡くなった。ガリレオはデカルトより八年前に没し、ニュートンはデカルトの亡くなった年に八歳であった。デカルトが一二歳のときにジョン・ミルトンが生まれ、血液循環の発見者のハービイはデカルトより七年長生きし、電磁気学の創始者ギルバートはデカルトが七歳のとき没した。

R. デカルト

ルネ・デカルトは古い貴族の出身である。ルネの父は富んではいなかったが安楽にくらし、息子たちはフランスに仕える貴族——貴族は貴族らしく（ノブレス・オブリジュ）——となる運命にあった。ルネは、父の最初の妻でルネを生んでから数日して亡くなった、ジャンヌ・ブロシャールの三人の子どもの末子であった。父はめずらしく思慮のある人で、母親をなくした子どもたちのためにできるだけのことはしてやったらしい。立派な保母が母代わりとなり、父親は再婚してからもたえずルネのうえに注意ぶかい聡明な眼をそそいでいた。この《若い哲学者》は、たえず地上のあらゆる物事について原因を知りたがり、保母が天上について語ることについてもすべてその理由を聞きたがった。デカルトはいわゆる早熟な子ではなかったが、虚弱な体質のために身につけた生命力を知的好奇心にふりむけるようになったのである。

父はルネの虚弱を考えて就学を遅らせたけれども、少年は自分からすすんで学習にとりくみ、父もそのなすがままに任せるようになった。父はデカルトが八歳のとき、このうえ正規の教育を遅らせることはできないと考えて、あちこちと慎重に検討した結果、息子のために理想的な学校としてラ・フレーシュ〔ル・マンの西南〕にあるイェズス会の王立学院を選んだ。校長の教父シャルレは、この青白くて、人なつこい少年がたちまち好きになり、特別な考慮を払った。校長は、ルネが頭を鍛《きた》えるのにはまず体をつくらなければならないことを知り、また同年輩の普通の少年よりは休息をずっと多く必要とすることに気づいて、朝は好きなだけベッドに横になっていてよい、教室の級友たちと一緒になりたくなければそれまでは自室にいてよい、といった。それ以来晩年の一つの不幸なエピソードを除いては、生涯を通じてデカルトは考えていたいときは朝をベッドのなかですごすようになった。中年のころ、ラ・フレーシュでの学校生活をかえりみて、デカルトはこの長い静かな朝の冥想が、自分の哲学と数学のほんとうの源泉であったと語っている。

デカルトの勉強は順調にすすみ、彼は古典に精通した。当時の教育の伝統にしたがって、ラテン語、ギリシア語、修辞学に多大の注意を払った。しかしこれはデカルトの獲得したものの一部分にすぎなかった。教師たちはみな世故《せこ》に通じた人びとであり、その仕事といえば、受け持ちの少年たちが世間に出てからの役割をうまく果たせるように《紳士》――このことばは堕落しているが、その最良の意味での――たるべく教育することにあった。デカルトが一六一二年八月この学校をでるときには、教父シャルレは生涯の友となり、彼自身は社交界で自分の地位を築く用意もほとんどできていた。シャルレは、デカルトがラ・フレーシュ学院でつくった数多くの友人の一人にすぎず、もう一人のメルセンヌ（のちに神父となる）は科学・数学の愛好者として有名で、同室の年上の級友だった。彼はのちにデカルトの科学上の代理人となり、うるさい連中からデカルトをまもる有力な保護者となった。

デカルトの特異な才能は、卒業するずっとまえからわかっていた。早くも一四歳のとき、ベッドに横たわって考えながら、自分の勉強している《古典文学》は比較的人間的意義が少なく、どうやら、人間がその環境を制御し、自分の運命を支配するたちのものではないと考えはじめていた。盲目的に受けいれるように教えられた哲学、倫理、道徳などの権威的ドグマは、彼にとって根拠のない迷信のように思われだした。デカルトは、何事も単に権威ばかりにたよっては受けいれられないという、幼少時からの習慣をまもって、善良なイェズス会士たちが彼の推理力の同意を得ようとして使った勝手な証明や詭弁《きべん》的な論理について、ひそかに疑いはじめていた。そこから出発して、彼はその生涯にインスピレーションを吹き込んだあの根本的疑問へと急速に移っていった。つまり、何事であれわれわれはどうやって物事を知ることができるのか？　さらにもっと大事なことだろうが、少しでもなにかを知っているとハッキリいえないとしたら、われわれが知ることのできる物事は何であるかを見つけるにはどうしたらよいか？

卒業するとき、デカルトは、それまでになく時間をかけ、一生懸命に、必死になって考えた。その冥想の最初の結果として、論理学——古典教育に根強く続いていた中世紀スコラ学派の偉大な方法——が本質的に人間の創造的目的のためにはぜんぜん無益である、という異端的な真理に達した。その第二の結論は、第一のそれと密接に関連している。すなわち、数学——彼は翼を得るやいなや大空に飛び立った小鳥のように、数学にとびついた——の証明にくらべれば、哲学や倫理学や道徳の証明はけばけばしい見世物でありごまかしである。それではどうしたら何事であれ物事を見つけだせるか、と問う。答えは、デカルトはそうは呼ばなかったが、科学的方法によって、である。制御された実験によって、またこのような実験の結果に厳密な数学的推論を加えることによって、である。

この合理的懐疑主義から彼が得たものは何であったろうか。それは一つの事実、ただ一つの事実《私は存在する》である。デカルトのことばを借りれば、「われ思う、ゆえにわれあり」である。

一八歳になって、デカルトはそれまで全力を注いできた勉学の無味乾燥なのにまったくいや気がさしてきた。彼は世の中をながめ、紙や印刷インクのなかの生活でなく、血と肉の生身の生活から何かを学ぼうと決心した。好きな道についてゆけるだけの財産にめぐまれていることを神に感謝しつつ、その道を進んだ。肉体的に抑圧された青少年時代の反動として、同年輩の富裕な家の普通の若者が味わう快楽にふけるようになり、がむしゃらにむさぼった。刺激の強い生活に飢えた数人の若者と一緒に、心が重くなるほどきまじめな父の所領をぬけでて、パリに住んだ。賭博は当時の紳士の教養の一つであったので、デカルトは熱心に賭をし、いくらかもうけた。何でもやりだしたことには、全身を打ち込んだ。

この生活は長続きしなかった。淫猥《いんわい》な仲間にあきたデカルトは、仲間をすっぽかして、いまサン・ジェルマンの郊外になっているところに質素で気持ちのよい下宿を見つけて移った。その下宿で二年間というもの不断の数学研究に没頭した。しかし、昔の派手な遊びがたたって、頭のわるい友人たちがまたわっとばかり押しよせてきた。この勤勉な若者は彼らをじっと眺めみて、どれもこれも許しがたいほどうるさいやつであると思った。デカルトはわずかな平安を求めて、戦争にいくことに決めた。

こうして最初の軍隊生活がはじまった。最初、才気に富んだオラニエ公マウリッツのもとで、軍人としての訓練をうけようとして、オランダのブレダにいった。しかし、公の旗のもとで戦闘に従事する望みが失われたので、パリのさわがしい生活と同じくらいわずらわしい平時の軍隊生活にいや気がさし、ドイツへと急いだ。このころ、デカルトは生涯で最初の愛すべき弱点の徴候をあらわした。この弱点は死ぬまで克服されることなく終わった。彼は村から村へサーカスのあとについて歩く子どものように、あらゆる機会をとらえて華やかな見世物を見物したのである。さてその見世物の一つがフランクフルト・アム・マインで行なわれようとしていた。フェルディナント二世の戴冠《たいかん》式がそこで行なわれるというのだ。デカルトはちょうど時間に間にあって、このロココ風な見世物を全部見ることができた。これで大分気が晴れて、当時ボヘミアと戦争していたバイエルン選帝侯のもとで軍職を見つけた。

軍隊はドナウ河畔のノイブルクという寒村（インゴルシュタットの近傍）の近くに冬の陣をはって、停頓《ていとん》状態にあった。そこでデカルトは自分の探し求めていたもの、つまり不安と休息をふんだんに見つけた。彼は一人きりになり、自分をとりもどした。

デカルトの《回心》の物語――もしそう呼ぶことができるならば――はたいへん奇妙なものである。一六一九年一一月一〇日、聖マルタン祭の前夜、デカルトは三つの生々しい夢をみたが、彼によればこの夢が彼の生涯の全コースを変えたのだという。彼の伝記作者（バイエ）は、聖者のお祭りを祝って大いに飲んだことを記録し、デカルトが床につくときはまだ酔いからさめていなかったのではないか、といっている。デカルト自身はこの夢の原因をまったく別のところに求め、この崇高な経験をするまでの三カ月間というもの、一滴も酒を飲んだことはない、と強調している。彼のことばを疑う理由は何もない。夢は不思議にも首尾一貫していて、（専門家によると）不節制、とくに暴飲によるものとはまったくちがう。表面的には、知的生活を送りたいという本人の望みと、現在送っている生活の空《むな》しさについての自覚との葛藤が、潜在意識的に解決されたものと説明することもできる。たしかにフロイト学派は、この夢を分析しはしたけれども、この古典的なウィーン学派の分析が、いま私たちの興味をひいている解析幾何学の発明に、とくに有益な光を投げかけてくれたとは思えない。また、いくつかの神秘主義的・

宗教的解釈が大して役立つとも思えない。

第一の夢では、デカルトは、悪魔の風のために自分が教会か学校などの無風地帯から、その風にもゆるがない第三者のほうへと吹きとばされ、第二の夢では、迷信にくもらされない科学の眼で、おそろしい嵐を自分で見守っている。この嵐がいったん正体を見破られたのちは、彼に何の害も加えないことに気づく。第三の夢では「いかなる生活の道をたどるべきか？」ではじまるアウソニウスの詩を朗読していた。

まだ、もっと多くのことがあったが、すべてこれらのことからデカルトは、《熱狂》（おそらく神秘主義的な意味での）にとりつかれ、第二の夢のなかで見たように自然の宝庫を開いて、あらゆる科学の、少なくも真の基礎はつかみとらせるような魔法の鍵が啓示された、と自分でいっている。

この不可思議な鍵とは何か。デカルト自身だれにもはっきりといってはいないようだが、普通は幾何学への代数の適用、つまり解析幾何学、もっと一般的にいうと今日《こんにち》数理物理学が最高の例をなしている、数学による自然現象の探求にほかならないと信じられている。

であるから、一六一九年一一月一〇日は解析幾何学の、したがって近代数学の正式の受胎の日というわけである。この方法が公表されるまでには一八年かかった。その間、デカルトは軍人生活を続けた。数学は、プラーハの戦いで力の弱った弾丸でさえ、彼の頭を打ちぬかなかったことに対し、彼のために軍神に感謝しなければなるまい。そしてそれから三世紀もたたないうちに、デカルトの夢によって霊感を与えられた科学がたいへん進歩したため、何人もの有望な青年数学者が不幸な運命におちいることになった。

二二歳になったこの青年軍人は、真理を見いだしたいなら、まず他人から得たすべての観念をしりぞけ、道案内にはただ自分自身の忍耐づよい探究によらなければならないことを、いままでになくはっきりと悟った。権威から授かった知識は一切《いっさい》投げ捨てなければならない。彼がうけ継いだ道徳的知的観念の構成全体をうちこわし、人間的理性の原初的で地上的な力のみによって辛抱づよく再建されなければならない。デカルトは、自分の良心を落ち着かせるために、聖母マリアに祈って、その異端的企てを助けてくれるように願った。その加護《かご》をたのみにロレットの聖母堂への巡礼を誓い、そのあとで宗教の伝説的真理に仮借《かしやく》ない批判を加えることにとりかかった。ただし、聖母マリアへの誓いだけは、機会をみつけて完全に果たした。

一方、彼の軍人生活は続き、一六二〇年の春にはプラーハの戦いで戦闘らしい戦闘を経験した。デカルトは勝利軍とともに神への讃歌を唱えつつ入城した。おびえた避難民のうちには、四歳のボヘミア王女エリーザベト(1)がいたが、彼女は後年デカルトの愛弟子《まなでし》となった人である。

とうとう一六二一年の春、デカルトは戦争にうんざりし、数人の愉快な貴族の軍人とともに、オーストリア人をつれてトランシルバニアに入り、別の方面で、栄光を求めて、これを手にした。しかし、一時戦争とは手を切ったが、まだ哲学をやるまでには成熟していなかった。パリの疫病とユグノー教徒に対する迫害のため、フランスはオーストリアほどの魅力もなかった。北ヨーロッパは平和的でもあり清らかでもあったので、デカルトはそこにゆくことに決めた。万事順調に進んだが、それも東フリースラント行きの船にのるまえに、一人の護衛をのこしてあとは全部首にするまでのことであった。ここで人殺し常習の船員たちに絶好のチャンスが与えられた。彼らはこの金持ちの船客の頭をなぐりつけ、その持ち物を略奪し、死骸を魚の餌食にする計画をたてた。彼らにとって不運なことには、デカルトは彼らのひそひそ話を聞きつけた。すばやく剣を抜いて彼らを脅《おど》かし、岸に船をこぎ返させた。解析幾何学はまたもや戦闘、殺人、急死などの事故をまぬがれたのだった。

翌年は、オランダや父親の居住地であるレンヌへの訪問で静かにすぎた。その年の暮、彼はパリに帰ったが、慎重な振舞いといくぶん神秘的な容姿のため、たちまち薔薇十字会（秘密宗教結社）員ではないかという嫌疑がかかってしまった。デカルトはこの噂を無視して哲学を勉強し、また軍隊に将校の地位を得るために駆け引きを行なった。将校の地位を得ることには失敗したが、たいして失望もしなかった。というのは、ローマを訪ねる暇ができ、それまで見たなかでいちばん豪華な見世物を楽しむことができたからだった。それは二五年ごとに行なわれるカトリック教会の儀式で、このイタリア旅行は二つの理由からデカルトの知的発展上大きな意味があった。彼の哲学は一般人との接触がなかったので、法王の祝福を受けるためヨーロッパ各地から集まってきた野卑《やひ》な世人たちに、この場なれない哲学者はうんざりしてしまった。それ以後、卑しい人間に対する偏見から生涯ぬけだすことはできなくなった。もう一つ大切なことは、デカルトがガリレオに会えなかったことである。もしもこの数学者が、近代科学の父であるガリレオの教えを受けるため一週間も二週間も待っていられるほど悟《さと》りきっていたら、彼の宇宙観はあれほど気まぐれにはならなかったにちがいない。デカルトがイタリア旅行において得たものといえば、この比類ない同時代人に対する嫉妬だけであった。

ローマでの休暇が終わってからすぐに、デカルトはもう一度サボア公の激しい戦闘に従い、めざましい働きを示したので、中将の位に任じられたが、賢明にもこれを辞退した。その後リシュリュー枢機卿と、から威張りのダルタニヤン——後者は虚構の人物にちかく、前者はメロドラマよりも信じがたい——のパリに帰り、三年間の冥想生活にはいった。その高尚な思想にもかかわらず、彼はきたない上っ張りをまとい灰色のひげをはやした学者先生ではなく、流行の琥珀織《こはくお》りを着て、その地位にふさわしい剣を帯びた身ぎれいな社交人であった。なおそのうえにダチョウの羽根のついたすばらしい幅広の帽子をかぶって、その優雅さに仕上げを加えていた。こんな身なりで、彼は、人殺しの横行する教会や儀式や街頭に出かけていった。あるとき一人の酔っぱらいが、デカルトの女友だちを侮辱したので、この哲学者はダルタニヤン風の大げさな身振りでその男のあとを追って相手の剣を打ち落としたが、命は助けた。相手が下手な剣術使いだったからでなく、美しい婦人の前で切り倒すには、あまりにもきたなすぎるという理由からだった。

デカルトの女友だちのことに及んだので、ついでに彼をめぐる多くの女性のうち、もう二人のことだけを語っておこう。デカルトは女性を愛し、そのうちの一人には、娘をもうけさせたほどであった。その娘が早死にしたことは、彼に大きな衝撃を与えた。彼が結婚しなかった理由は、結婚の望みを抱《いだ》いたある婦人に彼が告げたように、デカルトが美よりも真理を選んだからであったからかも知れないが、それよりあまりにも抜け目なくて、自分の平穏と休息を棚上げしてまでも、肥っちょで金持ちのオランダの未亡人といっしょになることができないと考えたからであろう。デカルトの暮らしは、せいぜい裕福だというにすぎなかったけれど、彼は足ることを知っていた。そのために冷酷で利己的だと非難された。彼はその行くべき道を知り、目標の重要さを承知していたとみるほうが正しいようである。彼は日常のことには、たしなみよく質素ではあったが、けちんぼうではなかった。自分自身に対しては、ときどきスパルタ的訓練を課したけれども家族には及ぼさなかった。奉公人は彼をあがめ、彼は奉公人が家を去ってからも長いあいだ面倒をみてやった。彼の臨終に侍《はべ》った少年は、主人の死に数日間も泣きとおした。このようなことは、利己主義から生まれるとは思われない。

デカルトはまた、無神論者であったといって非難されるが、これほど真実から遠い話はない。彼の信仰はその合理的懐疑主義にもかかわらず、単純素朴なものであった。彼は自分の信仰を、それを教えてくれた保母にたとえ、どちらに頼るのも同じくらい、楽しいものだと公言した。合理的な頭脳は時として合理性と非合理性との最も奇妙な混合物である。

もう一つの特徴がデカルトをとらえ、軍隊におけるきびしい訓練の結果それからだんだん抜けきるまで、デカルトのすべての行動に影響をおよぼした。体が弱かったために、子どものときに大事にされたのが重い憂鬱《ゆううつ》症の原因となり、長年死の恐怖にさいなまれた。疑いもなく、これが彼の生物学研究の端《たん》をなした。中年ごろまでには、自然は最もよい医者であり、健康を保つ秘訣は死の恐怖をなくすことである、と心底からいうことができるようになった。彼はもう命をのばす手だてをみつけようとして、あせることがなくなった。

パリでの三年間の平和な冥想生活は、デカルトの生涯のうちいちばん幸福なときであった。ガリレオがその粗末な望遠鏡で、輝かしい発見をしたのに刺激されて、ヨーロッパ中の自然科学者はレンズをもてあそびはじめた。デカルトもその一人であったが、とくに新奇なこともできなかった。彼の才能は、本質的に数学的であり抽象的だったのである。この時期における彼の発見、つまり力学上の仮想速度の原理に関する発見は、いまなお科学的に重要である。これは実際第一流の仕事であった。このことを理解したり評価したりする人がほとんどいないのを見て、彼は抽象的な問題を放棄し、あらゆる研究のうちで最高と彼が考えたもの、すなわち人間の研究に向かった。しかし、彼もそっけなくいっているように、人間について理解している人の数は、幾何学を理解していると自分で思っている人の数にくらべて、大変少ないのを間もなく発見した。

それまでにデカルトは、世間に発表したものは何もなかったが、名声が急速にたかまっていったので、流行を追うディレッタントがむらがり集まり、彼は再び、戦場に平安と休息を求めなければならなくなった。今度はフランス王のもとでのラ・ロシェル包囲戦であった。そこで、彼はあの人好きのする老リシュリュー枢機卿に会ったが、のちにデカルトは枢機卿から恩顧《おんこ》を受け、その狡猾《こうかつ》さからでなく、その神聖さから感銘を受けた。戦争は勝利をもって終わり、デカルトは無傷でパリに帰った。ここで第二の回心を経験し、永久に徒労から解放されたのである。

彼はいまや三二歳であったが、肉体が破滅から救われ、精神も忘却をまぬがれたのは奇跡的な好運であった。ラ・ロシェルにおけるたった一発の流弾でも、不朽の名を残す機会をデカルトから奪ったかもしれない。そして彼は、もしも何事かを成就《じょうじゅ》すべきであるとするなら、いまが絶好の機会であることをやっと悟ったのである。受動的な無関心状態から彼をよびさましたのは、二人の枢機卿ド・ベリュルとド・バニェであって、とくに科学界はデカルトに発表を説き勧めたことについて、この二人に対し永久に感謝しなければならない。

当時のカトリック僧侶は、科学を研究しまた熱愛したが、これは、ドイツで科学を破壊した狂信的なプロテスタントとはいちじるしい対照をなしている。ド・ベリュルやド・バニェと知りあってから、デカルトは彼らの温かいはげましのもとに才能を開花させた。なかでも、ド・バニェの夜会でデカルトは、ド・シャンドゥー氏（のちに偽造罪で絞首刑になったが、もちろんデカルトの詭弁術を学んだ結果ではあるまい）に、彼の新しい哲学を自由に語ってきかせた。真偽を区別することのむずかしさを説明するために、デカルトは一、二の反駁《はんばく》できない議論を提出して、論争の余地ない真理が虚妄《きょもう》であることを示し、また逆にだれもが、虚偽と認めていたことの真実性を示した。おどろいた聞き手はたずねた。どうしてただの人間が真理と虚偽の区別ができるかと。デカルトは必要な区別をするために、数学から、ある誤りのない方法（と、彼が考えるもの）を引きだしたとうち明けた。また、この方法が力学的発明を媒介として、科学と人間の幸福に、いかに適用されうるかを示したい、と思っているといった。

ド・ベリュルは、デカルトが哲学的思索の尖塔から、彼をさそうようにくり広げたこの地上の王国の眺めに、深く心を動かされた。彼はその発見を世間にわかち与えることこそ、神に対する義務である、とはっきりデカルトにいい、それを怠《おこた》ればデカルトは煉《れん》獄《ごく》の火で焼かれるか、少なくとも昇天の機会を失うだろうとおどかした。信心深いデカルトのことであったから、このような勧めを断ることができず、発表することに決心した。これは彼の第二回の回心で、三二歳のことであった。彼はこの決心を実行にうつすために、自分に適した寒い気候のオランダへすぐに向かった。

その後二〇年間、オランダ中をさまよい、どこにも永住せず、沈黙の隠者として人里離れた村とか、田舎の宿屋とか、大都会の片隅にひそみ、ラ・フレーシュの学院時代からの親友で、ただ一人いつでもデカルトの住所を知っていたメルセンヌ神父を仲介としてヨーロッパ一流の学者たちと規則正しく、多量の哲学的・科学的通信をとりかわしていた。（メルセンヌの属していた）パリからほど遠くないミニモ修道会の客間が（メルセンヌを通じて）質問、数学問題、科学・哲学理論、駁論《ばくろん》、解答の交換所となった。

その長いオランダ放浪の期間を通じて、デカルトは哲学と数学以外にもいくつかの研究に手をつけた。光学、化学、物理学、解剖学、胎生学、医学、天文学、虹の研究をふくめての気象学、これらすべてが彼のたえまない研究活動の対象であった。今日ではこのように広いさまざまな分野まで手をそめる人は、みずからつまらぬディレッタントと名を下げるであろうが、デカルトの時代はそうでなかった。才能のある人間は、その好む学問において、何か興味があることをみつけるという希望がもてたものであった。デカルトの出会うものはすべて、彼の利益となった。イギリスでの短い滞在は、彼に磁針の神秘的な動きを教え、これはすぐに彼の広大な哲学のうちにとり入れられて磁気学となった。神学も彼の注意をひいた。彼のすべての思索を通じて、少年時代の教育がその影を投げていた。たとえできたにしても、彼はその影を振り払わなかったであろう。

デカルトが集め工夫したものはすべて『宇宙論』という堂々たる論文にまとめられるはずであった。一六三四年デカルトが三八歳のとき、この論文は最後の校正をうけた。これはメルセンヌ神父への新年の贈り物となるはずであった。パリ中の知識人はこの傑作を待ちこがれた。メルセンヌは完成まえにところどころを見せてもらったが、完全に仕上がったところは見ていなかった。『宇宙論』は、創世記においてその筆者がもしデカルトと同程度に科学や哲学を知っていたとしたら書きあげることができたかもしれない、そういっても礼を失しない論文だろう。デカルトは、一部の読者に聖書のなかの六日間の創造という話のなかで欠けていると思われるもの、すなわち合理的要素を補うために、神の宇宙創造についての自説を書こうとした。三〇〇年もたってみれば、創世紀もデカルトもたいした違いはないように思われ、『宇宙論』のような本のために僧侶や法王が激怒するということは、いささか腑《ふ》におちかねることであろう。事実怒った人もいなかった。しかしデカルトのほうは、そういうことにならないかと気をつかったのである。

デカルトは、宗教裁判所のことを知っていた。またガリレオの天文学研究や、この怖れを知らない男ガリレオがコペルニクス地動説の弁護者であることも知っていた。実際、自著に最後の仕上げを加えるまえに、ガリレオの近刊の本を読みたいと待ちこがれていた。だが、友人から送ってもらう約束のあった本を受け取るかわりに、呆然とするような知らせをうけた。七〇歳のガリレオが、権門を誇るトスカナ公の庇護《ひご》にもかかわらず、宗教裁判にかけられ、地球が太陽のまわりを回るというコペルニクスの原理を異端として放棄することを誓わなければならなかった（一六三三年六月二二日）というのである。もしガリレオが、その科学的真理を否認することを拒《こば》んでいたらどうなっていただろうか、デカルトは憶測するほかなかったが、ブルーノやヴァニーニやカンパネッラの名が彼の心によみがえってくるのだった。

デカルトは打ちのめされた。自著のなかでは、コペルニクスの説を当然のこととして説いていた。彼は、コペルニクスやガリレオよりもはるかに大胆であった。というのは、二人とちがってデカルトは、科学的神学に興味をもっていたのである。彼はあるがままの宇宙の必然を、自分の得心のゆくまで証明し、もし神がいくつかの別々の宇宙を創っ

N. コペルニクス

G. ガリレイ

たとしても、それはみな《自然法則》の作用によって、おそかれ早かれ必然と結合し、現在あるがままの宇宙へと発展したにちがいないことを示しえたと考えた。簡単にいえば、デカルトはその科学的知識によって、創世記の作者や神学者が夢想したよりも、神の本質とやり方についてはずっとよく知っていると主張したのである。ガリレオさえもが、その温和《おんわ》で保守的な異端をとがめられて屈しなければならなかったとしたら、デカルトには何ができたであろうか。

しかし、恐怖のみがデカルトに『宇宙論』の出版を思いとどまらせたとするのは、事実のより重要な部分を見失うことになる。彼は、正気の人なら当然のことながら、恐れはしたけれども、それだけでなく深く傷つけられもしたのである。彼は自分の存在を確信するのと同じくらいに、コペルニクス説の真実性を確信していたが、しかしまた法王の絶対に過失のないことをも確信していた。ところがこの法王が、コペルニクスに反対して、自分自身の無知をさらしている。まず彼はこう考えた。それから彼の詭弁の訓練が思わぬ助けとなった。どうにかして、何か神秘的な超人的な綜合を通じて、二人とも正しいことが証明できるかもしれないというのだ。このまだ啓示されないピスガー山(2)の高所に立って、デカルトはいつの日か哲学的平静さをもって、この表面的な矛盾をながめ、それが和解の栄光のうちに消失することを、つよく希望し期待した。デカルトにとっては法王とコペルニクスのどちらか一人をあきらめることは、まったく不可能なことであった。そこで彼は、著書の出版をやめ、法王の無謬《むびゅう》性とコペルニクス説の真理性に対する確信をもち続けることにした。自分の潜在意識的自尊心の譲歩として、デカルトは『宇宙論』を死後に出版することにした。多分、それまでには法王も死んでしまって、矛盾もおのずから消え去るであろう。

出版しないというデカルトの決心は、すべての著作におよんだ。しかし一六三七年、四一歳のとき友人たちは、不承不承《ふしようぶしよう》の彼を説き伏せて、ある傑作の印刷を許可させた。その傑作の題名を訳すと、『理性を正しくみちびき、科学における真理を探究する方法に関する叙説、さらに本方法による試論としての光学、気象学、幾何学』となる。この著作は簡単に『方法序説』という名で知られていて、一六三七年六月八日に出版された。従って解析幾何学は、この日に誕生したわけである。この幾何学が、いかなる点でギリシア人の綜合幾何学よりすぐれているかを述べるまえに、著者の伝記を終わっておこう。デカルトの出版が遅れた理由を語ったあとなので、ほかのもっとあかるい面についても語らなければ、片手おちになろう。

デカルトが恐れてはいたが、実際は彼を圧迫しなかった教会は、いまやたいへん寛大に彼を助けてくれた。枢機卿リシュリューは、デカルトの書きたいと思うものなら何でも国の内外で出版してもよいという特権を与えた（しかし、ついでながら、枢機卿リシュリューにしろ、ほかの人間にしろ、宗教上その他のどんな権利があって哲学者・科学者に対してああすべきだ、こうしてはならないなどと指図することができたのであろうか）。しかしオランダのユトレヒトでは、プロテスタントの神学者たちは、デカルトの著作が無神論であり、《国家》と称する神話的存在に対して有害なものであると、猛烈な非難を加えた。だが寛大なオラニエ公は、デカルトの味方になって、できるだけの後押しをした。

一六四一年の秋以来、デカルトはオランダのハーグ近くの静かな小さい村に住んでいたが、そこには亡命中の王女エリーザベトが、いまでは学問を愛好する若い女性として、母といっしょにわび住まいをしていた。王女は実際学問の天才であったように思われる。六カ国語に通じ、多量の文学を消化したのち、もっと滋養になる食べ物を求めて、数学と科学に転じた。このすぐれた若い女性のなみなみならぬ欲望を説明しようとして、一説にはその知識欲を失恋のせいにしているものもある。数学も科学も、彼女を満足させることができなかった。そのとき、デカルトの著書が目に入り、これこそ自分の空虚を埋めるのに必要なものだと感じた。デカルトとしてはあまり気がすすまなかったけれども、この哲学者と王女との会見がとりきめられた。

その後どういうことが起こったかを、正確に知ることは非常にむずかしいが、デカルトは最も非力な君主や王女に対してさえも、当時の貴族的なうやうやしい敬意を惜しまぬ人だった。その手紙は品位ある思慮のお手本ではあったが、必ずしも真実さをこめているとはいえないようである。この熱心な弟子——エリーザベト王女——の知的能力についてデカルトが本当はどう考えていたかは、彼女についてどんなお世辞が書かれたにせよ、すぐあとに引用するちょっとした意地悪なことばが、よく物語っている。デカルトは一方で自分の品位を慮《おもんぱか》り、もう一方で自分の死後の出版物を気にかけていたのだ。

エリーザベトはデカルトに教えを乞うた。デカルトも公式には「私の弟子のなかで、私の著作を完全に理解したのは彼女だけだ」といっていた。たしかに彼は父親らしい、高貴の女性であることも意としない仕方で、彼女がほんとうに好きであったのかもしれないが、彼がこの言葉を客観的な事実としていったと解するならば、あまりに早呑みこみといわなければならない。もちろん、彼が自分の哲学についての自嘲《じちょう》としていったと解すれば別である。エリーザベトは、ものわかりが良すぎたのかもしれない。なぜかといえば、哲学を完全に理解するのは、それを作った哲学者だけである。しかしどんな凡人でも、自分が哲学を理解できると思うらしい。ともかくも、デカルトは、エリーザベトに結婚を申し込まなかったし、また周知のかぎりでは、エリーザベトのほうも彼に申し込みをしなかった。

デカルトが教えた学問のうちには、解析幾何学の方法もあった。さて、初等幾何学の問題には、純粋幾何学ではきわめて簡単に解け、またやさしくもみえるのに、厳密なデカルトの方法で扱うと、解析幾何学の難問になるようなものがある。それは次のような問題である。すなわち、中心が一直線上にないような任意の三円が与えられたとき、それらに同時に接する円を作図せよというのである。この問題には八つの解が存在する。この問題は、初歩的な解析幾何学のあらあらしい暴力には適さない種類の好見本であった。エリーザベトはこれをデカルトの方法で解いたのである。彼女にこんなことをさせたデカルトこそ残酷といわなければならない。彼がエリーザベトの解答を見て与えた批評は、どんな数学者の眼にも、内幕がどんなものかを暴露している。かわいそうにもエリーザベトは、自分のお手柄を自慢していた。デカルトは自分ならそんな解き方はしないだろうし、しても求める接円を一カ月で作図することは実際上できないだろう、といったのである。この言葉が、エリーザベトの数学的能力についてのデカルトの評価でなかったとしたら、事柄をこれ以上はっきりさせようにもできるものではない。ことに、彼女が的《まと》をはずし、また的をはずしたことをデカルトが心得ていながら、そういったとしたら残酷なことである。

エリーザベトはオランダを去ったのちも、デカルトが死ぬまで文通を続けた。デカルトの手紙は立派で誠実なものをたくさん含んではいるが、彼が王位の輝きにあのように目をくらまされなかったならばと、惜しまれる。

一六四六年のデカルトは、オランダのエフモント（アルクマール近郊）で幸福で孤独な生活をおくり、冥想したり、わずかの土地を耕したり、ヨーロッパの知識人たちと信じられないくらい多量の文通を続けたりしていた。数学上の彼の最大の著作は出版されたけれども、彼はなお、いつも透徹《とうてつ》した独創性をもって数学を考え続けた。彼が注意を払った一つの問題に、ツェノンのアキレスとカメの問題がある。この矛盾についての彼の解答は、今日では一般的に認められてはいないが、当時としては巧妙なものであった。彼は齢《よわい》五〇に達し、世界的にも有名となった。それはかつて望んだ以上のものであった。しかし、彼が生涯望んできた休息と平穏とはいまだにつかめなかった。彼は大きな仕事を続けたけれども、自分のなかにあるすべてを発揮できるような平安には恵まれないままに終わった。スウェーデン女王クリスティーナが、彼の評判を耳にしたからである。

　この、やや男まさりの若い女王は、当時一九歳ですでに有能な統治者であり、噂によればかなり古典に通じ（これについては後述する）、おそるべき肉体的耐久力をもつスポーツマンであり、無慈悲な狩猟者であり、一〇時間も馬に乗り続けて降りようともしない熟練騎手であり、スウェーデンの樵《きこり》にも負けぬくらい、寒さにも強い女丈夫であった。おまけに彼女は、皮膚のうすい人間の弱さに対してまるで鈍感であった。自分の食事が粗末だったので、廷臣のもまたそうであった。冬眠中のカエルのように、スウェーデンの冬の最中に火の気もない書斎に何時間もすわっていられた。取り巻き連も歯をガタガタいわせながら、窓を全部開け放って、気持ちよい雪を吹きこませようなどといいだすのだった。内閣が自分といつも同意見なのを嫌悪の念も抱かずにながめていた。必要なことは何でもご存知だ、と大臣や教師たちがクリスティーナに告げた。彼女自身が一日五時間の睡眠で足りたので、追従者《ついしょうしゃ》たちは一日に一九時間ものつらい勤めにはげまなくてはならなかった。このおそるべき女王は、デカルトの哲学に目をとめたとき、すぐさまこのあわれな眠り好きの男を自分の家庭教師の一員に加えることを決心した。これまでの勉強は彼女に何物をも与えず、より多くの勉強を渇望させただけであった。博学なエリーザベトのように、彼女もまた哲学者の豊饒《ほうじょう》な学問だけが、その灼けるような知識欲を満たしてくれることを知っていたのである。

もしデカルトにあの不幸な俗物根性がなかったならば、女王クリスティーナの甘言に乗《じょう》ぜられたりせずに、九〇歳までも、足腰がたたなくなる高齢までも生きながらえたであろう。一六四九年の春、フレミング提督が軍艦で迎えにくるまで彼は頑張り通した。いやがる哲学者のために一切《いっさい》の旅装がととのえられていた。一〇月まで延ばしてもらった。しかし、ついに自分の小さな庭園を名残りおしく眺めたのち、彼は門を閉ざして永久にエフモントを去った。

彼は堂々と、というより騒々しくストックホルムに迎えられた。デカルトは宮殿には住まわなかった。それだけは容赦してもらった。しかし、親切すぎて差し出がましいシャヌート一家が孤独を願う彼の最後の希望をたたきのめした。一家は、デカルトに同居をすすめた。シャヌートは同胞であり、フランス大使でもあった。しかし遅鈍《ちどん》なクリスティーナが、多忙な若い女性にとって、哲学を学ぶのに朝の五時が最適だなどということを思いつかなかったら、万事はうまくいっていたかもしれない。シャヌート家のほうがもっと思いやりが深かったからである。デカルトはキリスト教国の気ままな女王たち全部と引き換えにしても、ラ・フレーシュで一カ月ほどベッドに寝て、そばに親切なシャルレがいて、あまり早く起きないようにと注意してくれるほうがよっぽどよかったろう。しかし、彼は暗いうちから義務的にベッドからはいだし、迎えの車に乗り、ストックホルムで一番吹きっさらしの広場を横切って宮殿に向かった。宮殿では、クリスティーナが五時に、すぐにも哲学の勉強をはじめようと、氷のような書斎でジリジリと待っていた。

　ストックホルムに昔から住む人も、今までにこんなに寒い冬はおぼえがないといった。クリスティーナは、普通人の皮膚も神経も持ちあわせないようにみえた。彼女はいっこうに気にもせず、デカルトをその苛酷な出仕にしばりつけて平気だった。彼は午後になると横になって休息をとりもどそうとしたが、スウェーデン王立科学アカデミーのことが、計画ずきな彼女の脳裡に画策されていたのである。デカルトは彼女の計画を実現するために、寝床から放りだされてしまった。

　デカルトと女王が、その時折の会見において、哲学以外のことにたくさん触れていることが宮廷の人にやがて明らかになった。この疲れた哲学者はまもなく、自分が群がる大きな蜂の巣に足をふみ入れてしまったことを悟った。宮廷の人びとは、機会をとらえては、場所をえらばず、デカルトを中傷した。女王は鈍感にも、自分の新しいお気に入りに何事が起こっているのかも気づかなかったが、彼女の哲学者を通じて廷臣を叱る程度の《聡明さ》は発揮したのであった。けっきょく《外国人の影響》という悪意あるささやきをやめさせるために、クリスティーナはデカルトをスウェーデン人にしてしまおうと決心し、勅令《ちょくれい》をもって所領をあたえた。デカルトは窮境《きゅうきょう》をのがれようと必死にもがくたびに、かえって泥沼の中にひきずり込まれるだけであった。一六五〇年一月一日にはもう首まで沼につかり、ただ不作法をやってのける奇跡だけが、彼を解放する唯一のはかない希望であった。だが彼の王室に対する根強い尊敬の念のために、すぐにもオランダに帰りたいというような言葉はかりにも口に出せなかった。もっともエリーザベトあての手紙では、宮廷の儀礼にみちた書きぶりではあるが、このようなことをたくさん書き送っていた。彼はたまたま、ギリシア語の授業を中止することになった。おどろいたことに、古典学自慢のクリスティーナが、ほんの子どものころ独学でおぼえた初歩の文法にも苦しむのをみたのである。それからというものは、彼女の知能に対する彼の評価は、うやうやしいものではあったが、あまり高いものとはいえなくなった。この評価は、彼女が宮廷の行事で客を楽しませるため、デカルトにバレエを踊るように命じたことによって、高められたりはしなかった。デカルトはいい年をして、スウェーデンのカドリールを上手に踊って、道化役を演ずることはかたく断った。

間もなく、シャヌートが肺の炎症から重症におちいった。デカルトの看護で彼は治ったが、デカルトが同じ病気にたおれた。女王はびっくりして医者をよこした。デカルトはそれらの医者もみんな部屋の外に追いだした。彼の容態はどんどん悪化した。とうとう黒白もわからなくなり、その医者のうちの一人で、友だちでもあり、機会をうかがってあたりをうろついていた最もねばりづよい男に、刺胳《しらく》をしてもらうことを承知した。このために、彼は死にかけたが、まだ死ぬにはいたらなかった。

親切なシャヌート家の人びとは、デカルトが危篤《きとく》なのをみて、最後の聖餐をうけるように勧めた。彼は自分の僧侶を呼びたいという望みをもらした。魂を神のめぐみにゆだねて、デカルトは静かに死に直面し、いま自分が進んで行なう生命の犠牲は、おそらく彼の罪をつぐなうだろう、といった。ラ・フレーシュは最後まで彼をとらえて放さなかった。僧侶は彼が最後の聖体降福式を希望するかどうか合図してくれとたのんだ。デカルトは目をあけ、そして閉じた。聖体降福式が行なわれた。こうして彼は一六五〇年二月一一日五四歳で、わがまま娘のうぬぼれた虚栄の犠牲となって死んだ。

クリスティーナはなげいた。一七年たって彼女が王冠も信仰もなげうったとき(3)、デカルトの遺骨（フランスの大蔵大臣が自分の物事の処理のうまさを記念して保存した右手の骨をのぞく全部）がフランスに持ち帰られ、パリの今日のパンテオンに埋葬された。そのとき公開演説も行なわれるはずであったが、デカルトの理論は民衆に紹介されるにはまだあまりにも過激すぎるという理由で、国王の命令によりとり急ぎ禁止された。デカルトの遺骸の故国フランスへの帰還について、ヤコービはつぎのように述べている、「偉人を生前に所有するよりも、その灰を所有するほうがしばしば都合がよい」と。

デカルトの死後まもなく、その書物は教会の**禁書目録**の中にいれられた。そのおなじ教会が、デカルトが生きていたときには、枢機卿リシュリューの聡明な示唆を受けいれて、その発行を許していたのである。「首尾一貫、これこそ宝玉である」。しかし僧侶たちは《小心の化身で》あり、首尾一貫しない頑迷の輩《やから》であって、首尾一貫性に煩《わずら》わされることもなかったのである。

ここでは、哲学に対するデカルトの記念碑的な貢献については触れないでおく。また、実験的方法の夜明けにおいて、彼が果たした輝かしい役割についても述べるひまがない。これらのことは、おそらく彼の最大の業績である純粋数学の分野のはるか外にあるものである。人間思想の全分野を革新するということは、きわめてわずかな人にしか許されていない。デカルトはこのわずかな人間の一人である。その偉大な功績の輝かしい単純さをあいまいにしないために、それだけについて簡単に述べ、代数学ことに代数記号や方程式論において彼が成し遂げた、多くの立派な仕事については述べないでおこう。この一つのことが、数学史上五つ六つの最大の貢献のうちでも、感覚にうったえる単純さにおいて最も優秀なものである。すなわち、デカルトは幾何学をつくり直し、近代幾何学を可能にしたのである。

その基本的概念は、数学上のすべての偉大な概念と同じく、自明といえるほど簡単なものである。一平面上に相交わる二つの直線を描いてみよ。われわれは、この二直線がたがいに直交していると仮定しても、一般性を失うことにはならない。そこで南北と東西に街路が走っているようなアメリカ風の市街区を想像してみよう。全市街計画は**軸**と

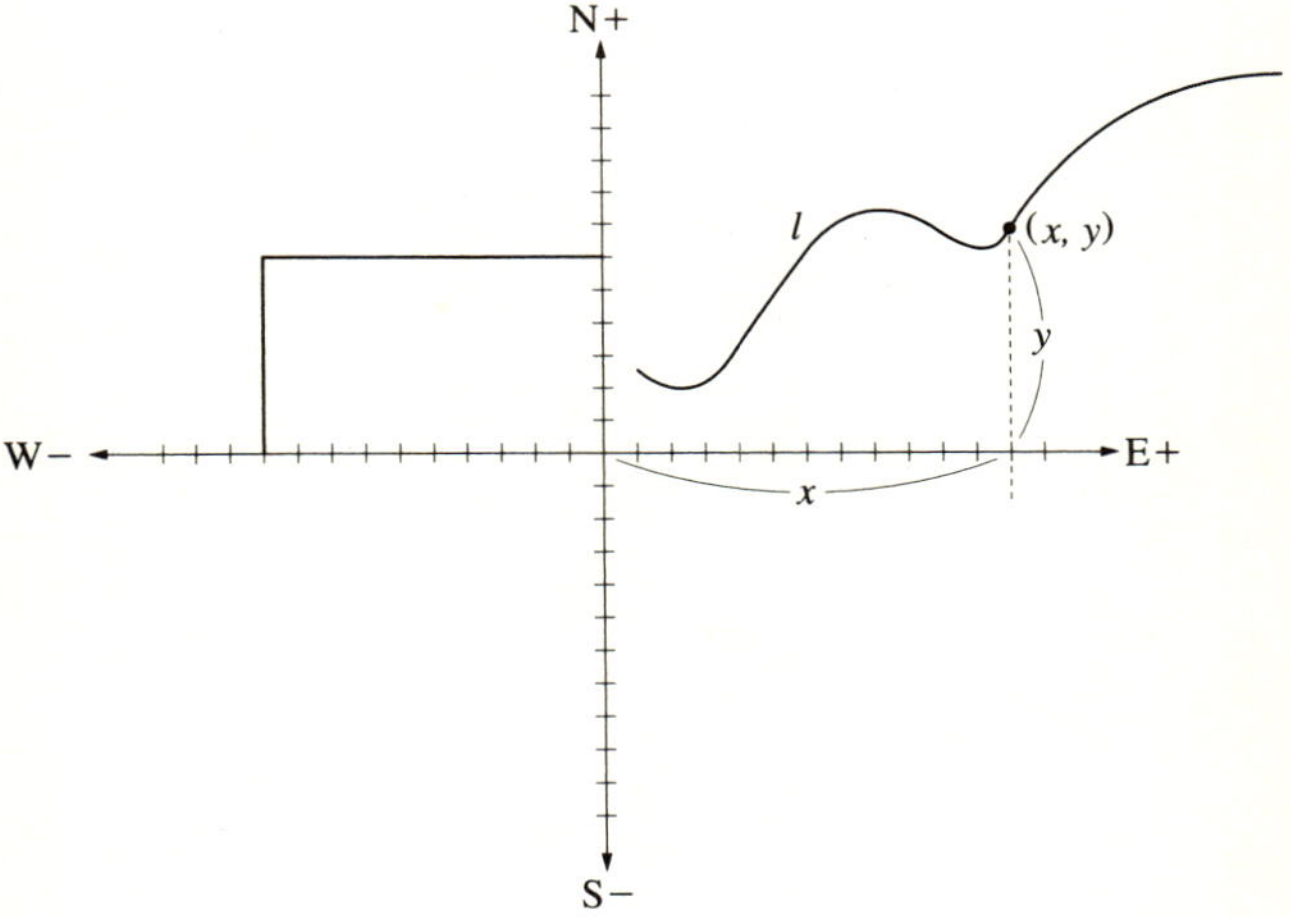
N+
W−
E+
S−
l
(x, y)
y
x

呼ばれる一本の南北路と一本の東西路とで設計され、それが**原点**と呼ばれる点で交叉し、その交叉点から南北路と東西路の番号がはじまる。だから、（東西路）一二六街路（南北路）西一〇〇二番地といわれても、もし一〇〇二個の番地に一〇本の南北路がふくまれ、それが西というのは地図の上では原点の左側におかれていることに気づけば、その地点がどこにあるかは図をみないでもはっきりわかるであろう。このことは日常なれているので、われわれはどんな住所番地でもすぐ頭のなかに描くことができるわけである。必要があれば、小さな数（前述の《1002》における《2》のように）を補足してやれば、この南北路と東西路の番号は、**軸**からの東西への、あるいは南北への距離をしめす一対の数を与えるから、これによってどんな点の位置でも、一意的に正確にきめることができる。この一対の数のことを、（軸に関する）点の**座標**と呼んでいる。

もう一つの点が図面の上をうごいてゆくと仮定しよう。それが描く曲線上のすべての点の座標 (x,y) は、一つの方程式 $f(x,y)=0$ でたがいに結びつけられている。この方程式を**曲線の方程式**という（与えられたデータに適合するようなグラフを描いたことのない読者には、これは無条件に認めていただかねばならない）。簡単のため、その曲線は円であると仮定しよう。われわれはその方程式を求めることができる。その方程式で何ができるだろう。この特殊な方程式の代わりに、われわれは同種のもっと一般的な方程式（たとえばここでは、積 xy の項を含まず、最高次の項 x^2 と y^2 の係数が等しい二次

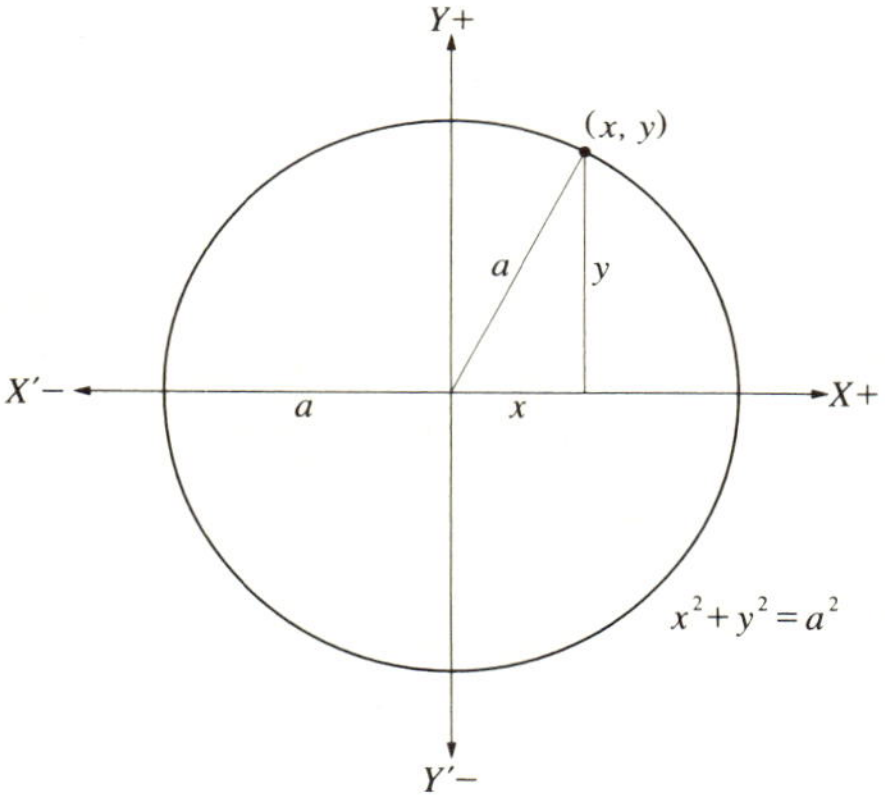

方程式）を書きくだし、それからこの方程式を代数的に処理することができる。最後に、われわれはこの代数的な処理の結果を、いままで一時考えなかった図の上で、点の座標を使って、それと同等な幾何学的事実におきもどすことができる。代数学は、ギリシア式のクモの巣のような初等幾何学の方法よりもずっと見とおしがきく。われわれがいまやったのは、円に関する幾何学的定理を発見したり研究したりするために、代数学を用いることである。

直線と円とについては、これは大しておどろくべきことではない。なぜなら、すでに以前からわれわれは他の方法、つまりギリシア式の方法でやることを知っていたからである。さてそれからが、わわれわれの方法の本当の力が現れてくるのである。すなわち、どんなに複雑な方程式が与えられても、われわれは、それらの代数的および解析的性質を幾何学的に解釈することができる。こうしてわれわれは、幾何学を水先案内とするのをやめたばかりでなく、その首に石を結びつけて海中に放りこんでしまったのである。今後代数学と解析学とが、《空間》とその《幾何学》との海図のない海での、われわれの水先案内となる。

以上述べたことは、どんな次元の空間にも一足とびに拡張することができる。平面に対しては、**二つ**の座標が必要で、普通の《立体》空間に対しては三つ、一般力学と相対論とのため幾何学に対しては四つの座標が必要になる。最後に数学者が愛好する《空間》に対しては、n 個の座標が、または 1,2,3,…というすべての自然数と同じ個数だけの座標が、さらに一直線上のすべての点〔あるいはすべての実数〕と同数の座標がいるようになる。これはアキレスとカメとの両方を競争で負かすことである。

デカルトは幾何学を改良したのではなく、それを創造したのであった。

デカルトと同国人で、今日現存する有名な数学者に、最後の言葉を語らせるのもよいと思うので、ここにジャック・アダマール(4)のいうところを引用しよう。彼はまず、単なる座標の発明がデカルトの最大の功績ではない、なぜならすでに《古代人》によってそれが発明されていたからだという。この言葉は、もしわれわれが未完成の事業のなかに潜む表現しがたい概念をも読みとるとするならば、たしかにまちがいではない。地獄は、自分の蒸気でゆであげ、完成することができなかった《古代人》の生まれ煮えの観念でしきつめられている。

「〔座標の使用におけるように〕一般的方法を認識することと、それが表す観念を終わりまで追求することはまったくちがうことである。本当の数学者ならばだれでも知っているこの功績こそ、幾何学におけるデカルトの功績であった。彼を真に偉大な発見に導いたのは、まさにこのようなやり方であった。すなわち彼の発見の神髄は、座標の方法を、すでに幾何学的に定義された曲線を方程式に翻訳するために用いるばかりでなく、問題を正反対の見地からみて、ますます複雑な、したがってますます一般的な曲線の先験的定義をあたえるためにも利用したことである。

直接には、デカルト自身によって、間接にはつぎの世紀が行なった正反対の逆転によって、数理科学の対象の概念全体に革命が起こった。デカルトは自分の成し遂げたことの意義を完全に理解していた。キケロの修辞学がアルファベットを凌駕《りょうが》したように、彼が、自分は今までのすべての幾何学を凌駕したと自慢したのも、もっともなことである」。

4　アマチュアの王者——フェルマ

とてつもなく美しい定理を私はずいぶんたくさん発見した。

——P・フェルマ

鵞鳥《がちょう》は全部が全部白鳥になれるわけではない。古今《ここん》を通じての大数学者としてデカルトを紹介したので、今度は一七世紀最大の数学者はデカルトの同時代人フェルマであるという説、これはしばしば主張され、めったに異議をさしはさまれることはないのであるが、この説を弁護しなければならないだろう。これはもちろんニュートンを考慮の外においての話である。しかしフェルマはすくなくとも純粋数学者としては、ニュートンに匹敵するし、とにかくニュートンの生涯の三分の一が一八世紀にくい込んでいるのに対して、フェルマの全生涯は一七世紀だけで終わっているといってよいだろう。

ニュートンは、その数学を科学的探究の道具とみなし、後者に力点をおいていたように思われる。これに反してフェルマは、科学とくに光学に対する数学の応用において顕著な業績をあげたけれども、純粋数学のほうに、より強くひきつけられていた。

数学は一六三七年にデカルトの解析幾何学が公刊されたときから近代期にはいったばかりで、その後長いあいだはまだ程度も高くなく、才能のある人間ならば、純粋応用の両部門にかけて、かなりの仕事をする希望をもっても不思議ではなかった。

純粋数学者としてのニュートンは、微積分の発明――ライプニッツも、ニュートンとは独立にこれを発明している――をもって頂点に達した。これについてはあとで述べるが、ここでは、フェルマはニュートンが生まれる一三年前、またライプニッツが生まれる一七年前に、微分の主要概念を考えだし、応用していたとだけいっておこう。もっとも彼は、ライプニッツのように自分の方法を、頭の鈍《にぶ》い者でもやさしい問題ならば適用できるほどやさしい一組の規則にまとめるようなことはしなかった。

デカルトとフェルマは、たがいにまったく独立して解析幾何学を発明した。二人は、この問題について文通をかわしたけれども、今述べたことをくつがえすことにはならない。デカルトの努力の大部分は、雑多な科学研究、自分の哲学の完成、途方もない太陽系の《渦動説《かどう》》――長いあいだイギリスにおいてすら、美しいまでに単純なニュートンの非形而上学的《けいじじょう》万有引力説の有力な競争理論であった――にささげられていた。デカルトやパスカルとちがって、フェルマは神や人間や全宇宙について哲学したいという誘惑は感じなかったようにみえる。そこで微分積分学と解析幾何学における自分の役割を果たし、仕事とパンのために熱心に働くという平和な生活を送ったのちにも、残りの精力をその道楽——純粋数学——にふりむけ、彼の最大の労作であって、その名を不朽《ふきゅう》なものとした数論の基礎を完成するだけのひまがあった。

P. フェルマ

すぐあとで述べるように、フェルマはパスカルと並んで、確率の数学的理論を創造した人である。こうした第一級の業績を並べても、彼を純粋数学における同時代の第一人者とするのに不十分だとしたら、だれが一体それ以上のことをなし得たというのだろうか。フェルマは、生まれながらの独創家であった。彼はまた、もっとも正確な意味では、科学と数学とに関するかぎりアマチュアであった。たしかに、彼は科学史上におけるもっとも著名なアマチュアの一人である。

フェルマの生涯は静かで勤勉で、波だちもなかったが、そのなかからたくさんのものが生みだされた。彼の平和な経歴のうちの重要な事実は、数語にしてつきる。ボーモンの副領事で皮革商のドミニク・フェルマと、議会法学者の家柄の娘クレール・ド・ロンとのあいだの息子、数学者ピエール・フェルマは一六〇一年八月（正確な日付けは明らかではないが、洗礼日は八月二〇日になっている）フランス南部（トゥールーズ近く）のボーモン・ド・ロマーニュで生まれた。初等教育は生まれた町の生家でうけたが、行政官の準備勉強はトゥールーズで続けた。フェルマは全生涯を静かに暮らし、無用の論争はさけ、しかもパスカルにおけるジルベルトのごとく、少年時代の天才ぶりを後世のために記録してくれるような愛する姉妹がなかったので、学生時代の経歴については不思議なほど残ってはいない。それが輝かしいものであったろうということは、後年の功績などから明らかである。しっかりした学問の基礎がなかったならば、フェルマほどの古典学者・文人となることはありえないからである。数論および数学一般における彼の驚くべき労作は、学校教育から生まれたとはいいがたい。なぜなら、彼が成し遂げた最大の仕事の領域は、彼の学生時代にはまだ開発されていなかったので、学校教育からはほとんど暗示を受けなかったにちがいないからである。

彼の世俗的な経歴で目につくことは、ただ三〇歳のとき（一六三一年五月一四日）トゥールーズで請願委員に就任したこと、同年六月一日母のいとこルイズ・ド・ロンと結婚したこと（その結婚から三人の息子と二人の娘をもうけた）、息子の一人クレマン・サミュエルは父の科学上の遺著刊行者となり、娘は二人とも尼になったこと、一六四八年トゥールーズ地方議会の勅選《ちょくせん》議員となり、一七年間威厳と公正と大きな才能をもって勤めあげたことなどである。働き盛りの三四年間は、国家への奉仕についやされ、ついに一六六五年一月一二日カストルである事件を片づけたのち、二日めに六五歳で没した。「逸話だって？　そんなものはありませんよ」と彼はいったかもしれない。しかしこの、平穏な生活を送った、正直で温厚で正義派に属するこの男は、数学史におけるもっとも美しい逸話の一つを残したのである。

彼の逸話とは彼の仕事――むしろリクリエーション――であり、彼は、それをただ愛するがために行なったのであるが、その最善のものは非常に単純（答をだしたり手本にしたりするのにではなくて、式で記すかぎり）であって、普通の知能程度の生徒ならば、だれでもその本質を理解し、その美しさを認めることができる。この数学アマチュアの王者の仕事は、過去三世紀のあいだすべての文明国の数学愛好者にとって、抵抗しがたい魅力をもっていた。その仕事は数論と呼ばれているが、これはおそらく、今日《こんにち》数学の有能なアマチュアが、何か興味あることを生みだしうる幻想のもてる数学分野の一つであろう。まず、いわゆる人文学における彼の《卓越した博学》に触れたのちに、彼の数論以外の貢献について見ることにしよう。ヨーロッパの主要諸国の言語と文学に関する彼の知識は、ひろく正確で、ギリシア・ラテン語学は、いくつかの重要な訂正について彼のおかげを蒙《こうむ》っている。当時の貴族の教養の一つであるラテン語、フランス語、スペイン語の詩作では、彼は非常な巧みさと立派な趣味とを示している。フェルマの平穏な学者生活を理解するには、気のおけない、批評に対して怒りっぽくなく（晩年のニュートンとはちがって）、高慢でもなく、といってもあらゆる点で彼とは正反対のデカルトが、「フェルマ氏はガスコーニュ人だが、私はそうではない」と評したように、ある程度の虚栄心をそなえた人物を想像したらよいだろう。このガスコーニュ人という形容は、フランスの作家（たとえばエドモン・ロスタン作『シラノ・ド・ベルジュラック』第二幕七場）がガスコーニュ人の性質としている、愛嬌《あいきょう》あるホラ吹きのことである。フェルマの手紙には少なからずそんなふうなところがあるけれども、それはどちらかといえば、素朴で人を怒らすほどのものではなく、また頭脳が風船玉ぐらいに大きいといったとしても、自分の仕事の正当な評価と考えて決して不当なものではなかった。そしてまたデカルトにしても、彼が真に公平な審判官ではなかったことも思い起こさねばならない。デカルトが軍人気質の頑固らしさで、この《ガスコーニュ人》と、接線の重要問題について長いあいだ口論し、けっきょく敗れ去ったことについては、このすぐあとで述べることにする。

フェルマの職務上の厳格さと、彼の成したたくさんの第一級の数学上の仕事とを並べて考えるならば、彼がどうしてそんな余裕をもつことができたか不思議に思う人もあろう。あるフランスの批評家が、この問題の解決を暗示している。勅選議員というフェルマの職務は、彼の知的活動の障害ではなく、むしろ助けであった。他の公職——たとえば軍職——とはちがって、勅選議員は汚職その他の職務遂行上の不都合をさけるために、市民からはなれ、不必要な社会活動を断つように要求されていた。こうしてフェルマは十分な時間を得たのであった。

さて、ここで微積分学の発展に対するフェルマの寄与について簡単に述べておこう。すでに、アルキメデスの章でも注意したように、**微分学**の基本問題の幾何学的意味は、結び目のない与えられた連続曲線上の任意の一点において、その曲線に接する直線を引くことである。ここにある《連続》〔正確には《可微分》〕という言葉を、もう少しくわしくいうと、なめらかで中断も急激な跳躍もないという意味である。この《連続》に正確な数学的定義を与えるとすれば、実は数ページにわたる一連の定義と細密な特徴づけがいる。それは、ニュートンとライプニッツとを含めた微積分学の発明者をおどろかせるにちがいない。また想像をたくましくして、もし現代の研究者が要求するこれらすべての微細な特徴が、創始者の目に映ったとしたら、かえって微積分学は発明されなかったにちがいない。

フェルマを含めて微積分学の発明者は、それを発展させるために幾何学的および物理学的（主として運動学的）および力学的直観にたよった。彼らは想像上で《連続曲線》の**グラフ**を観察し、曲線上の任意の点Pで、その曲線に接線を引く過程を描き出す。すなわち、その曲線上に他の点Qをとり、PとQを結び、直線PQを引く。それから頭のなかで、曲線の弧にそって点QをPまですべらす。すると、ついにはQはPに合致し、弦《げん》**PQ**はいま述べた極限の位置において、点Pにおける曲線の接線PPになる。これこそ彼らが求めていたものであった。

つぎの一歩は、これらのことを代数的あるいは解析的言語に翻訳することだけである。グラフ上の点Pの座標(x, y)と、QがPと合致するためすべりだす前のQの座標、たとえば$(x+a, y+b)$を知れば、グラフを調べて、弦PQの**勾配**はb/aに等しくなることがわかろう。これは明らかに、x軸（x座標をはかる直線）に対する弦の《傾き》に

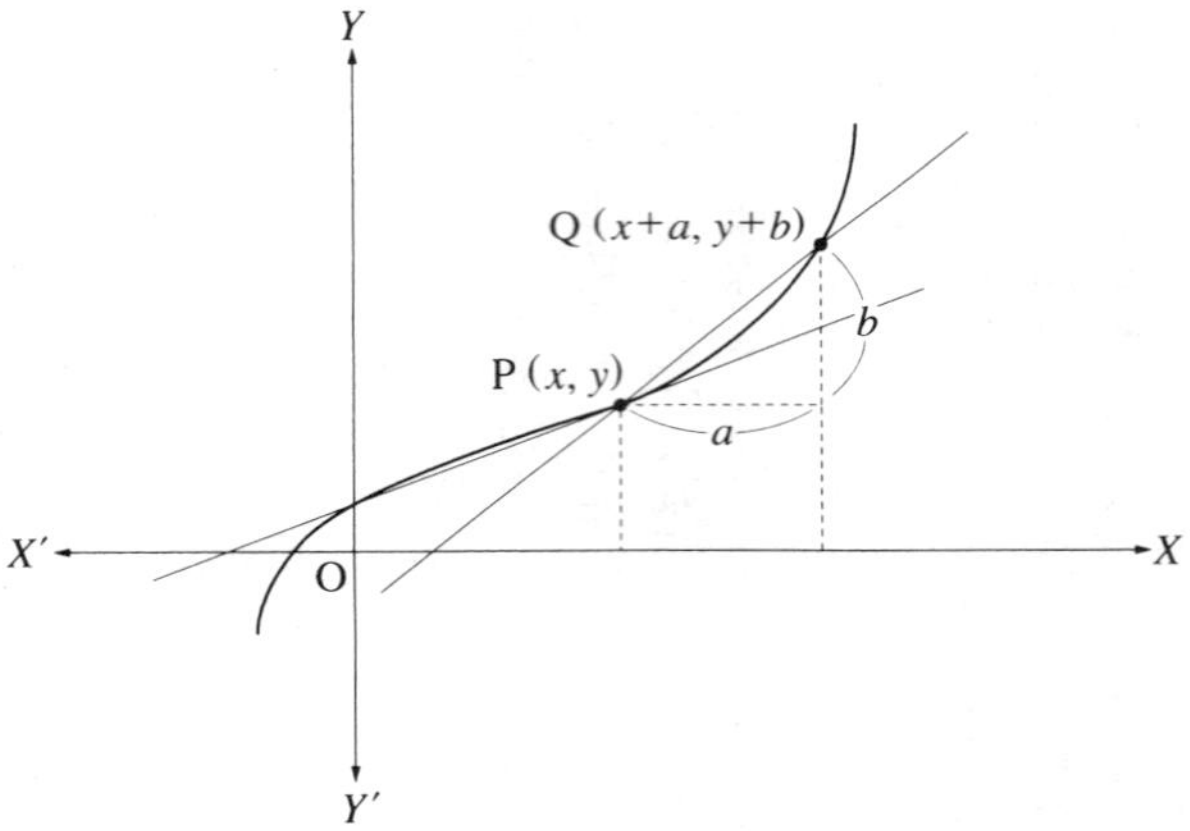

等しい。この《傾き》こそ、まさに勾配と同じ意味なのである。Qの座標 $(x+a, y+b)$ はけっきょくPの座標 (x, y) になるのだから、これによって、Pにおける**接線の傾き**（QがすべってPと合致したあと）は、a と b とが同時に0に接近したときの b/a の**極限値**になることが明らかにみてとれる。この極限値こそが求める勾配である。勾配と点Pとがわかれば、そこで接線を引くことは容易であろう。

　これは、接線を作るフェルマの方法と正確に同じではないが、彼自身の方法は、おおざっぱにいえば、以上述べたところと同等なのである。

　なぜこれらすべてのことが、理性的あるいは実際的な人のまじめな注意をひく価値があるのだろうか。説明すれば長々しくなるから、ここではヒントを与えるだけにして、くわしくはニュートンを論ずるときにゆずろう。力学における基本的概念の一つは、運動している質点の**速度**（速さ）の概念である。もしわれわれが、いくつかの時間に対し、それらの時間内に質点が通過した距離を〔延べで〕測って図に表せば、質点の**運動**を一目で示す直線または曲線が得られる。与えられた一点におけるこの曲線の**傾き**が、その点を通過する瞬間における質点の速度を与える。質点の運動が速ければ速いほど、そこでの接線の傾きは大きくなる。この傾きは、実際その軌道上の任意の一点での質点の速度を表す。運動する質点の速度を求めるという力学上の問題は幾何学に翻訳すると、ちょうど曲線上の与えられた点における接線の傾きを見いだす問題になるのである。曲面への接平面を引くということに関しても、同様な問題（それはまた力学や数理物理学において重要な意義をもっている）があり、すべてこれら微分学――その基本問題を、いまわれわれはフェルマとその後継者の目に映ったとおりに記すようにつとめた――によって研究される。

この微分学のもう一つ別の用法は、すでに述べたところからすぐに説明される。まず、ある量yが他の量tの《関数》であると仮定しよう。このようなときは$y=f(t)$と書くが、それはある決まった数――たとえば10――をtに代入したとき、10に対する関数値$f(10)$を得ることを表している。

もし、fの代数的式表示がわかっているとすれば、対応するyの値――ここでは、

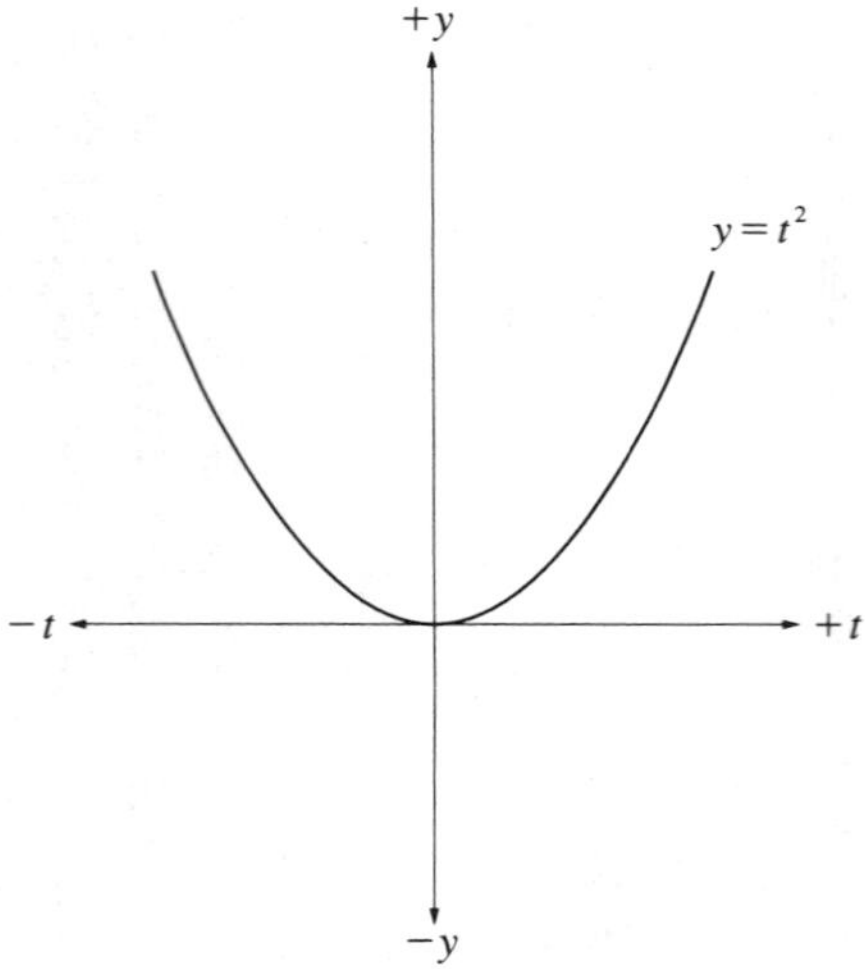

$y=f(10)$ ——は計算によって求めることができる。もっと明確にするために、$f(t)$ が代数学において t^2, または $t\times t$ で表されるような t の特別の《関数》であると仮定しよう。そこで $t=10$ のときには、$f(10)=10\times 10$ であるから、t のこの値に対して、ここでは $y=10^2=100$ を得る。また、$t=\frac{1}{2}$ のときには、$y=\frac{1}{4}$ になる。t のいかなる値に対しても、同様に y の値が求められる。

　以上のことならば、つい三、四〇年前に中等学校教育を受けた人なら、だれでもよく知っているはずであるが、それでも、ラテン語の Mensa（テーブル）の格を変化させることのできない人があるのと同様、子どものときに

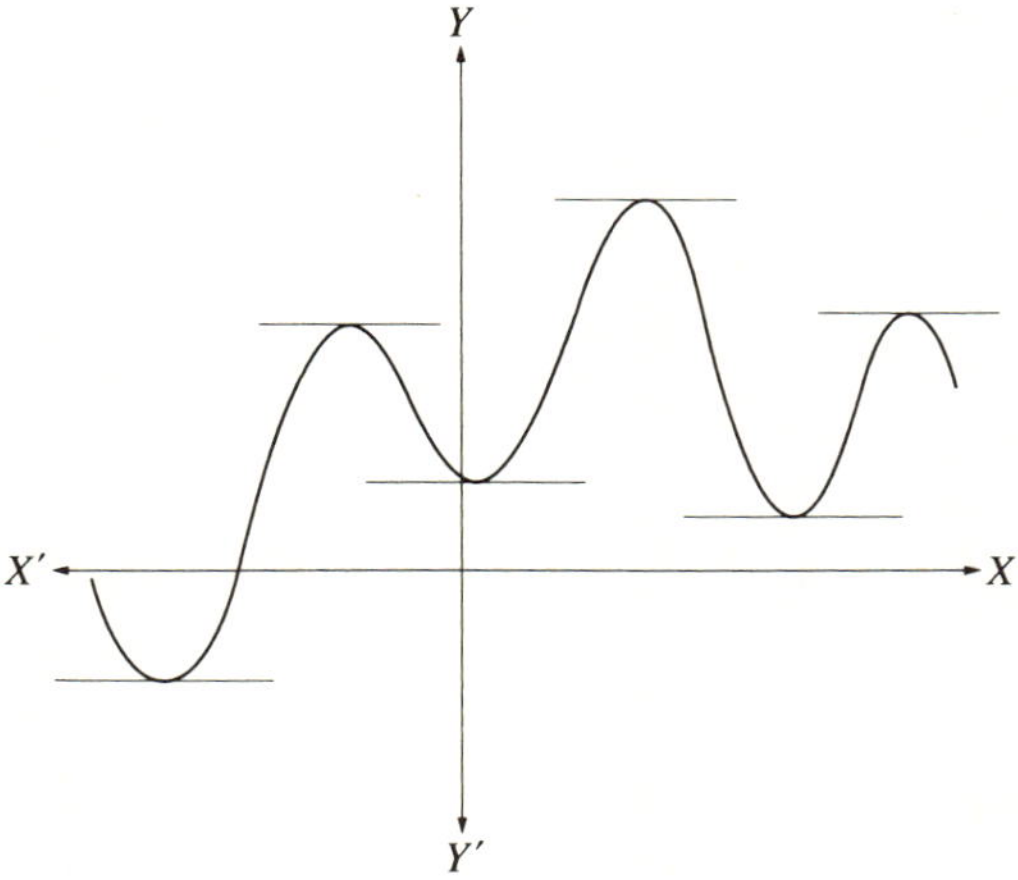

算数でどんなことをやったか忘れてしまった人もあるにちがいない。しかしどんな忘れっぽい人でも、fの特殊な形が与えられれば、それに対して$y=f(t)$のグラフを作ることができたのを思いだすだろう（$f(t)$がt^2のときには、グラフはアーチをさかさにしたような放物線である）。いま、そのようなグラフが描かれたと仮定しよう。もしこのグラフがその上にいくつかの極大点あるいは極小点――つまりそのすぐ近傍《きんぼう》の点よりも高い点あるいは低い点――をもっているとすれば、これら極大点あるいは極小点での接線はいずれもt軸に平行になることがわかる。すなわち、われわれが描いた$f(t)$の**極値点**（極大点あるいは極小点）にお

ける接線の傾きは0に等しい。こうして、もし与えられた関数 $f(t)$ の**極値**を求めたいならば、われわれはまた特別な曲線 $y=f(t)$ に対する傾きの問題を解かねばならないことになる。そして一般的な点 (t, y) に対する傾きを見いだし、この傾きを示す代数式を0に等しいとおけば、極値を与える t の値を見つけだすことができる。これは実際フェルマが、一六二八年から二九年にかけて発明した極大点と極小点の方法で行なったことであり、一〇年後にフェルマがそれについての記述を、メルセンヌを通じてデカルトに送ってから、はじめてなかば公然化した。

この簡単な発案——もちろんいま述べたよりもはるかに複雑な問題を解くために入念に仕上げられはしたが——の科学への応用は、数も多く範囲も広い。たとえば、力学ではラグランジュが発見したように、問題になっている物体の位置（座標）と速度の「ラグランジュ関数と呼ばれる」ある《関数》があって、その極値を求めると、当の物体の系の《運動方程式》が得られ、その方程式によって、今度は与えられた任意の瞬間におけるその物体の運動を決定する——それを完全に記述する——ことができるのである。物理学ではほかにも多くの同様な関数があって、そのおのおのが、数理物理学の広汎《こうはん》な部門を、その関数が極値をとらなければならぬ、という簡単な要請で統一しているのである。[1] ヒルベルトは一九一六年に、一般相対論のための関数を発見した。だからフェルマが法律上の激務の余暇を極大値・極小値の問題に費したからといって、とても時間を空費したとはいえない。彼自身その原理の、もっとも美しいもっとも驚くべき応用を、光学に対して行なった。ついでながら、フェルマのこの特別な発見は一九二六年以来完成された新しい量子論――その数学的な面では、《波動力学》――の萌芽となった。フェルマが発見したのは、普通《最小時間の原理》と呼ばれているものである。しかし《最小》の代わりに《極値》（極小あるいは極大）と呼ぶほうがより正しいだろう[2]。

この原理にしたがえば、光線がある点Aから他の点Bへ到達する際、その途中でどんなに反射したり屈折（すなわち空気中から水中にはいるとき、またさまざまな密度のゼリー中を通るときのように、光線が曲がること）したりしても、そのとるべき過程は、屈折によるすべての曲がりくねりも、反射によるすべての往復も、AからBに移るのに要する時間が最小であるというただ一つの要請から計算することができるのである（前記注2を参照せよ）。

この原理からフェルマは、反射と屈折に関する名高い法則を導きだした。すなわち（反射においては）入射角と反射角が等しいこと、（屈折においては）媒体から他の媒体へと移る際、入射角と屈折角の正弦の比が一定であること、などである。

解析幾何学についてはすでに説明したが、フェルマはそれを三次元の空間に応用した最初の人であった。デカルトは二次元で満足していた。二次元から三次元への拡張は、今日ではどんな学生にもよく知られているが、当時は有能な人にとってさえ、デカルトの展開からは自明ではなかったのであろう。三次元の空間から四次元、五次元、…n次元へ拡張するのよりも、二次元の空間から三次元への特殊な種類の意味の拡張を見いだすほうが、普通はよほどむずかしいといえよう。フェルマは本質的な点（次数による曲線の分類をさす）で、デカルトに修正を加えた。いくらか過敏なデカルトが、ものごとに動じない《ガスコーニュ人》フェルマと論争したのは当然かもしれない。軍人デカルトは、フェルマの接線に関する論争でしばしば怒りっぽく辛辣《しんらつ》であったのに反し、穏やかな法学者のほうはいつも礼儀正しかった。感情を抑えつけることのできるほうが、論争に勝つのは世の常《つね》である。もっとも、フェルマには勝つべき理由があった。それは彼が論争にたくみであったためではなく、彼が正しかったからである。

ついでながら、ニュートンはフェルマが微積分を使ったのを聞き、その知らせを確認していたはずだと思われる。一九三四年までこのことについての証拠は現れなかった。同年にL・T・モーア教授はそのニュートン伝のなかで、いままで知られなかったニュートンの手紙を発表しているが、それによると彼は、接線を求めるフェルマの方法から微分学の方法の暗示を受けたことをはっきりと述べている。

今度は専門家でも素人でも、だれにでもわかるフェルマの最大の労作について述べよう。それはいわゆる《数論》または《高等算術》であり、ガウスがそれで満足に思った非衒学《げんがく》的な名称をつかえば、**算術**である。

ギリシア人は、われわれが初等教科書で《算術》の名のもとにごたまぜにしているものを、《計算術》と《数論》の二部門にわけたが、前者は商売や一般日常生活への計算の実際的応用を意味し、後者は数そのものの特質を発見しようと企てたフェルマやガウスの意味する算術のことであった。

算術は、子供が話すことを覚えるとすぐに口にだす1, 2, 3, 4, 5, … のような、普通の自然数の相互の関係を研究する。しかもそれが算術の窮極の、そしてまた最も困難な問題なのである。この関係を明らかにしようとして、数学者は、代数学および解析学におけるさまざまな微妙にして深遠な理論を発明しなければならなかった。その尨大《ぼうだい》な専門的なむずかしさがかえって、それが解決したいと思う当の目的である、最初の1, 2, 3, … に関する問題をぼかしてしまっている。しかし、これら一見無益とも思える研究の副産物は、物理的宇宙と直接に接触している他の数学分野に適用することのできる多くの有力な方法を開拓し、これらの《無益な》研究を企てた者に豊かにむくいてくれている。ただ一例をあげれば、今日代数学の専門家に研究され、代数方程式の理論にまったく新しい光を投じている現代代数学は、フェルマの単純な《最終定理》(これは準備ができたら説明するつもりである) を解決しようという試みに直接その源《みなもと》を発しているのである。

まず、素数に関するフェルマの有名な叙述からはじめよう。素数というのは約数（整除する数）として1とその数自身とだけをもっている、1より大きい数のことである。たとえば2, 3, 5, 7, 13, 17などは素数で、257, 65537なども そうである。しかし、4294967297は641を約数としてもっているから素数ではなく、18446744073709551617も274177によって割りきれるから素数でなく、641と274177は素数である。算術で一つの数が他の数を約数としてもつ、あるいは他の数によって整除されるという場合には、整数の商《しょう》がでて余りがないということを意味する。だから14は7によって割りきれるが、15はそうでない。前にあげた二つの大きな数は、すぐ後に説明する理由から故意にあげたのである。もう一つの定義を与えよう。一定の数、たとえばNのn乗とはNをn回掛けあわせた結果で、N^nと書く。たとえば、

$$5^2=5\times5=25,\ 8^4=8\times8\times8\times8=4096.$$

記法をそろえるために、Nそれ自身はN^1とも書く。また2^{35}のように積みあげられた場合には、まず$3^5(=243)$を計算し、つぎに2の243乗を求める。すなわち2^{243}で、この結果得られる数は74けたの数である。

つぎの点は、フェルマの生涯にも数学史の上にも、非常に重要なものとなった。それを述べるために、3, 5, 17, 257, 65537という数をとってみよう。これらはみな特殊な一

つの《数列》に属している。すなわちそれらは、次の式からわかるようにみな同一の簡単な手続きによって（1および2から）つくられている。

$$3=2+1,\ 5=2^2+1,\ 17=2^4+1,$$
$$257=2^8+1,\ 65537=2^{16}+1.$$

もし、われわれが実際に計算をやってみれば、前記の二つの大きな数も $2^{32}+1$ と $2^{64}+1$ であって、同一の数列に属することがたやすくわかるであろう。こうして、われわれはこの数列に属する七つの数を得たのであるが、そのうちのはじめの五つは素数、あとの二つは素数ではない。

数列の作り方をみて、《指数》（2のどんな累乗《るいじょう》がとられるかを示す2の右肩の小さな数）、すなわち1, 2, 4, 8, 16, 32, 64を書き出す。するとこれらが1（代数学におけるように、斉一性のために除外例を避けたければ 2^0 と書いてもよい）、$2^1, 2^2, 2^3, 2^4, 2^5, 2^6$ であることがわかる。すなわち、われわれの数列は

$$F_n=2^{2^n}+1$$

で、n は0, 1, 2, 3, 4, 5, 6の値をとる。しかし $n=6$ でとどまる必要はなく、$n=7, 8, 9,$ …として、無限に数列を続け、ますます巨大な数を得ることもできる。

さてつぎに、この数列のある特別な数Nが素数であるかないかを見いだすことはできないだろうか。一般的には、その数Nをつぎつぎと、その数の平方根$\sqrt{N}$よりも小さい素数2, 3, 5, 7, …で割ってみる。もしこれらのいずれによってもその数Nが割りきれなかったならば、その数Nは素数である。もっともこれには多くの近道があり、見ただけでしりぞけられる素数の約数もたくさんあり、また近代の整数論は上の素約数を制限してくれるけれども、それでもわれわれの問題は上記の一般的手続きとほとんど変わらぬくらいに面倒なのである。たとえ近道を通っても、そのようなテストはnの値が100のように小さな場合でさえ、ほとんど不可能なほど面倒なのである（読者は試みに$n=8$としてこのことを確かめてみられるとよい）。

フェルマは、前述の数列中のすべての数が素数であることを確信すると主張した。われわれがいま知ったように、上記の数（$n=5, 6$に相当する）は彼の主張を反駁《はんばく》する。ここにわれわれの興味をひく歴史的な点がある。すなわち、フェルマの推測はまちがっていた。が、彼はその推測を証明したとは主張しなかった。数年後彼は、自分がかつて主張したことについて、あいまいなことばを発表したが、それから批評家は彼が勘違いしていたのだと推断している。この事実の重要さは、記述を進めるにしたがって明らかになってくるだろう。

心理学上珍奇な事実をあげよう。アメリカの速算少年ジーラー・コルバーンが、フェルマの第六の数（4294967297）は素数かどうか、とたずねられたとき、しばらく暗算をしてからそれは約数641をもっているから素数ではないと答えた。そのくせ彼は正確な答に到達した経路を説明することはできなかった（コルバーンの名は、のちにハミルトンと関連してまた引き合いにだされるだろう）。

《フェルマの数》$2^{2^n}+1$から離れる前に、先回りして一七九〇年代を見てみよう。このとき、上述の神秘的な数が全数学史上二、三の最も重大な事件のうちの一つの原因となったのである。伝えられるところによれば、一八歳の一青年がしばらくのあいだ、そのすばらしい才能を数学に捧げようか、それとも言語学に捧げようかと迷っていた。彼は両方の才能にめぐまれていたのである。そのとき彼を決心させたのは、どんな生徒にもおなじみの初等幾何学上の簡単な問題と関連したすばらしい発見であった。

正N角形というのは、すべての辺が等しく、すべての内角が等しいN角形のことである。古代ギリシア人は早くから、定規とコンパスだけを用いて、3, 4, 5, 6, 8, 10, 15辺の正多角形をつくる方法をみつけていた。同じ道具を使って、一定数の辺をもつ正多角形から、その二倍の辺数をもつ他の正多角形をつくるのはやさしい。さて、そのつぎは定規とコンパスとで7, 9, 11, 13, … などの〔奇数〕辺の正多角形をつくることであろうが、これは多くの人が試みて失敗した。なぜならそれは不可能であったから。ただ、彼らはそれを知らなかったのだ。二二〇〇年以上もたって、数学と言語学とのあいだをさまよっていた青年が、つぎの一歩——空前の第一歩——をふみだしたのである。前に示したように、**奇数**辺の正多角形だけを考えれば十分である。その青年は、奇数辺の正多角形を定規とコンパスだけで作れるのは、ただその辺数がフェルマ型の素数（すなわち $2^{2^n}+1$ の形の素数）のときか、または異なったフェルマ型の素数の積である場合にのみ、可能であることを証明した。したがってギリシア人が知っていたように、3, 5 または15の場合は可能であるが 7, 9, 11, 13 のときは不可能なのである。また17, 257, 65537 あるいは——だれもまだ（一九三六年現在においては）知らないのであるが、もし、そのようなものがあったとしたなら[3]——フェルマの数列 3, 5, 17, 257, 65537, …におけるつぎの素数でも可能である。また 3×17, $5\times257\times65537$ 等の辺でも可能なのである。一七九六年六月一日に発表され、それ以前の三月三〇日にできあがっていたこの発見こそ、かの青年に生涯の事業として、言語学の代わりに数学を選ばせたものであった。青年の名はガウスである。

数論に関するフェルマの発見には、なお別の種類のものもあって、それは《フェルマの定理》（いわゆる《最終定理》ではない）として知られている。n が任意の自然数で、p が任意の素数ならば、n^p-n は p によって割りきれる。たとえば、$p=3$, $n=5$ とすれば 5^3-5, あるいは $125-5$, すなわち 120 で、3×40 になる。$n=2$, $p=11$ とすれば、$2^{11}-2$ あるいは $2048-2$, すなわち $2046=11\times186$ になる。

ある数論の定理が重要とみなされ、それと同じ程度に説明しにくい他の定理がつまらないものとみなされるのはなぜか。その理由を述べるのは、不可能ではないにしても、たいそう困難なことである。必ずしも決定的ではないけれども、その基準の第一は、その定理が数学の他の領域でも役立つということであり、第二は数論、あるいは数学一般における研究に暗示をあたえること、第三はある点で普遍的だということである。いま述べたフェルマの定理は、これら幾分気まぐれな要求をすべて満足させてくれる。それは、代数方程式の理論の根底にある群論（15章参照）を包含《ほうがん》する数学の多くの部門で不可欠のものであり、多数の研究に示唆をあたえ――その重要な例証として、数学者の読者は、原始根のことを想起するであろう――最後にそれは、すべての素数が必ずもつ性質を叙述している――このような一般的叙述はきわめて発見しにくく、しかもきわめて少数にすぎない――という意味で、普遍的なのである。

いつものように、フェルマは、彼の n^p-n に関する定理を、証明なしに述べた。これをはじめて証明したのはライプニッツで、彼はこれを日付けのない原稿に書いているが、証明法を知ったのは一六八三年以前であるらしい。読者諸君は、証明を工夫して自分の力を試してみるのもよかろう。必要なのはつぎの事実であり、この事実は証明もできるけれども、当座の目的のために仮定しておいてもよい。すなわち、一つの与えられた自然数は、ただ一通りの方法によって――因数の順序の違いだけを除いて――素数の積に分解することができる。また、二つの自然数の積（掛け算の結果）が一つの素数で割りきれるならば、その自然数のうち少なくとも一方はその素数で割りきれる。たとえば、$24=2\times2\times2\times3$, そしてこの24はこれと本質的に異なった方法で素数の積に分けることはできない。ここで$2\times2\times2\times3$, $2\times2\times3\times2$, $2\times3\times2\times2$, および$3\times2\times2\times2$を同じものと考えるのである。7は42を整除する。そして$42=2\times21=3\times14=6\times7$, このおのおのの場合7は42を作る因数のうち少なくとも一つを整除する。また98は7によって割りきれ、$98=7\times14$となる。この場合7は7と14を整除するから、もちろん《少なくともそのなかの一方》を整除する。この二つの事実から、フェルマの定理の証明は半ページたらずで書き下すことができる。これは普通の一四歳の生徒にも理解できることであるが、その年齢を問わず、普通の知性をそなえた一〇〇万人の人間のなかで、算数のごく初歩しか知らずに、相当な期間、たとえば一年以内に証明することができるのは、一〇人といないであろう。

フェルマとガウスとの興味をひいたこの分野に関しての、ガウスのあの有名な言葉を引用するには、いまがもっともよい機会であろう。以下は一八四七年に出版されたアイゼンシュタインの数学論集に対するガウスの緒論を、アイルランドの数論学者H・J・S・スミスが翻訳したものである。

「高等整数論はわれわれに興味ぶかい真理の無尽蔵の宝庫を提供する。それはまた孤立しないで相互にかたく結合した真理であり、われわれの知識が増すにしたがって、それら相互のあいだの新しい、そしてときとしてまったく予期しない結び目をたえず発見することができる。その理論の大部分は、また、次のような特質から特別な魅力をもつ。つまり、一見して単純そのものという感じの重要な命題が帰納法によってしばしば容易に発見されるのだが、非常に深遠な性質をそなえているので、何回もの無駄な試みをしなければ、その証明をみつけることができないという点である。たとえそのように成功したときでさえ、それはくだくだしい技巧的な筋道によるもので、もっと簡単な方法が長いあいだかくされているのである」。

ガウスが述べているこれらの興味ある真理の一つとして、フェルマが整数について発見したもっとも美しい（もっとも重要なのではないが）事実があげられる。すなわち、「$4n+1$ の形のどんな素数も二つの平方数の和で表され、しかもその二数はただ一通りしかない」というものだ。「$4n-1$ 型のどんな数も二つの平方数の和でない」ことは容易に証明できる。2より大きいすべての素数が、この二つの形のどれかであることはすぐにわかるから、これで場合をつくしているわけである。たとえば37を4で割ると、1があまる。37は二つの平方数の和でなければならない。ためしてみると（よりよい方法もあるが）われわれは実際において、$37=1+36=1^2+6^2$ であること、また $37=x^2+y^2$ となるような他の平方数 x^2 と y^2 がないことがわかる。素数 101 に対しては、1^2+10^2

であり、41に対しては4^2+5^2である。他方、$19=4\times5-1$は二つの平方数の和ではない。

ほとんどすべての整数論上の仕事と同様に、フェルマはこの定理についても証明を残さなかった。これは、かの偉大なオイラーが一七四九年に、七カ年の断続的な苦闘の後にはじめて証明を発見したのである。だが、フェルマはこの定理やその他のおどろくべき結果を証明するのに発明した巧妙な方法について記述している。これは《無限降下法》と呼ばれ、エリヤ昇天よりもはるかにむずかしいものである。彼自身の説明は簡明なので、カルカヴィにあてた一六五九年八月の手紙のなかから意訳してみよう。

「長いあいだ私は自分の方法を肯定命題に適用することができませんでした。それは否定命題に適用するのより、はるかに面倒だったからです。それで、4の倍数よりも1だけ多いすべての素数は二つの平方数の和になっていること、を証明しなければならなかったとき、私は大変苦しみました。しかし考えぬいた結果とうとう、私に欠けていた光明が現れ、肯定命題も私の方法に服従することになりました。それに必然的に附加されるある新しい原理も助けとなったのです。肯定命題における私の推理の経過はつぎのようなものです。もしも任意に選ばれた、$4n+1$の形のある素数が、二つの平方数の和でなかったら、同じ性質をもつ、その素数より小さい他の素数がある〔ことを証明します〕、〔そうすれば〕そのつぎにもっと小さい素数等々があるはずです。このように無限の降下を続けると、最後にはこの種類の数〔$4n+1$〕のうちでもっとも小さいもの、すなわち5という数に到達します。〔前述の証明とそれに続く推論により〕5は二つの平方数の和ではないことになります。ですが、実際は二つの平方数の和です。ですからわれわれは背理法によって、$4n+1$ の形のすべての数は二つの平方数の和だと結論しなければなりません」。

降下法を新問題に適用するにあたって、いっさいの困難は第一歩、すなわちもしも仮定されたあるいは推量された命題がその種の任意の数について**真**であったら、同一種のより小さい数にとっても真であることを証明することに伏在している。この際すべての問題に対して適用しうる一般的方法はない。この荒野を踏破するには、しばしば過大評価された《無限の忍耐心》以上のさらにすばらしいものが必要である。天才とはよき簿記係になることにすぎない、と想像する人があったら、その無限の忍耐心をフェルマの《最終定理》で試してみるがよい。この定理について述べる前に、フェルマが探究し解決した、一見きわめて簡単な問題のもう一つの例を示してみよう。これはフェルマが得意としたディオファントス解析の題目へと、われわれを導くであろう。

数字をもてあそぶ方は、$27=25+2$ という奇妙な事実に目をとめていただきたい。ここで興味をひく点は、27も25もきっちり累乗、すなわち $27=3^3$, $25=5^2$ だということである。こうしてわれわれは、$y^3=x^2+2$ が自然数 x, y について解をもち、その解が $y=3, x=5$ であることを知った。一種の超知能テストとして、読者はいま $y=3, x=5$ がこの方程式を満足する唯一の自然数であることを証明してみたらよかろう。実際、相対性理論を把握するよりも、この子どもだましみたいな問題を処理するほうがたくさんの天才を必要とする。

自然数のなかから解x, yを求めるという制限をもつ$y^3=x^2+2$のような方程式のことを**不定方程式**（方程式が一つだけなのに、未知数が二つ、すなわちxとyがあるから）、あるいは**ディオファントス方程式**という。これは、方程式の自然数解、あるいはもう少し制限をゆるめて、有理数解（分数の）を探求した最初の人びとのなかの一人であるギリシア人ディオファントスの名にちなんで、こう呼ぶのである。自然数という制限がなければ、無数の解を書き出すことには何の困難もない。すなわちわれわれはxに任意の値を与え、それからこのx^2に2を加えその結果を立方根に開くことによってyを決定することができる。しかし、すべての自然数解を見いだすというディオファントスの問題は、まったく異なった問題である。$y=3$, $x=5$という解は《視察によって》求められた。しかし方程式を満足させるようなどんな自然数y, xも他にはないことを証明するのは困難なのである。フェルマはそれが存在しないことを証明したけれども、例によって証明は発表しなかったので、このことの証明がなされたのは死後長年月を経てからであった。

こんどは彼は推測はしなかった。問題はむずかしい。彼は証明したと主張したのである。そしてその証明はあとになってなされた。数学者たちが三〇〇年間も努力をつづけていまだに証明することができない、《最終定理》と呼ばれる一見して簡単なものをのぞけば、フェルマが証明したと主張した場合は、いつでもあとになって証明がなされた。彼の慎重で正直な性格と、数論学者としての比類ない洞察力とは、彼が自分の定理の証明をもっていると主張したときは、その言葉は実際に正しいという、ある人びとの——全部の人ではないが——主張を裏付けている。

バシェの『ディオファントス』を読みながら、浮かんできた考えをその本の余白に書きとめておくのが、フェルマの習慣であった。しかし、普通、余白はせまくて、証明を書きつくすことはできなかった。そこで、方程式 $x^2+y^2=a^2$ の有理数（分数あるいは整数）解を求めよというディオファントス『算術』、第二巻、第八問に注釈して、フェルマはつぎのように書いている。

「反対に一つの立方数を二つの立方数の和に、4乗数を二つの4乗数の和に、あるいは一般的に、n が3以上のとき、一つの n 乗数を二つの n 乗数の和に分けることは不可能である。私は《この一般的定理の》真におどろくべき証明を発見したが、残念ながらこの余白はせますぎて書けない」（フェルマ全集、第三巻、二四一ページ）。これが、彼の有名な《最終定理》で、このことを一六三七年ごろ発見したのである。

これを現代風に書き直せば、ディオファントスの問題は $x^2+y^2=a^2$ をみたすような整数または分数x, y, aを見いだすことであるが、フェルマは$x^3+y^3=a^3$, または$x^4+y^4=a^4$または一般に、もしnが2より大きい自然数である場合には、$x^n+y^n=a^n$をみたすような、どんな整数も分数も存在しないと主張する。

ディオファントスの問題は無数の解をもっている。[4] たとえば、$x=3, y=4, a=5; x=5, y=12, a=13$. フェルマ自身、無限降下法で$x^4+y^4=a^4$の不可能性について証明を与えている。それ以後、$x^n+y^n=a^n$は、きわめて多くの数$n$（$x, y, a$のいずれもが$n$によって整除されない場合、$n=14000$以下のすべての素数まで）[5]に対し、整数（または分数）の解をもたないことが証明されている。だが、必要なのはこのことではない。2より大きいすべてのnに適応する証明が必要なのである。フェルマは自分が《おどろくべき》証明を得たと断言した。

けっきょく、フェルマは勘違いしていたのであろうか。判断は読者におまかせする以外にない。大数学者ガウスはフェルマを疑っている。しかし、ブドウを取りそこなったキツネは、それをすっぱいという。他の学者はフェルマに同情的である。ともかく、フェルマは第一級の数学者、非難の余地がない正直な人物、そして史上無類の数論学者であった。[6][7]

5　「人間の偉大と悲惨」――パスカル

確率論は結局のところ常識を計算に変えたものであり、分別ある人がしばしば説明できないにしても一種の直観で感じることを厳密に評価させてくれるものである……と思う。賭けのゲームの考察から始まった〔この〕科学が、人間の知識のもっとも重要な対象となるべくしてなったことは注目に値する。

――P＝S・ラプラース

ブレーズ・パスカルは、その偉大な同時代人デカルトよりも二七歳若く、一六二三年六月一九日オーベルニュのクレルモンで生まれ、デカルトよりも一二年長生きした。彼の父エチエンヌ・パスカルはクレルモン重罪裁判所所長をつとめ、教養もあり、当時知的方面で人にも知られていた。母のアントワネット・ベゴーヌは、パスカルが四つのときに亡くなった。パスカルには二人の美しい才能ある姉妹、ペリエ夫人となったジルベルトとジャクリーヌがいたが、二人とも、ことに後者は彼の生涯に大切な役割を演じている。

ブレーズ・パスカルは一般読者にはその二つの文学的古典『パンセ（冥想録）』と『田舎の友にあてたルイ・ド・モンタルトの手紙』――ふつう『田舎人への手紙』といわれている――によって知られ、数学上の経歴はその宗教的非凡さを誇示するために数行で片付けられているのが常である。この本の観点は、どうしてもいくらか逆に偏《かたよ》るのはやむをえないことである。パスカルはきわめて有能な数学者であったが、その自虐的マゾヒズム的傾向と当時の宗派的論争についての無益な考察とのために、今日《こんにち》宗教的神経症患者といわれるものに堕落したのであると考えたい。

数学方面においてパスカルは、おそらく史上最大の《未知数》である。不幸にも彼はわずか数年ニュートンに先行し、彼よりも安定した人物であるデカルトとフェルマを同時代人にもっていた。そのもっともユニークな研究である確率の数学的理論の創造もフェルマとわかちあうもので、フェルマ一人だけでもたやすく成し遂げることができたであろう。彼が一種の神童として名をうたわれた幾何学においても、その独創的な考えはそれほど有名でない人物、デザルグが提示したものであった。

実験科学の展望においては、近代的見地から、パスカルはデカルトよりも科学的方法についてはるかに明瞭な視野をもっていた。しかし彼は、デカルトのもっていた目標の単一性を欠き、一流の仕事をものにはしたが、宗教的論争に対する病的な情熱のために、なしえたかもしれない仕事をもうちすててしまったのであった。

パスカルが何をなしえたであろうか、それを推測するのはむだなことである。彼がやったことは、彼の生涯に語らせたほうがよい。だとしたら、彼は自分のうちにあるものを生かし、彼のやったことは他人ではできないのだということで、パスカルを数学者として描くこともできよう。彼の生涯はその不断の伴侶《はんりょ》であり、かわらない慰めでもあった新約聖書のなかにあるあの二つの物語——才能についてのたとえ話と古い皮袋をやぶる新しい酒についての批評——をなまなましく実証したものであった。大変有能な人間がその才能を埋《うず》めたという、まさにその例がパスカルであり、中世の心が一七世紀の科学という新しい酒をもらおうとして破れさけたというのが、実にパスカルの場合であった。彼の偉大な才能は、やどるべき人間をあやまったのである。

七歳のとき、パスカルは父や姉妹といっしょにクレルモンからパリに移った。このころから、父はパスカルに教育をはじめた。パスカルは大変早熟な子どもであった。パスカルもその姉妹も普通の才能以上のものにめぐまれていたように思われる。しかし、ブレーズはめざましい頭脳といっしょに、貧弱な体質を遺伝した（あるいは後天的に得たのか）。姉よりも才能のゆたかであったジャクリーヌは病的宗教心の犠牲となったとこ

B.パスカル

ろをみると、兄と同じ体質だったように思われる。

最初は万事うまくいった。パスカルの父は、息子が当時の常道の古典教育をらくらくと吸収するのをみておどろき、健康を害さないように進度をおとし、頭を使いすぎるという理由から数学を禁じた。父はすぐれた調教師であったけれども、貧弱な心理学者であった。彼の数学禁止は当然のことながら、かえって少年パスカルの好奇心をそそった。

一二歳のころのある日、パスカルは幾何学とはどんなものかとたずね、父からはっきりした説明をしてもらった。パスカルはこれによって、かり立てられた兎《うさぎ》のように目標へと突進した。後年の彼自身の告白とは反対に、彼はイェズス会士を苦しめるためではなく、偉大な数学者になるために神に召されたのであった。しかし、このお召しは彼によく聞こえずに、その運命は混乱させられてしまったのであった。

パスカルが幾何学を習いはじめたときに起こったことがらは、その数学的早熟さを物語る伝説の一つとなっている。ついでながら、数学の神童は往々世間でいわれているように、必ずしも実をむすぶにいたらないとはかぎらない。その反対を説く執拗な迷信にもかかわらず、数学の早熟性は輝かしい成熟への最初のひらめきになることが多いのである。パスカルの場合、初期の数学的天才は成長するにしたがって消え失せたのではなく、ほかの興味のために窒息させられたのである。第一級の数学をする能力は、サイクロイドのエピソードからもうかがえるように、そのあまりにも短かった生涯の終わりまで継続し、また比較的早く数学的におとろえたとしても、おそらくその罪は彼の胃袋にあったのであろう。彼の最初のめざましい離れわざは、どんな本からもヒントを得ないで、まったく自分の独創から、三角形の角の和は二直角に等しいことを証明したことである。

数学者を生んだと知って、パスカルの父は嬉し泣きに泣き、ユークリッドの『幾何学原論（エレメンツ）』を息子に与えた。これは勉強というよりは遊戯として、たちまち消化されてしまった。少年パスカルは、本物の遊戯を投げ出して幾何学にふけった。パスカルがユークリッドをたちまちにマスターしてしまったことについて、姉ジルベルトはあまりにも大げさな嘘をついている。パスカルがユークリッドの本を読むまえに、そのいくつかの命題を独力で発見し、証明したのは事実である。しかし才気ある弟についてのジルベルトの物語は、一つのサイコロで続けざまに一〇億回一の目をだすほどもありそうにないことである。なぜなら、そんな物語は無限に不可能だからである。ジルベルトが言うには、弟はユークリッドの最初の三二個の命題を自分で発見し、ユークリッドが叙述したのと同じ順序で発見したというのである。第三二番めの命題は、実はパスカルが再発見した三角形の角の和に関する有名な定理である。さて一つのことを正しく行なうには、一つの方法しかないだろうが、それを間違えるには無限の方法がありうる。私たちは、今日ユークリッドのいわゆる厳密な証明は、その命題の最初の四つにおいてさえも、少しも証明になっていないのを知っている。パスカルがユークリッドのすべての見落としを独力で忠実に摸写したとは、口ではいいやすいが信じがたい話である。だがジルベルトのことばは自慢とみれば許せるだろう。彼女の弟は、それにふさわしい人物だった。一四歳のときにパスカルは、メルセンヌの主催する一週一回の学術討論会――今日のフランス科学学士院の前身――への入会を許された。

若いパスカルが全身を幾何学にうちこんでいるあいだに、父パスカルはその正直さと律義さのために、上司のおぼえをそこなってしまった。ことにちょっとした税金のことで、リシュリュー枢機卿と仲たがいをした。枢機卿は怒り、パスカル一家は嵐のすぎさるまでかくれた。美しく才気すぐれたジャクリーヌがリシュリューを楽しませるためにもよおされた芝居に、変名で出演し、その演技のたくみさで父に対するリシュリューの機嫌をなおし、一家をすくったという話がある。自分の心をうばった若い魅力ある女優の名をたずねて、それが自分の小さな敵の娘であることを知ったとき、リシュリューは一家をきれいさっぱりと許し、父パスカルをルーアンの官職につけたというのである。しかし、老獪《ろうかい》なリシュリューのことであるから、これはおそらく作り話であろう。それはともかくとして、パスカル一家はルーアンで再び仕事をみつけ安住した。そこでパスカルは、悲劇作家コルネイユと出会い、コルネイユはこの天才少年に感嘆した。当時パスカルはまったく数学に没頭していたので、コルネイユはこの若い友人が、後年フランス最大の散文家の一人となるとは思いもかけなかっただろう。

　このあいだ中パスカルはたえず勉強していた。一六歳（一六三九年ごろ）[1]より以前に、彼は幾何学の全領域中でももっとも美しい定理の一つを証明した。これはさいわいにだれにでもわかることばで説明できる。後述する一九世紀の数学者シルベスタは、パスカルの大定理を一種の《あや取り》だと呼んでいる。まず定規だけで作図される一般的

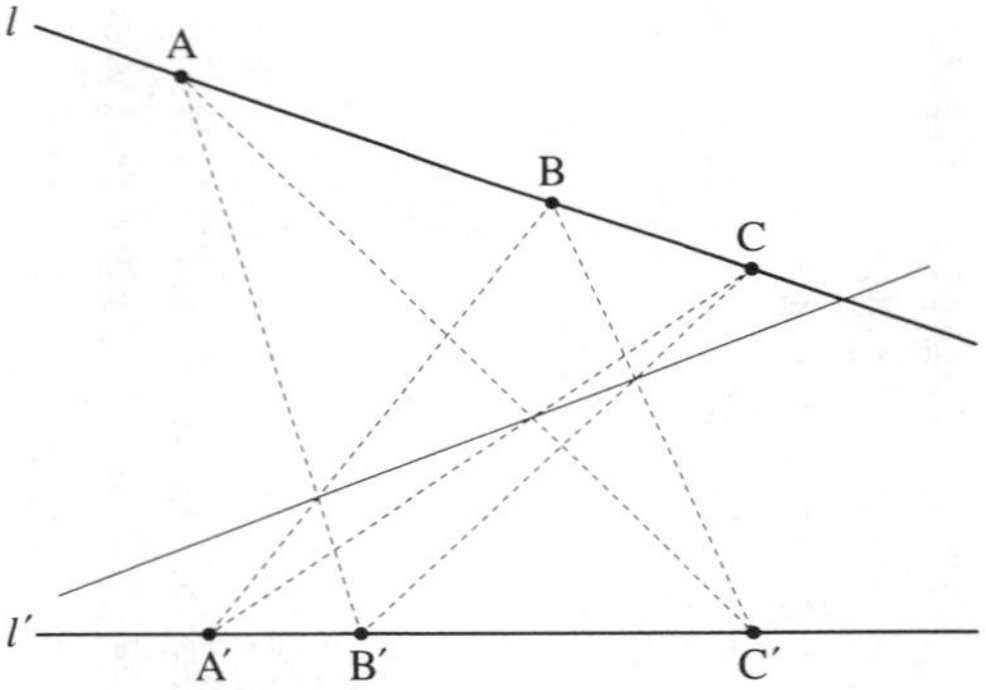

定理の特殊な形態について述べることにしよう。

交わる二直線をl、l'とする。lの上に任意の異なる三点A、B、Cをとり、l'の上に任意の異なる三点A′、B′、C′をとる。これら三点をつぎのように直線によって十文字に結ぶ――AとB′、A′とB、BとC′、B′とC、CとA′、C′とA。これらの二直線の三対《つい》はそれぞれの点において交わる。こうして三つの点があらたに得られる。いま説明しているパスカルの定理の特殊の場合[2]には、これら三点が一直線上にある、というのである。

この定理の一般形を与えるまえに、前述と同様の、もう一つの結果を記しておこう。これはデザルグ（一五九三～一六六二）に負うものである。すなわち、二つの三角形XYZとxyzがあるとき、それらの対応する頂点を結ぶ三直線が一点で交わるならば、対応する三辺の三つの

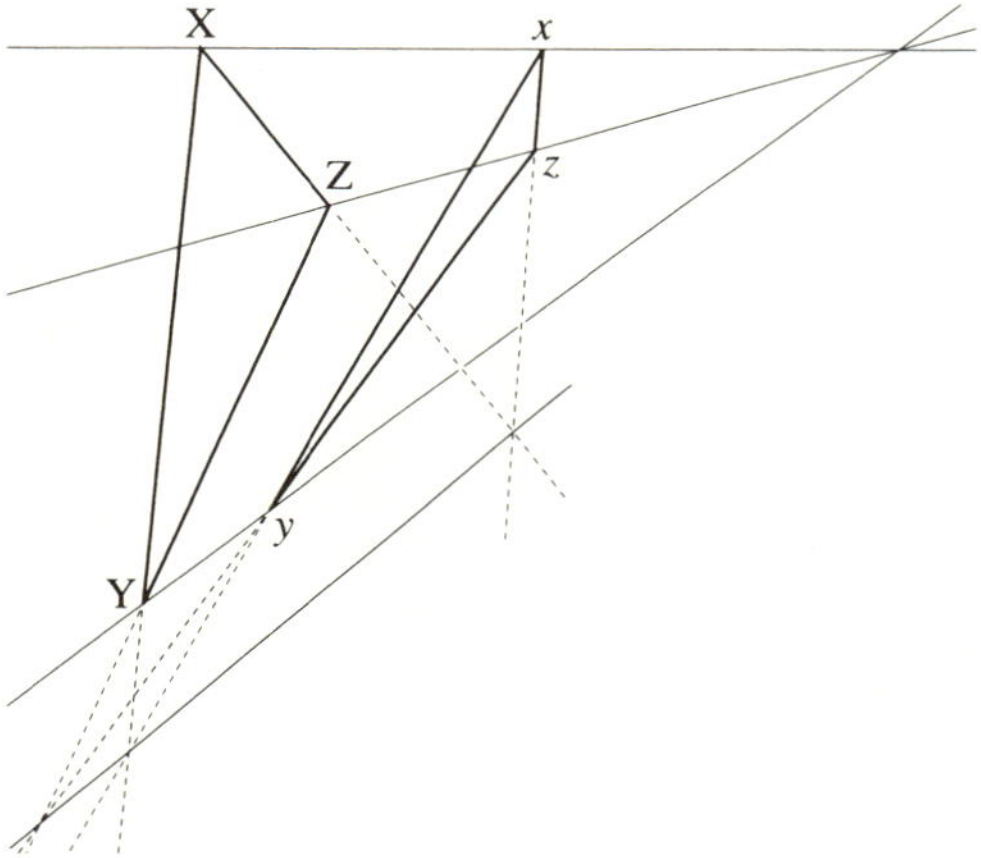

交点は同一直線上にある。詳しくいうと、もしXとx、Yとy、Zとzをそれぞれ結ぶ直線が一点で交わるならば、そのときにはXYとxyとの交点、YZとyzとの交点、ZXとzxとの交点は同一直線上にある。

第2章で、われわれは円錐曲線とはどんなものかについて述べた。ある円錐曲線、かりに楕円を想像してほしい。その上に任意の六点A, B, C, D, E, Fを記し、この順序で直線によって結ぶ。そうすると円錐曲線に内接する六辺形を得る。そのうちABとDE、BCとEF, CDとFAはおのおの一対の対辺をなす。これら三対の直線はそれぞれ一点で交わるであろうが、この三つの交点は同一直線上にある（13章末尾の図参照)。これがパスカルの定理であって、その描く図柄が彼のいわゆる《神秘的六辺形》である。彼は最初おそらく円に対してそれが成り立つことを証明し、それから投影法によって円錐曲線に拡張したのであろう。読者は、その図が円の場合にはどのようにみえるか知りたいと思うなら、定規とコンパスを使ってすぐ描いてみることができよう。

この命題中には多くの驚嘆すべきことがらがあるが、それが一六歳の少年によって発見され証明されたということは、そのうちでももっとも驚くべきことである。またこの天才少年がその大定理をめぐって記述した『円錐曲線試論』には、アポロニウスその他の人びとの所産を含む、円錐曲線に関する四〇〇以上の命題が系統的にのせられている。しかもそれらはすべて、六つの点を動かして弦が接線となるようにその中の二点を一致させたり、その他の工夫をして、この定理の系として組織的に演繹されているのである。完全な形での『円錐曲線試論』は刊行されず、永遠に失われたようであるが、ライプニッツはその写しを校閲している。さらにパスカルがここで研究している幾何学の種類は、ギリシア人のものとは根本的に異なり、**計量的**ではなく、**画法的**または**射影的**である。線分の長さや角の大きさは、この定理の記述でも証明でも重要視されていない。数学とは《量》の科学なりという定義がアリストテレスから継承され、ときにはまだ辞書のなかに姿をとどめているが、この一つの定理だけでも、このおろかな定義を一掃するのに十分である。パスカルの幾何学には《量》はないからである。

定理が射影的であるとは何かを知るため、一点から放出される光線が作る円錐を想像し、その円錐のなかに、一枚のガラス板をさまざまな位置においてみよう。ガラス板が円錐面から切りとる境界の曲線が**円錐曲線**である。そこで、パスカルの《神秘的六辺形》が任意の位置のガラス板の上に描かれているとしよう。もう一枚のガラス板が円錐を切っていて、その上に前の六辺形の影がおちているとすると、影は、三対の相対する二辺の交点が一直線上にあるようなもう一つの神秘的六辺形となるであろう。すなわち、その一直線はもとの六辺形の《相対する辺の三交点を通る一直線》の影となる。いいかえると、パスカルの定理は中心射影を行なっても変わらない。しかし、通常の初等幾何学で研究される図形の計量的性質は、このような射影のもとではどんどん変わってしまう。たとえば、直角の射影は二枚めのガラスをかってな位置に置いたのでは直角ではなくなってしまう。この種の射影的または画法的幾何学が、透視画法の問題に適した幾何学の一つだということは明白である。射影の方法は、パスカルによって定理の証明に使われたけれども、その前にデザルグが《透視画法的》に二つの三角形に関する前述の結果を導き出すのに用いたことがある。パスカルはデザルグの大発明の功を十分にみとめていた。

すべてこうした立派な業績は、犠牲をもってあがなわれたのであった。一七歳から三九歳のその死にいたるまで、パスカルが苦痛のない日々を送ったことはほとんどなかった。昼は激烈な消化不良にさいなまれ、夜は夜で慢性不眠症のため悪夢の連続だった。しかも彼は、たえまなく勉強した。一八歳のとき史上最初の計算機——現代において大量の事務員を失業させている計算機の元祖——を発明し製作した。この巧妙な機械がどうなったかはあとで説明しよう。五年後、一六四六年にパスカルは、その最初の《回心》を体験した。彼がまだ二三歳で数学に没頭していたせいか、その回心は深刻ではなかった。このころまでは一家の信仰もほどほどのところであったが、これ以後少しずつ狂気じみてきたようである。

一七世紀を燃えあがらせ、家族を分裂させ、公認のキリスト教諸国・諸宗派をたがいに激闘にかりたてた、あの強烈な宗教的熱情を再現するのは、現代人には無理なことだろう。当時の自称宗教改革者のうちに、イープルの司祭となった熱火のようなオランダ人コルネリウス・ヤンセン（一五八五〜一六三八）がいた。その教義の要点は、今日栄えている一部の宗派とやや似て、《恩寵《おんちょう》》への手段として《回心》が必要であることを説いた点にある。しかし少し冷淡な目でみれば、救済はヤンセンの野心のうちではそれほど重要なものではなかったらしい。彼の確信では、神が彼を選んだのは、この世でイエズス会を挫《くじ》き、あの世では彼らを永遠の罪におとすためであった。これが彼の使命であった。彼の教義はカトリックでも、プロテスタントでもなかったが、どちらかといえば後者に傾いていた。その原動力は自分の頑迷を非難するものに対する、病的な憎悪によっていた。パスカル一家は今や（一六四六年）熱心に――最初のうちはそれほど熱心でもなかったが――この人好きのしないヤンセニズムの教義を信奉した。そうこうするうちに、パスカルは早くも二三歳のさかりで死出の道についた。この年に彼の全消化器官は悪化し、一時的麻痺状態におちいった。しかし、彼はまだ知的には死ななかった。

彼の科学的偉大さは、一六四八年、まったく別の方面で再び燃えあがった。気圧に関するトリチェッリの研究をひきついだパスカルは、彼を凌駕《りょうが》し、トリチェッリの師ガリレオが世に問うた科学的方法を会得していることを証明した。パスカルはトリチェッリの暗示した気圧計の実験によって、現在では物理学の初心者ならだれもが知っている気圧についての周知の事実を証明した。パスカルの姉ジルベルトは、ペリエ氏と結婚したが、ペリエはパスカルの指示にしたがってオーヴェルニュのピュイ・ド・ドーム山に気圧計を運びあげるという実験をやり、気圧が減ずるにしたがって水銀柱が下がるのを認めた。のちにパスカルは、ジャクリーヌといっしょにパリに移ったとき、自分でも同じ実験をやってみた。

パスカルとジャクリーヌはパリにもどって間もなく、現在は枢密院《すうみついん》議員として引き立てられている父といっしょに暮らすことになった。ほどなく一家は、デカルトのやや儀礼的な訪問をうけた。デカルトとパスカルは、気圧計その他多くのことについて語りあった。二人のあいだの友情とはいっても失われるほどのものがあった、というわけではなかった。一つには、デカルトが、有名な『円錐曲線試論』を一六歳の少年が書いたということに、公然と不信を表明していたからでもあり、もう一つには、デカルトが、気圧実験の可能性についてメルセンヌと手紙で論じあったとき、パスカルがその考えを自分から奪ったのではないか、と疑っていたからでもあった。パスカルは前述のように、一四歳のときからメルセンヌ教父の週ごとの会合に出席していた。二人が互いにきらいあっていた第三の理由は宗教的反目にあった。デカルトは全生涯を通じてイェズス会士から親切にされたので、彼らを愛した。パスカルは熱愛するヤンセンにしたがって、悪魔が聖水を忌《い》むよりも強くイェズス会士を憎んだ。そして最後に、率直なジャクリーヌによると、彼女の兄もデカルトもたがいに激しくねたみあっていたのである。こうしてデカルトの訪問はむしろ冷やかなものに終わった。

　しかし親切なデカルトは、この若い友人に真のキリスト教精神から立派な忠告を与えた。パスカルに、自分の習慣にしたがって毎朝一一時まで床にいるようにすすめた。気の毒なほど衰弱したパスカルの胃袋のために、牛肉のスープだけの食事をとるようにすすめた。しかし、パスカルがその親切心からでた忠告をききいれなかったのは、おそらくそれがデカルトからでたためであろう。ユーモアというものは、パスカルにはまるで欠けていたものの一つなのであった。

ジャクリーヌが、いまや兄の天才を左右しはじめる――彼の天才をひき上げたのか、ひき下げたのかは見解の相違によるが――、一六四八年、二三歳という感じやすい年ごろに、ジャクリーヌはフランスにおけるヤンセニストの中心であるパリ近傍のポール・ロワイヤルに行って尼になりたいという意向をもらした。父はこの考えに猛烈に反対したので、ジャクリーヌのせきとめられた努力は迷える兄に向かった。彼女は兄がまだ十分に回心していないと疑ったが、明らかにこの疑いはまちがっていなかった。一家は二年のあいだクレルモンに帰った。

このまたたく間に過ぎた二年間に、妹ジャクリーヌが全身を主に捧げよとすすめたにもかかわらず、パスカルはまだまだ人間くさいところを残していた。反抗を続けていた胃袋でさえ、このめぐまれた数カ月は、彼の合理的な訓練に服従していた。

パスカルは、この健康であったときと、それからの数年間に、お定まりの酒色《しゅしょく》の道をおぼえたのだと一部の人びとからは言われ、また他の一部の人はこれを激しく否定している。パスカルは、この間、さえずることを止めていた。だがけっきょくのところ、こうしたいやしい人間性についてのうわさはまったく根も葉もなかったのかもしれない。なぜかといえば、死後パスカルはたちまちにしてキリスト教会の聖なる支配のもとにおかれ、その生涯を人間として調べようとする試みはすべて、たがいにあい争う宗派によって、静かにしかし断固として抑圧されたからである。これらの宗派は、あるものはパスカルが敬虔《けいけん》な信仰者であることを証明しようとつとめ、またあるものは懐疑的な無神論者だと主張したが、彼がこの世のものならざる聖徒であるという点では一致していたのである。

ジャクリーヌは、この波瀾《はらん》にみちた数年間、病的なほど神に奉仕しつつ、あいかわらず病的な兄に説教しつづけていた。みごとな運命の皮肉から、やがてパスカルが回心すると、こんどは彼のほうが妹に説教する番となり、それまでは望ましいとは思っていなかった、彼女の尼寺行きをいそがせることになった。もちろんこれは事実の正統な解釈ではあるまい。しかし、キリスト教徒にしろ無神論者にしろ、盲目的な宗派心にとらわれていない人ならば、この解釈が、伝統的な解釈よりも、パスカルとその未婚の妹との病的な関係を説明するのに合理的である、と納得するだろう。

現代において『パンセ』を読む人びとは、口数少ない先輩たちが完全に見逃したのか、賢明にも大目にみたのか、何かあるものに打たれるにちがいない。手紙類にも、つつしみぶかく隠されてよいものがずいぶんたくさん現れている。『パンセ』のなかの肉欲に対する激昂、また既婚の姉ジルベルトが自分の子供を愛撫するのをみて、不自然に逆上した事実も、パスカルをすっかりあらわにしてみせている。

近代の心理学者も、常識をそなえた昔の人と同様、性的抑圧と病的な宗教的情熱の相関関係にしばしば気づいている。その不滅の『パンセ』こそは、ときにつじつまの合わないところもあるが、この両方に悩んだパスカルの、純粋に生理的な異常性格の立派な証言である。もし、彼が人間らしく生命のおもむくままに、自由に行動していたならば、自分のうちにあるすべてのものを生かすことができたであろう。無意味な神秘主義と、人間の悲惨と偉大についての陳腐な観察の重圧のもとに、すぐれた天性の半分を窒息させることもなかったかもしれない。

パスカル一家は転々としたあげく、一六五〇年またパリにもどった。翌年父が没した。パスカルはこの機会をとらえて、ジルベルトとその夫にあてて死一般についての長たらしい説教を書きおくった。この手紙は大変嘆賞《たんしょう》されている。ここにそれを再現する必要はないだろう。それについて自分で判断を下したい読者諸氏は、すぐにもその本を探しだすことができるだろうから。この、仮にも愛する父親の死に際して、敬虔ぶって道学者風な説教をしたことが、何でまた、作者に対する軽侮《けいぶ》ではなしに讃嘆を呼び起こしたのか、それは、その手紙が吐き気をもよおすほど喋《ちょうちょう》々と説いている神の愛と同様、あらゆる理解を超越した神秘である。しかし趣味について論じてもはじまらないのであって、大変好んで引用される、パスカルのこの手紙に類した事柄に関心あるむきは、けっきょくのところフランス文学における自覚的自己啓示の傑作の一つともいうべき、この作品をご随意《ずいい》にたのしまれるがよい。

父の死が招いたもっと実際的な結果は、パスカルが領地管理人として、再び同胞たちとまともな接触をする機会が与えられたことであった。父がもはや邪魔しなくなったので、ジャクリーヌは兄のすすめにしたがって、ポール・ロワイヤルにはいった。兄の魂に対する妹の美しい思いやりは、いまや領地の分配というまったく人間的な争いによって興趣《こうしゅ》をそえることになる。

まえの年（一六五〇年）に書いた一通の手紙は、パスカルの敬虔な性格のもう一つの面、おそらくはデカルトに対する嫉妬を表している。スウェーデンの女王クリスティーナの、すばらしい輝かしさに目を奪われたパスカルは、自分の計算機を《世界最大の女王》の足下にうやうやしく捧げた。彼は蜜もしたたるほめことばで、クリスティーナが社交的にも知的にも卓越していると述べた。クリスティーナがその計算機をどうしたかは知られていないが、彼女が破滅させたデカルトの代わりに、パスカルを招請《しょうせい》するようなことはなかった。

とうとう一六五四年一一月二三日、パスカルはほんとうに回心した。ある説によれば、彼は三年間放蕩生活を送っていたのだという。しかし、斯界《しかい》の権威者はこの説に信をおかず、彼の生活はそんなに放蕩なものではなかったという点で一致している。彼は単に病弱の身を普通の人間のように生きるため最善をつくし、人生から数学と信仰以外のなにものかを得ようとしたにすぎない。回心の日、彼が四頭立ての馬車を駆っていたところ、馬は逃げだした。先頭の馬はヌイイの橋の欄干《らんかん》をとびこえたが、革綱がきれてパスカルは往来に残された。

パスカルのような神秘主義的気質をもった人間にとっては、この変死から幸運にもまぬがれたことは、病的な自己分析をひきおこし、自分が立っていると信じていた道徳的破滅の淵から身をひけという天の警告だと思われたのであった。彼は一片の羊皮紙に神秘的な信仰の感情を書きつけ、以後はそれを肌身はなさず持っていて、自分が誘惑におちいらないための、またあわれむべき罪人の自分を地獄の入口から救いだしてくれた神の恩寵をいつも忘れないための、お守り札とした。それからの一生を通じて、彼はたえず足下の深淵の幻覚におそわれていたけれども、(彼自身の告白によれば)恩寵からはずれたことはただの一度にすぎなかった。

今やポール・ロワイヤルで尼僧志願者となっているジャクリーヌが、兄を助けにやってきた。パスカルはなかば自分から進んで、なかば妹の懇願をいれ、この世に背をむけてポール・ロワイヤルに居を移した。そこで彼は、《人間の偉大と悲惨》についての冥想にその才能を傾けることになった。これは一六五四年、パスカルが三一歳のときのことである。しかし、肉体と頭脳に関することがらから永遠に訣別《けつべつ》するまえに、彼はそのもっとも重要な数学的貢献、すなわちフェルマとわかちあうべき確率の数学的理論の創造を完成した。だが伝記を中絶しないように、この話はもう少し先へのばそう。

ポール・ロワイヤルでの彼の生活は、正確には望ましいほど健全なものとはいえなかったが、少なくとも健康的であり、静かな規則正しい日常生活は彼の変わりやすい健康のためには非常によかった。彼が教団の指導者アルノーを異端の嫌疑から救おうとして、有名な『田舎人への手紙』を書いたのは、ポール・ロワイヤルでのことである。この有名な手紙（一八通あって、その最初のものは一六五六年一月二三日に印刷された）は、論争技術の傑作であって、イェズス会に再起不能の打撃を与えたと伝えられている。しかし眼のある人ならだれでも検討できる客観的事実として、イェズス会派はいまだに栄えている。『田舎人への手紙』が、同情的批評家がいうような打撃的強力さを内包していたかどうかは疑わしい。

自己の救済と人間の悲惨に関する事柄について没頭していたにもかかわらず、パスカルはすぐれた数学の業績をもあげていた。とはいうものの、彼はあらゆる学問の探求は魂を損なう無益な虚栄であるとみなしていた。そして、彼は一度、しかもただの一度だけ恩寵を失った。有名なサイクロイドのエピソードがそれである。

この美しく釣り合いのとれた曲線（平たい舗石上の一直線にそって回転する車輪の周辺上の一定点の運動によって描かれる）は、一五〇一年シャルル・ブヴェルが円積《えんせき》問題に関連して述べたとき、はじめて数学的文献に現れたものらしい。ガリレオとその弟子ヴィヴィアーニとはこれを研究し、任意の点で曲線に接線をひく問題（フェルマが出されたとたんにすぐ解いた問題）を解き、ガリレオは橋のアーチとしてその使用法を示唆《しさ》

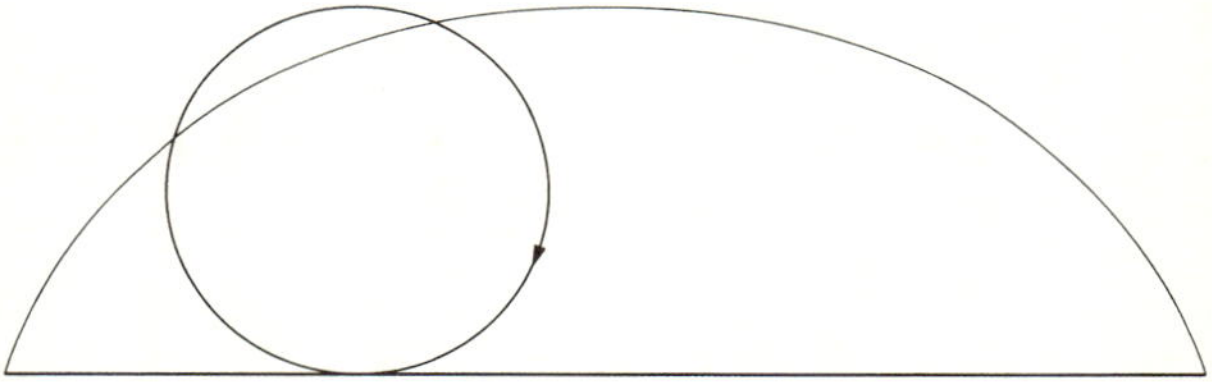

した。鉄筋コンクリートが普通に用いられるようになって以来、サイクロイドのアーチはしばしば橋梁においてみられる。（ガリレオには知られていなかった）力学的な理由から、サイクロイドのアーチは建築学上他のどんな曲線よりもすぐれている。サイクロイドの研究家として名高い人のなかに、セント・ポール寺院を建築したサー・クリストファー・レンがいるが、彼は曲線の弧の長さとその重心とを決定した。これに対しホイヘンス（一六二九〜一六九五）は、力学的理由から、それを振子時計の製作に用いた。[3] ホイヘンスの最も美しい発見の一つはサイクロイドに関連したものである。彼はサイクロイドが（お椀のようにさかさに置くと）**等時降下線**になることを証明した。すなわち、曲線上のどこに質点を置いても、それが重力の影響により曲線に沿ってすべり落ちれば、同じ時間で最低点に到達するのである。その特殊な美しさ、優雅な性質、またそれについての各種の問題を提出してたがいに競いあった数学者のかぎりない論争によって、サイクロイドは《幾何学のヘレン》と呼ばれていた。このヘレンというのは、いうまでもなく、その美貌で千艘《そう》の船を進水させたといわれ

る、かのトロイの美女のことである。

あわれなパスカルを苦しめたもののうちに、慢性の不眠症と歯痛――床屋がピンセットと腕力で治療を行なうような歯科医術の時代である――とがあった。ある夜（一六五八年）歯痛に悩んで眠られぬままに、パスカルはサイクロイドのことを考えて苦しみを忘れようとした。おどろいたことに、いつの間にか苦痛は消えていた。これを、霊のことよりもむしろサイクロイドのことを考えても罪にならない、という天の啓示と解釈して、彼は考えを進めた。八日間サイクロイドの問題に没頭したあげく、それに関する多くの主要問題を解くのに成功した。彼が発見したものの中のいくつかは、英仏の数学者に対する挑戦として、アモス・デットンヴィルという匿名のもとに出版された。この問題における競争者の取り扱いについては、パスカルは当然示すべきはずの物堅《ものがた》さを、必ずしも示したとはいえない。これが、彼がポール・ロワイヤルに入ってからの、最後の数学的活動であり、また科学への唯一の貢献であった。

同年（一六五八年）彼はその苦悩にみちた生涯を通じて、最も重い病気にかかった。不断の頭痛は、彼にときたまわずかな睡眠しか許さなかったが、ますます苦行的に四年間を耐えた。一六六二年六月、自己犠牲の行為として、天然痘にかかった貧しい家族に自分の家を明け渡し、既婚の姉の家に同居した。同年八月一九日、彼の苦悶の生涯は痙《けい》攣《れん》の発作で幕をとじた。没年三九歳であった。

死体解剖の結果は、胃とその他の重要器官については予想どおりであったが、また脳の重い病変も認められた。だが、こんな有様であったにもかかわらず、パスカルは数学と科学で偉大な仕事を成し遂げ、そのうえ三世紀近く経た今日でもなお尊敬される名を文学史上に残したのである。

パスカルの幾何学における偉業も、おそらく《神秘的六辺形》をのぞいては、彼がしなければだれか他の人がなしたであろう。これはことにサイクロイドについても同様である。微積分法の発明以来、そのようなものはすべて比較にならないほどやさしくなり、やがて学生の練習用として教科書に収められるようになった。しかしフェルマとの共同研究になる確率の数学的理論においては、パスカルは新しい世界を作った。作家としての名声が忘れられたとしても、ますます偉大さと重要性を加えつつあるこの発明に、彼が一役かったことは、おそらく長いあいだ記憶されるであろう。『パンセ』と『田舎人への手紙』とは、その文学的優秀さは別としても、いまや急激に減りつつあるタイプの人にしか、主として訴えるものをもたない。あることがらに味方する、あるいは反対する彼の議論は、現代人には、些細《ささい》なものとか根拠薄弱なものとかにしかみえないし、パスカルがあのように情熱をもって取り組んだ問題それ自体が、現在では無意味になっている。たとえ人間の偉大と悲惨についての問題が、彼の崇拝者が主張するように、実際に深刻かつ重大であり、神秘的な外被をまとった解決不可能な偽の問題ではないにしろ、それが陳腐な説教で解決されるとは思われない。だが確率の理論において、パスカルは、真の問題、すなわち純粋な偶然がもつ表面上の無規則性を、法則と秩序と規則性のもとにおく問題を記述し解決した。そして今日この精巧な理論は、物理学や人間知識の根底をなしているように思われる。またその分枝は、量子論から認識論にいたるまでのあらゆるところに存在しているのである。

確率の数学的理論の真の建設者はパスカルとフェルマであって、二人は一六五四年中に文通でこの問題の基本原理を展開した。それは非常に興味深いものであった。この文通は、フェルマ全集（タンヌリ、ヘンリー共編、二巻、一九〇四年）に収められている。これらの手紙は、パスカルとフェルマが、この理論の創造に同等に参与していたことを示している。問題の正しい解決法については、二人のあいだに細目の相違がみられるけれども、根本原理は同じである。《得点》に関するある問題の可能な場合を列挙する煩《わずら》わしさに、パスカルは近道しようとして失敗した。フェルマはその誤りを指摘し、パスカルはそれを承認した。手紙のうち最初の一通は失われたが、文通のきっかけは十分に証明されている。

この大理論のきっかけとなったのは、やや職業的な賭博者であるメレの騎士から、パスカルに投げかけられた問題で、《得点》に関するものである。すなわち、二人の競技者が（たとえばサイコロ遊びの）勝負に勝つためには、一定数の点を得なければならないとする。勝負の終わる前に彼らがやめた場合、どのように賭け金を分配したらよいか。各競技者のスコア（点数）はやめるときに与えられているので、問題は、勝負のある段階で、各競技者が勝つ確率を決定することにある。両競技者は、一点を得るのに同等の機会をもつと仮定する。解決は、健全な常識に合致《がっち》していさえすればよい。われわれが実際に数えないで可能な場合を列挙する方法を探索するときから、**確率**の数学ははじまるのである。たとえば、一組五二枚のトランプカードのなかに、三枚の《2》と、《2》でない他の三枚から成り立っているような《手》がいくつありうるだろうか。あるいは一〇個のサイコロを投げる場合、どれだけの仕方で、三つの《1》、五つの《2》、二つの《6》が現れるだろうか。第三に、同一種類の石は差別しないとして、一〇個の真珠、七個のルビー、六個のエメラルド、八個のサファイアに糸を通して、どれだけのちがった腕輪をつくることができるだろうか。

与えられたことを行ないうる、または、特定の事象が起こりうる場合の数を見いだすこの手段は、《組合せ理論》と呼ばれるものに属する。その確率への応用は明白である。たとえば、われわれが三個のサイコロを一度に投げて、二つの《1》と、一つの《2》を得る確率を知りたいと思った、と仮定しよう。もし、三個のサイコロを投げたときに起こりうる場合の総数（6×6×6すなわち216）と、二つの《1》と一つの《2》とが出る場合の数（これをたとえば n としよう。n の値は、読者自身で求めたらよい）とが知れれば、求める確率は $\frac{n}{216}$ になる（ここでは n は3だから、確率は $\frac{3}{216}$ である）。すべてこれらのことを示唆したメレの騎士アントワーヌ・ゴンボについて、パスカルは、非常に善良ではあるが数学を知らないと評しているのに反して、この快活な騎士を嫌っていたらしいライプニッツは、彼を洞察力のある人物、哲学者、そして賭博者——まったくなみなみならぬ組合せ——と批評している。

組合せ理論と確率との問題に関連して、パスカルは彼の名による数字三角形を広く使用した。この三角形は右の図のように数字を並べたもので次のようにして作られる。まず一番上に1を書く。第二行めは1, 1を書く。第三行め以下は、両端に1を書き、次々と前の行の隣りあった2数を加えていくのである。たとえば $5=1+4$, $10=4+6$, $10=6+4$, $5=4+1$ などとなる。第 n 行における数は、左端の1をのぞけばそれぞれ n 個の異なったものから、1個を選ぶ組合せの数、2個選ぶ組合せの数、……、n 個選ぶ組合せの数である〔1は0個選ぶ組合せ、つまり1個も選ばない組合せの数である〕。たとえば、10は五つの異なったものから2個選ぶ組合せの数である。第 n 行に並ぶ数はまた、

					1					
				1		1				
			1		2		1			
		1		3		3		1		
	1		4		6		4		1	
1		5		10		10		5		1
…					…					…

二項定理によって $(1+x)^n$ の展開式における係数でもある。こうして $n=4$ ならば、

$$(1+x)^4=1+4x+6x^2+4x^3+x^4$$

となる。この三角形はその他多くの面白い性質をもっている。それはパスカルの時代以前から知られていたけれども、彼がそれを確率論で巧妙に使用したので、通常彼にちなんで、パスカルの数字三角形と名づけられている。

賭博者の議論から始まったこの確率論は、現在ではわれわれが賭博よりも大切だと考えるもの、すなわちあらゆる種類の保険・数理統計およびその生物学や教育学上の測定への応用、また現代の理論物理学の基礎などとなっている。現代物理学では、電子はもはや与えられた瞬間に与えられた地点にあるものとは考えられない。一定の範囲にある確率が計算されるだけである。また最も簡単な測定でさえ（何事かを正確に測定しようと企てるときには）、統計的性質をおびてくることは、少し反省してみればすぐわかる。

きわめて有用な理論の起源が、卑近《ひきん》な日常にある例は、数学界では珍しくなく、時間つぶしの好奇心から解かれた些事《さじ》が、深遠な一般化への端緒《たんしょ》となることもしばしばである。量子論における原子の新しい統計的理論のように、物理的宇宙に関する全概念を一変させることもあり、知能テストや遺伝的研究に応用された統計的方法のように、《人間の偉大と悲惨》についてのわれわれの伝統的信念を修正させることもある。もちろん

パスカルもフェルマも、あまり人聞きのよくない発端から生じた彼らの理論の発展を、見透《みすか》していたわけではなかった。数学の全体系は相互に密接な結合をしているので、全体の構成を破壊する危険をおかさずには、気にいらないからといって、特別の糸をほぐしたりすることはできないのである。

だがパスカルは（『パンセ』の中で）、彼の時代としてはまったく実際的な確率論の応用を一つした。これはかの有名な《賭け》である。賭博における期待値は、勝負に勝つ確率と賭け金との積である。パスカルによれば、永遠の幸福の価値は無限である。彼は、たとえ宗教的生活を送ることによって永遠の幸福をうる確率がいかに小さなものであっても、期待値は無限になるために（無限をどんなに有限分割しても、その断片の一つはそれ自身無限である）、だれでもそのような生活を送れば、つぐなわれるものと推論した。いずれにせよ、彼は自家製の薬を飲んだのである。だがビンまで飲み込まなかったことは、彼が『パンセ』の他の個所では、「確率は確かであるか」というまったく懐疑的な質問を発していることでも明らかである。また他の個所でいっている、「このような些細なことを扱うのは煩わしい。が、些事をもてあそぶ時間はあるものだ」と。神に対するいわゆる賭け事をもてあそぶときと、メレの騎士の問題を解いてやった場合のように、大切なことをしているときとの区別を、必ずしもはっきり見分けなかったこと、これがパスカルの最大の弱点であった。

6　海辺にて──────────ニュートン

流率法〔微積分法〕は、幾何学、したがって自然の秘密を解くために近代の数学者が助けとした一般的鍵である。

──バークリ主教

私は仮説をつくらない。

──アイザック・ニュートン

「私は、自分が世間の眼にどう映っているかは知らない。けれども自分自身としては、海辺に遊んでいて、時折普通よりもなめらかな石や美しい貝をみつけて楽しんでいる子供にすぎないのではないかと思われる。しかも真理の大洋はまるで未知のままに、私の眼前に横たわっている」。

これがそのながい生涯の終わりにあたって、アイザック・ニュートンが下した自分自身への評価であった。しかし彼の業績を評価しうる後継者たちは、ほとんど例外なく、ニュートンは人類最高の知者——「その天才において人類を超越したもの」——としている。

ニュートンはガリレオが死んだ一六四二年のクリスマス（旧式な日付けによる）に生まれた。家はリンカーン州グランサムの南方約八マイルのウールズソープの小村の荘園に住む、小さいが自営の農家であった。彼の父もアイザックと名乗っていたが、息子の生まれるまえに三七歳で亡くなった。ニュートンは未熟児であった。生まれたときは大変ひよわくて、隣家へ《強壮剤》をとりにいった二人の女性は、帰るころには死んでいるかもしれないと考えたほどであった。母親のことばによると、ニュートンは大変小さくて、一クォート（一・一四リットル）入りコップにすっぽり入ってしまうほどだったといわれる。

ニュートンの家系については、遺伝学研究家の興味をひくに足るほどのことは知られてない。父親についての近所の評価は「乱暴で金遣いがあらくて、弱い人間」であったが、母親のハナ・エイスコーは倹約家で勤勉で、有能な家政婦だった。夫の死後ニュートン夫人は、「人なみすぐれた女性」として、独身の老人との再婚をすすめられた。隣のノース・ウィザム教区の思慮ある独身者、バーナバス・スミス師はこの証言をきいたうえで、未亡人と結婚した。スミス夫人は三歳の息子の世話を祖母にまかせた。再婚してからもうけた三児は、いずれも目立った才能は示さなかった。母の再婚による財産と父の所有地とから、ニュートンはけっきょく年間約八〇ポンドの収入をうるようになった。もちろんこの額は、一七世紀には現在よりもずっと価値があったにちがいない。だからニュートンは、貧乏と闘わなければならなかった大学者たちの一人ではなかった。

子供のころ、ニュートンは丈夫ではなく、同じ年頃の少年の乱暴な遊びに加わることができなかった。普通の遊びに興ずる代わりに、自分流の気晴らしを考えだしたが、そのなかにすでにニュートンの天才が現れていた。ニュートンは早熟ではなかったといわれる。数学に関するかぎりそれは事実であるかもしれないが、他の方面でもそうだといったら、早熟についての別の定義が必要になる。ニュートンが光の神秘の開拓者として発揮した無比の実験的天才は、すでに子供のころの遊びの工夫にも、はっきり現れていた。夜、信心ぶかい村人たちを驚かした提灯《ちょうちん》つきの凧《たこ》、独力で作りあげた動く機械仕掛けのいろいろのおもちゃ——水車、粉ひき兼動力として貪欲《どんよく》なねずみ（品物をあらかた喰べてしまったが）を使って小麦を真白な粉にする製粉機械、たくさんの女たちのための針箱やおもちゃ、絵、日時計、自分用の木製柱時計（実際に動いた）——これらのものが《早熟でない》少年が友達の興味を《もっと学問的な》方向に向けようとして作っ

I. ニュートン

たものの一部であった。このようになみなみならぬ才能を発揮したばかりでなく、ニュートンはひろく読書をし、すべての秘法や風変わりな観察をノートに書き留めた。このような少年を、村の子供仲間がそう受けとったように、十人なみの健全な少年とみなすのは、目をどこにつけているのか、となじられても仕方あるまい。

ニュートンの初期の教育は、近所にあるスキリントン村の小学校で行なわれた。ニュートンが非凡な人間らしいことを最初に認めたのは、母方の叔父ウィリアム・エイスコー師であったようである。エイスコーは、自分がケンブリッジ大学出身であったので、ニュートンを家に留めておこうとする母親を説きふせて、ケンブリッジ入学を承諾させた。母親はニュートンが一五歳のときに夫に死にわかれ、ウールズソープにかえって、息子の助けをかりて農場を経営するつもりだったのである。

しかしすでにそのまえにニュートンは、自分から進んでルビコン河を渡っていた。叔父のすすめにしたがって、ニュートンはグランザム中学校にやられた。その学校の二年のとき、彼はよく餓鬼大将にいじめられたが、ある日腹をけられて肉体的にも精神的にも非常な苦痛を受けた。教師の一人にはげまされて、ニュートンは、堂々とその餓鬼大将に挑戦し、なぐりつけ、屈辱の最後のお礼として相手の鼻っぱしらを教会の壁にこすりつけてやった。このときまで、彼は学課にはそれほど興味をもっていなかったが、それからというもの、その鉄拳に劣らない頭の冴えを示しはじめた。そしてたちまち学校中での首席にのぼった。校長をつとめていた叔父のエイスコーは、ニュートンがケンブリッジに入る資格のあることを認めたが、ほんとうに心を決めたのは、農夫の買い物の手伝いをしていると思っていたニュートンが、生垣のかげで読書をしているのをかい間みたときであった。

グランサム中学校に通い、続いてケンブリッジへの入学準備をしていたとき、ニュートンは村の薬種商クラークの家に下宿していた。その家の屋根裏部屋で一包の古本をみつけて、むさぼりよみ、またその家でクラークの養女ストーリーに出会い恋におちた。一六六一年六月、一九歳のときケンブリッジ入学のためウールズソープをたつまえに婚約をした。ニュートンは生涯を通じて、この最初の恋人一人に熱情をいだいていたが、疎遠《そえん》と仕事への没頭とが、このロマンスを遠景におしやり、ついに彼は未婚に終わった。ストーリーはのちにビンセント夫人となった。

トリニティ・カレッジでの学生生活を語るまえに、当時のイギリスと、この青年が受け継ぐことになった科学的知識の状態をちょっとみてみよう。頑固で狂信的なスコットランド出身のスチュアート家が、神権を僭称してイギリスを支配しにかかったけれども、人民はその僭越《せんえつ》をいきどおり、支配者の信仰的うぬぼれ、ばかさかげん、無能ぶりに対して反逆した。ニュートンはこの政治的宗教的な内乱の雰囲気のうちに成長した。その内乱では、清教徒も王党派もぼろぼろになった軍隊を戦わせ続けるために、何でもかんでも略奪した。チャールズ一世（一六〇〇年生まれ、一六四九年斬首《ざんしゅ》される）はありとあらゆる権力をつかって議会を抑圧しようとした。しかし、その苛酷な搾取《さくしゅ》と、真向から法律や正義に反して王をたすけた星室庁《せいしっちょう》の狡猾なうしろ楯《だて》があったにもかかわらず、オリバー・クロムウェルのひきいる、頑強な清教徒の敵ではなかった。クロムウェルは、また神の正義という旗印を掲げて、その虐殺と議会を蹄鉄《ていてつ》のもとに押しつぶす進軍とのうしろ楯とした。

　すべてこれらの残虐と偽善とは、若いニュートンの性格にもっとも有益な影響を与えた。彼は圧制と欺瞞《ぎまん》と抑圧に対するはげしい憎しみをもって成長し、のちに国王ジェイムズが大学の内部に干渉しようとしたとき、数学者であり自然科学者である彼は、自由をおびやかされている人びとの側《がわ》の断固たる態度と統一戦線とが、鉄面皮《てつめんぴ》な政治家の連合に対するもっとも効果的な防衛手段であることを、今さら学ぶまでもなかったのである。彼はそのことを観察と本能とで知っていた。

「もし私が他の人たちより少しでも遠くをみたとするならば、それは私が巨人の肩にたっていたからだ」という言葉は、ニュートンの言葉だとされている。しかり、彼は巨人の肩に立っていた。その巨人のうち最大のものはデカルト、ケプラー、ガリレオであった。デカルトからは、ニュートンが最初のあいだむずかしいと思っていた解析幾何学を、ケプラーからは二二年間の超人的計算のあげくに実験的に発見された惑星の運動に関する三つの基本法則を受け継ぎ、ガリレオからはニュートン自身の力学の礎石《そせき》となるはずの三つの運動法則のうちの最初の二つを学んだ。しかし煉瓦はひとりでに建物とはならない。ニュートンは、動力学と天体力学との建築家となったのである。

　ケプラーの法則は、ニュートンの万有引力の法則の発展に対して英雄的役割をつとめたものであるから、ここで述べておこう。

J. ケプラー

1　惑星は太陽のまわりを楕円形の軌道を描いて動く。太陽はこれらの楕円の一方の焦点に位置している。〔もし、S,S'が焦点で、Pが軌道上の惑星の位置であるとすると、SP+S'Pはいつも楕円の長軸の長さAA'に等しい〕。

2　太陽と惑星とを結ぶ線分は、等しい時間に等しい面積を掃過《そうか》する。

3　各惑星の一公転に要する時間〔周期〕の二乗は太陽からその惑星までの平均距離

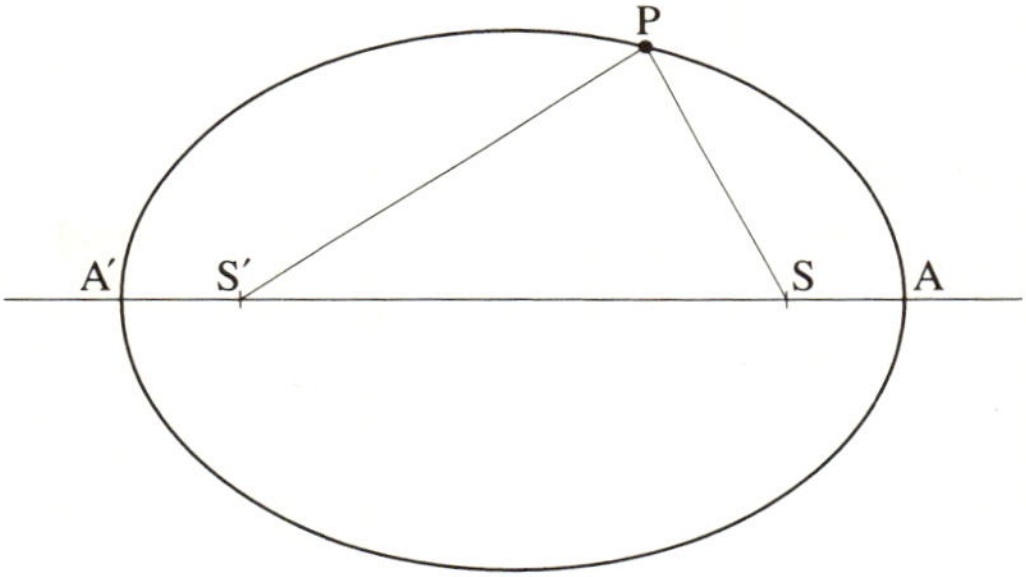

の三乗に比例する。

これらの法則は、つぎのニュートンの万有引力の法則に微積分法を応用することによって、一、二ページの分量で証明することができる。

宇宙における二つの質点は、それらの質量の積に正比例し、距離の二乗に反比例する力で互いに引きあう。

そこで、二つの質点の質量を m, M, 両者の距離（すべて適当な単位で測定するものとする）を d とすれば、両者間の引力は $k \times Mm/d^2$ となる。ここに、k はある定数である〔万有引力定数〕（質量と距離との単位を適当にえらぶことによって、k を1に等しくし、引力を単に Mm/d^2 とすることができる）。

完全を期するために、ニュートンの三つの運動法則を述べよう。

1　あらゆる物体は、外力によってその状態を変化させられない限り、静止の状態あるいは一直線上の等速運動を続ける。

2　運動量（「質量×速度」、質量と速度とは適当な単位で測定する）の変化の割合（変化率）は、外力に比例し、外力の作用線の方向に起こる。

3　作用と反作用〔摩擦のない台の上での、完全弾性をもつ玉突きの球の衝突のような〕とは、大きさが等しく方向が反対である〔一方の球が失う運動量は他方の球が得る〕。

以上のなかで、数学的に最も大切なのは、運動の第二法則にある文句《変化率》である。変化率とは何であるか。またどうしてそれを測定するのか。運動量とは、既述のごとく《質量×速度》である。ニュートンが論じた質量は、質点が運動しているあいだは不変であると仮定されている（これに反して、電子その他現代物理学の粒子の質量は、その速度が光速度に近づくにつれて、増加する）。したがって、ニュートンにとっては、《運動量の変化率》を研究するには、位置の変化率である**速度**を明らかにすれば十分であった。彼はこの問題を解決しようとして、つまりどんな運動であっても、連続的に運動する質点の速度を研究するための、有能な数学的方法を見つけようとして、変化率とその測定とのマスターキー、すなわち**微分学**を発見した。

変化率から生起する同様な問題から、彼はまた**積分学**をも発見した。速度が一瞬一瞬異なるような運動粒子が一定の時間に通過する全距離はどのようにして計算したらよいだろうか。この問題および同様な問題に答えながら、ニュートンは積分学にたどりついたのである。最後に、両種の問題をいっしょに考察することによって、彼は重大発見を行なった。すなわち、彼は微分学と積分学とが、今日《こんにち》《微積分学の基本定理》――これについては、あとで適当な機会に述べる――と呼ばれているものによって、たがいの逆の演算であることを知ったのである。

科学と数学において、先輩から受け継いだもののほかに、ニュートンは当時の時代精神からさらに二つの贈り物、すなわち神学への熱情と、錬金術《れんきんじゅつ》へのおさえがたい渇望とをうけついだ。今日でこそまじめな努力に値しないと考えられているこれらのものに、その比類ない知力をささげたことに対して、彼を非難するのは、みずからを非難するようなものである。なぜならば、ニュートンの時代には、錬金術が化学そのものであったし、その中に大切なものは――それから出てきたもの、すなわち近代化学を除いては――何も潜んでいないなどということは、まだわからなかったからである。そして生まれながらの科学者であったニュートンは、錬金術者の主張の真偽を、実験によって試そうとしたのだった。

神学についていえば、ニュートンは宇宙の全能なる創造者と、真理の大洋を底の底まで測《はか》る自分の無能力――海辺の少年のような――を何の疑いもなく信じていた。それゆえに彼は、自分の哲学が及ばないのは天上のものに対してばかりでなく、地上の多くのものに対してもそうだと信じ、当時の大部分の識者が異議なく受け入れていたもの（彼らには、常識同様に当然であったもの）――伝統的な創造説――を自分も理解しようとつとめた。

　そこで彼は本当にまじめな努力をそそいで、ダニエル書の予言とヨハネ黙示録の詩とがすじ道の通っていることを証明し、旧約聖書と歴史の月日とが一致していることを年代学的に示そうとした。ニュートンの時代には、神学はまだ諸科学の女王であり、ときとしてその騒々しい臣下《しんか》を真鍮の杖と鋳鉄《ちゅうてつ》の頭とで支配していた。だがニュートンは、彼を今日のいわゆるユニテリアン〔理神論者〕と称する程度までは、合理的科学が彼の信仰に影響を及ぼすのを許してはいた。


　一六六一年六月、ニュートンは給費生――（当時）皿洗いなどをして学費をかせいだ学生――としてケンブリッジ大学のトリニティ・カレッジに入学した。内乱と一六六一年の王政復古と、王室に対する大学側の追従《ついしょう》とは、ニュートンの入学当時のケンブリッジを、教育機関としては史上最低のレベルにおとしていた。にもかかわらず若いニュートンは、最初心さびしかったけれども、やがて気をとりもどし、勉学に熱中しはじめた。

　ニュートンの数学の教師は、アイザック・バロー博士で神学者でもあり、数学者でもあった。彼は数学者として有能であり、そのうえ独創的であったが、不幸にしてニュートンという太陽の先駆をつとめる暁《あかつき》の明星《みようじよう》として終わったといわれる。バローは自分よりすぐれた者の到来をよろこんでみとめ、ルーカス数学講座（彼はその最初の教授であった）をその無比の弟子のためにゆずった。バローの幾何学の講義では、なかんずく彼自身の発明になる曲線に囲まれた面積を見いだしたり、曲線に接線を引いたりする方法――これは本質的には積分学と微分学とのおのおのの鍵となる問題で、ニュートンもこの講義から研究上の霊感を受けたにちがいない――を扱った。

彼の学生時代の記録はがっかりするほど少ししか残っていない。また彼は同級生にも特別な印象を与えなかったらしく、家への短い形式的な手紙も興味をひくほどのことが記されてはいない。最初の二年間は、初等数学をマスターするのに費やされた。ニュートンの発見者としての突然の成熟に関して、何か信頼できる記録が残っていたとしても、近代の伝記作家は、一人としてそれにふれてはいない。一六六四年から六六年までの三年（二一歳から二三歳まで）のあいだに、科学と数学とにおけるそれ以後の全研究の基礎をきずいたことと、不断の勉強と夜ふかしとのために病気にかかったことのほかは、はっきりしたことは何も知られていない。自分の発明を内密にしておく傾向もまたその神秘さを深めている。

純粋に人間的な方面では、ニュートンは正常な学生生活を送ったがときには休養したとみえて、そのこづかい帳には居酒屋への数度の支払いと、カードでまけたための二回の出費とが書きとめられている。彼は一六六四年一月バチェラー・オブ・アーツ（B・A）の学位を授けられた。

一六六四年から六五年にかけての大疫病と翌年の再流行とは、余儀なかったとはいえニュートンに絶好の機会を与えた。大学は閉鎖され、二年間の大部分を彼はウールズソープで思索に費やした。そのときまでに彼は、彗星と月暈（ハロー）の観測に熱心のあまり病気にかかっただけで、めざましいことは何もしていなかった。たとえ何かやったとしても、それは内密にされていた。この二年間に彼は微分学を発明し、万有引力の法則を発見し、白色光があらゆる色の光から成り立っていることを実験的に証明した。これらはすべて二五歳以前のことである。

一六六五年五月二〇日付けの原稿は、ニュートンが二三歳のときに微積分学の原理を十分発展させ、連続曲線の任意の点での接線と曲率とを見いだすことができたということを示している。彼は自分の方法を"fluxions"（流率法）と呼んだが、これは"flowing"《流れ》の観念からきたので、《流れ》とかあるいは《成長》とかいうような変化する量とその変化率とからとった名称である。彼による二項定理の発見は、微積分学の十分な発展に欠くべからざる段階であるが、それ以前に行なわれていた。

次の等式は直接計算によってみつけられる。

$$(a+b)^2=a^2+2ab+b^2,\ (a+b)^3=a^3+3a^2b+3ab^2+b^3$$

二項定理は、これらの簡単な結果を一般化したもので、

$$(a+b)^n=a^n+\frac{n}{1}a^{n-1}b+\frac{n(n-1)}{1\cdot2}a^{n-2}b^2$$
$$+\frac{n(n-1)(n-2)}{1\cdot2\cdot3}a^{n-3}b^3+\cdots$$

となる。ここに…と書いたのは、以下同様の法則にしたがって級数が書き続けられることを示す。すなわちそのつぎの項は以下の通りである。

$$\frac{n(n-1)(n-2)(n-3)}{1\cdot2\cdot3\cdot4}a^{n-4}b^4$$

もしnが正の整数、1,2,3,…の一つであれば、この級数はきっちり($n+1$)項で自動的に切れる。その場合は、この定理は数学的帰納法によって容易に証明される〔高等学校の代数学におけるように〕。

しかし、もしnが正の整数でなかったら、級数は終わらないから、この証明法は適用できない。nが分数または負の数〔またはもっと一般的な〔無理数〕値〕のときは、a, bについてある種の制限をつけなければならないが、この一般的な二項定理の証明は、

一九世紀になってやっと得られたのである。われわれはここではただ、ニュートンは n のこれらの値に対して定理を拡張したが、彼がその研究で用いたような a, b の値に対して定理が成り立つことだけで満足していたと語るだけにしよう。

もしすべての近代的洗練さを、一七世紀におけると同様に無視したならば、どのようにして微積分学が発明されたかを知るのは容易である。基本的な概念は、**変数**、**関数**、**極限**のそれである。この最後の極限を明確にするのには、時間がかかったのだが。

数学研究の中にでてくる文字で、多くの異なった値をとりうるようなものを変数という。s を一つの変数としよう。落下する物体の地面からの高さを表す量 s は変数の一例である。

関数ということば（function またはそれと同じ意味のラテン語）は、一六九四年ライプニッツによって初めて数学の中に導入されたらしい。その概念は現在では数学の大きな部分に君臨し、科学に不可欠のものとなった。ライプニッツの時代以来、この概念はより正確なものにされた。二つの変数 x と y があり、x に対して一つの数値を与えれば、いつでも y の数値が決定されるという場合、変数 y は変数 x の（一価）関数であるといい、$y=f(x)$ と表す。

われわれは極限ということばに近代的な定義を与える代わりに、ニュートンおよびライプニッツ（ことに前者）派に、変化率の議論に極限を使用させたような、最も簡単な例で満足することにしよう。微積分学の初期の開拓者にとって、変数と極限の概念はまったく直観的なものであった。しかし現在のわれわれにとっては、それは、有理数および無理数の性質に関するなかば形而上《けいじじょう》学的な、神秘につつまれた、きわめて微妙な概念なのである。

　y を x の関数、たとえば $y=f(x)$ としよう。x に関する y の**変化率**、あるいは x に関する y の**導関数**とはつぎのように定義される。x のある増加量、たとえば Δx（《x の増分《ぞうぶん》》と読む）が与えられたとする。すると、x は $x+\Delta x$ となり、$f(x)$ または y は $f(x+\Delta x)$ となる。y の対応する増分 Δy はその新しい値からそのはじめの値を減じたものである。すなわち $\Delta y=f(x+\Delta x)-f(x)$ である。われわれの直観的観念によれば、変化率とは一つの《平均》であるから、x に関する y の変化率の大略の近似値として、y の増分を x の増分で除した商 $\Delta y/\Delta x$ をとることができる。

　しかし、x も y もともに変化するのであるから、これではあまりに大ざっぱすぎる。この平均値が、x のどんな特定の値に対しても変化率を表すであろうとはとてもいえない。そこで、増分 Δx を限りなく小さくして、ついに《極限においては》Δx が 0 に近づくようにしてみよう。そしてその過程を通じて、《平均値》$\Delta y/\Delta x$ を考察してみる。すると、Δy も同じく限りなく小さくなり、ついには 0 に接近するであろう。しかし、$\Delta y/\Delta x$ は、無意味な記号 $0/0$ にはならずに、一定の**極限値**に近づくであろう。この極限値が、xに関するyの求める変化率である。

以上のことが実際、どのようになるかを見るために、$f(x)$が特別な関数x^2であるとしよう。すなわち、$y=x^2$であるとする。上の大ざっぱな説明によると、まず、

$$\frac{\Delta y}{\Delta x}=\frac{(x+\Delta x)^2-x^2}{\Delta x}$$

という式が得られる。しかし、極限についてはまだ何も触れられていない。右辺の式を計算すると、

$$\frac{\Delta y}{\Delta x}=2x+\Delta x$$

となる。このように、式を単純化してから、そこでΔxを0に近づけると、$\Delta y/\Delta x$の極限値が$2x$になることがわかる。同様にして、もっと一般に、$y=x^n$とすると、二項定理の助けによって、$\Delta y/\Delta x$の極限値はnx^{n-1}になることがわかる。

現代の学生は、このような論議にはとうてい満足しないであろうが、微積分学の発明者自身にとっては、この程度のことで十分であったし、ここでも、それで十分ということにしておく。$y=f(x)$のとき、$\Delta y/\Delta x$の極限値（もしそのような極限値が存在するならば）のことを、yのxに関する**導関数**といい、dy/dxで表す。この記号は（本質的には）、ライプニッツに負うもので、今日でも一般に使用されているものである。ニュ

ートンたちはもっと別の記号（$\dot{v}$）を用いたが、それはあまり便利ではない。

物理学における変化率のもっとも簡単な実例は、速度と加速度で、この二つは力学の基礎概念である。すなわち速度とは、距離（または《位置》または《空間》）の、時間に対する変化率のことであり、加速度とは、時間に対する速度の変化率のことである。運動する質点が、ある時間t内に通過する距離をsとすれば（距離は時間の関数であると仮定しておく）、時刻tにおける速度は、ds/dtである。この速度をvと書くと、対応する加速度はさらにdv/dtとなる。

以上のことから、変化率の変化率という考え、つまり第二次導関数という概念が導かれる。なぜなら、加速現象においては、速度は一定ではなく変化し、したがってまたその変化の割合というものが考えられるからである。だから**加速度**とは、距離の変化率の、そのまた変化率（ともに時間に関する）で、この第二次の変化率、または《変化率の変化率》のことを、加速度の場合には、d^2s/dt^2と書く。このd^2s/dt^2自身についても、時間に関する変化率が考えられ、この第三次の変化率のことは、d^3s/dt^3と書く。以下同様に、四番め、五番め、…の変化率、つまり、第四次、第五次、…の導関数が考えられる。科学への微積分学の応用において、もっとも重要な導関数は第一次と第二次の導関数である。

さて、ニュートンの運動の第二法則について述べたことに戻り、これを加速度の説明とくらべてみると、《力》は、それが生みだす加速度に比例することがわかるであろう。ところで、このことを用いると、決して自明ではない一つの問題、つまり《中心力》の問題に対する微分方程式を作ることができる。いま、一つの質点Pが定点Oに向かって、その定点を通る作用線をもつ力によって引かれているとしよう（次頁図）。時刻tにおける定点Oから質点Pまでの距離をsとして、この中心力の変化がsの関数として、たとえば$F(s)$のように与えられているとする。このような質点の運動を明らかにせよというのが問題である。少し考えれば、〔ニュートンの運動の第二法則から〕

$$\frac{d^2s}{dt^2}=-F(s)$$

となることがわかる。ここで、右辺にマイナスの符号（－）をつけたのは、引力が〔sの正の方向への〕速度をへらすためである。この式は、問題に対する**微分方程式**と呼ばれるが、それは、この式が変化率（加速度）を含み、しかも変化率（または導関数）が、微分学の主たる研究対象だからである。

問題を微分方程式に翻訳したから、今度はこの方程式を解くことが問題となる。いいかえると、この方程式を満足させるようなs, t間の関係、あるいは数学的にいうとこの方程式をみたすようなtの関数sを見つけなければならない。困難になるのはここからである。与えられた物理的状況を一連の微分方程式に翻訳することはきわめてやさしい

のだが、その微分方程式は、どんな数学者にも解けないことがありうるのである。大ざっぱにいって、物理学で本質的に新しい問題が起きるごとに、新しい型の微分方程式が導かれ、それを解くために、数学の新しい分野をそっくり一つ創造しなければならないのが普通である。しかし、ニュートンの万有引力の法則にあるように、$F(s)=1/s^2$ のときは、上述の特殊な方程式は、初等的関数だけを用いてまったく簡単に解ける。だが、ここではこの特殊な方程式にかまうより、もっと単純な方程式

$$\frac{dy}{dx}=x$$

を考えよう。これでも問題の本質的な点を浮き彫りにするには十分である。

y は x の関数で、その導関数が x に等しいことがわかっている。そこで y を x の関数として表せということになる。もっと一般に、同様の形の方程式 $dy/dx=f(x)$ を考えてもよい。その場合には、問題は、x に関する導関数（変化率）が $f(x)$ に等しいような（x の）関数 y は何か、ということになる。求める関数がみつかれば（あるいは、そ

のような関数がもし存在すれば）、それを $f(x)$ の**原始関数**といい、すぐのちに説明する理由から、$\int f(x)dx$ と書く。当面は、$\int f(x)dx$ という記号は、導関数が $f(x)$ に等しい関数（そのような関数が存在するとして）を示すことだけ知っておけばよい。

上の方程式の最初のものについては、調べてみれば、解は $\frac{1}{2}x^2+c$ となることがわかる。ここで、c は任意の定数（変数 x に関係しない数）である。したがって、

$$\int x\,dx=\frac{1}{2}x^2+c$$

となる。

このごく簡単な例でさえも、比較的無邪気な関数 $f(x)$ に対して $\int f(x)dx$ を見いだす問題は、われわれの力に負えぬ恐れのあることを示している。もし、$f(x)$ をかってに選んだら、《解答》がそもそも既知の関数で表せるかどうかもあやしい。そうなるような幸運な場合は、実に千に一つ（いや《非可算《かさん》》無限個に対して一つ）もないのである。物理学の問題が、このような悪夢に導かれた場合には、近似解法を用いる以外にはない。近似解法によれば、それでも望むだけの精度で結果を求めることができる。

微積分学の二つの基礎的な概念 dy/dx, $\int f(x)dx$ を説明したから、それらを結びつける微積分学の**基本定理**を述べることができる。簡単のために図で示すことにするが、それはもちろん必要ではなく、正確な記述の際には望ましくもないものである。

自分自身と交わらない連続な曲線（単純連続曲線）を考え、デカルト座標におけるその方程式を $y=f(x)$ とする。そこで、この曲線 $y=f(x)$ と x 軸、曲線上の二点A, Bから x 軸にひいた二本の垂線 AA′, BB′ のあいだに囲まれた面積を求めることを問題としよう。OA′, OB′ の長さをそれぞれ a, b とし、点A′, B′ の座標を $(a, 0)$, $(b, 0)$ とする。そこで、アルキメデスが行なったようにする。すなわち、求める面積を、等しい幅の平行な帯に分け、頂上の三角形状の小片は無視して（その一つには、次頁の図の中ではかげをつけてある）、これらの帯を長方形とみなして、それらの面積を加える。最後に、帯の数が無限に多くなったときの、これらの**和の極限**がどうなるかを考えよう。ここまではすべてたいへん結構な考え方である。だがこの極限はどうしたら求められるだろうか。これに対する答えは、たしかに、数学者がかつて発見したもののうち、もっとも驚くべきものの一つである。

すなわち、まず $\int f(x)dx$ を求めよ。その結果を $F(x)$ とせよ。この式の中に a と b を代入して、$F(a)$ と $F(b)$ を求めよ。つぎに、ひき算をして、$F(b)-F(a)$ を求める。すると、これが求める面積である。

与えられた曲線の方程式 $y=f(x)$ と、（フェルマの章でみたように）点 (x, y) におけるこの曲線の接線の傾きを与える dy/dx と、x に関する変化率が $f(x)$ に等しいような関数 $\int f(x)dx$ あるいは $F(x)$ との関連に注意しよう。いま述べたように、求める面

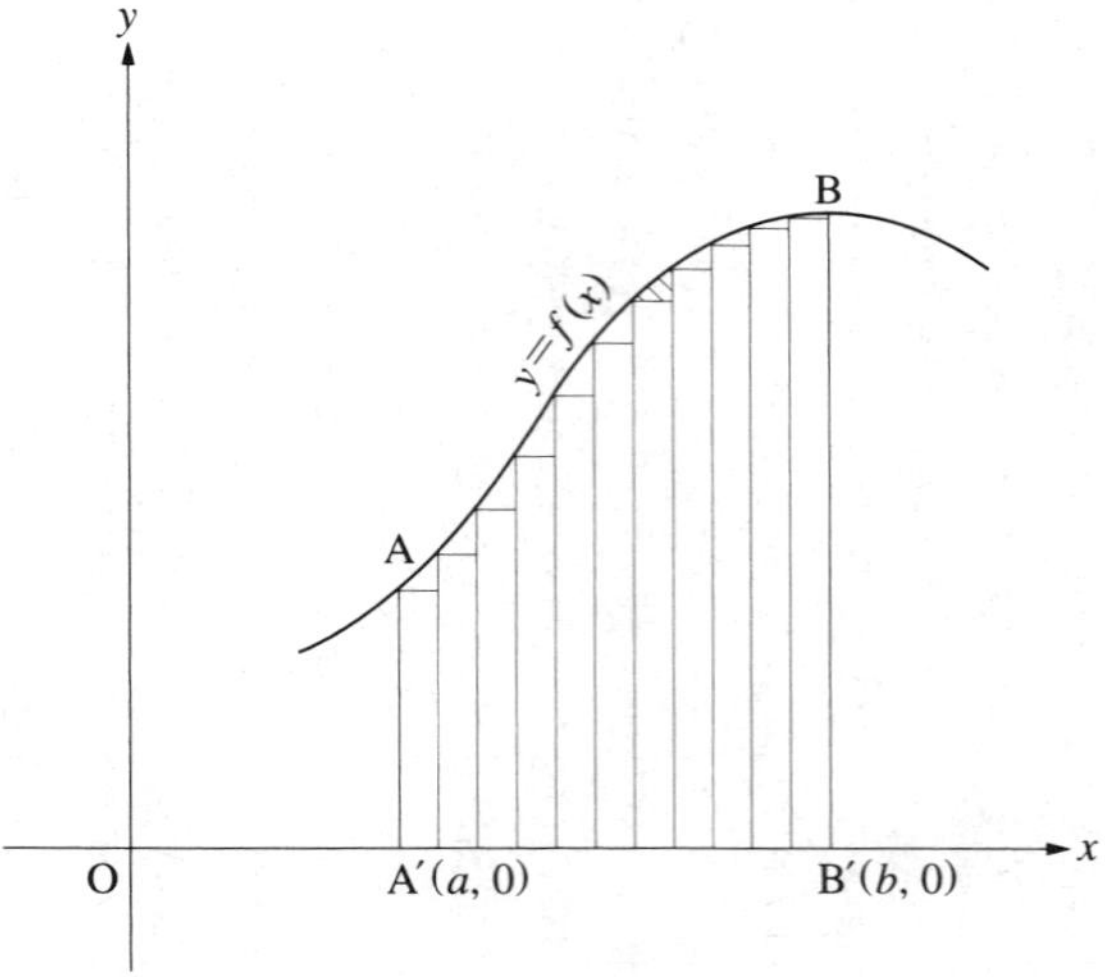
y
B
y=f(x)
A
O
A′(a, 0)
B′(b, 0)
x

積は、アルキメデスとの関連で述べたような、**和の極限**であり、それは、$F(b)-F(a)$で与えられる。こうして、傾きあるいは導関数と、和の極限あるいは**定積分**といわれるものが結びつけられたのである。記号$\int$は、和を表す〔ラテン語〕Summaの頭文字のSの古体である。

以上のことを記号を使って要約しよう。まず、問題の面積を$\int_a^b f(x)dx$と書く。aは和の下限で、bはその上限である。すると、

$$\int_a^b f(x)dx=F(b)-F(a)$$

が成り立つ。ここで、$F(b)$, $F(a)$は《**不定積分**》$\int f(x)dx$を求めれば、つまり、xの関数$F(x)$で、その導関数dF/dxが$f(x)$に等しいようなものを求めればすぐに計算される。これが、（幾何学的な形ではあるが）ニュートンによって、あるいはそれとは独立にライプニッツによって思い浮かべられたままの微積分学の基本定理である。念のため、現代的叙述なら必要不可欠な、さまざまな細部を省略したことを繰り返し強調しておく。

二つの簡単ながら重要なことがらを述べて、先駆者に映じたままの、微積分の主要概念に関するこの短いスケッチを終わることにしよう。今までのところは、変数が一個の

関数を考察しただけであった。しかし、自然は変数がいくつもある関数、さらに無限個の変数をもつ関数さえも提供している。

ごく単純な実例をあげると、気体の体積Vは、気体の温度Tと圧力Pとの関数である。たとえば、$V = F(T, P)$としよう。ここで関数Fの実際の形は、ここではとくに定める必要はない。T, Pが変化するにしたがって、Vもまた変化する。しかし、T, Pのうち一方だけが変化し、他方は一定のままであると仮定しよう。このような場合には、われわれは本質的にはふたたび一変数の関数に戻ったことになり、この変数に関する$F(T, P)$の導関数を計算することができる。Pが一定で、Tのみが変化するときは、Tに関する$F(T, P)$の導関数を（Tに関する）**偏《へん》導関数**といい、変数Pは変化しないことを示すために、今までとは違った記号∂を使って、この偏導関数を

$$\frac{\partial F(T, P)}{\partial T}$$

と表す。同様に、もしTが一定でPのみが変わる場合には、$\partial F(T, P)/\partial P$が得られる。今までの（常）微分のときに、第二次、第三次、…導関数を作ったのとまったく同様なことが、偏導関数についても考えられる。たとえば、$\partial^2 F(T, P)/\partial T^2$は、$T$に関する$\partial F(T, P)/\partial T$の偏導関数のことである。

数理物理学における重要な方程式の大部分は、**偏《へん》微分方程式**である。その有名な例は、

ラプラースの方程式、または、《連続の方程式》といわれるもの

$$\frac{\partial^2 u}{\partial x^2}+\frac{\partial^2 u}{\partial y^2}+\frac{\partial^2 u}{\partial z^2}=0$$

で、これは、ニュートンの万有引力の理論、電磁気学、流体力学などで現れてくるものである。

流体力学では、この方程式は、渦動《かどう》のない《完全》流体〔粘性《ねんせい》のない流体〕が増減しないという事実の数学的表現なのである。この方程式を導くことは、ここではとてもできないが、それが意味することを明らかにすれば、少しは神秘性が減ずるであろう。もし、流体中に渦《うず》がなければ、流体中の個々の粒子の x, y, z 軸方向の速度成分は、一つの同一の関数 u の偏導関数

$$-\frac{\partial u}{\partial x},\quad -\frac{\partial u}{\partial y},\quad -\frac{\partial u}{\partial z}$$

で計算される。この関数 u は、運動の特殊性に応じて決定されるのである。流体が非圧縮性で渦なしならば、どんな小部分をとっても、一秒間にそこに流入した量だけ、そこから流出するであろう。この明白な事実と上の説明とを結びつけ、さらに微小面を一秒間に通過する流体の量が、その微小面の面積と流速との積に等しいことに注目する。すると（上の注意を総合し、全流入量と全流出量とを計算すれば）ラプラースの方程式の

当たり前加減についても、およその見当がつくであろう。

この方程式や数理物理学における他の方程式について本当に驚くべきことは、物理的平凡さが、一度数学的推論の網をくぐると、平凡どころではない、予期せぬ非凡な知識を与えてくれることである。あとの章で述べる物理現象の《予知》も、常識をこのように数学的に取り扱うことから起こってきたのである。

しかし、このような型の問題には、二つの非常に深刻な困難が起こってくる。第一の困難は、物理学者の側に関係したものである。物理学者は、そもそも問題が数学的に定式化されやすいように、問題を大して傷つけずに、しかも問題から複雑さをとり去ることに責任をもたなければならない。第二の困難は数学者の側に関連したもので、これから**境界値問題**といわれるきわめて重要な問題へと導かれる。微積分に関するこの簡単なスケッチを、それについての説明で閉じることにしよう。

科学は、ラプラースの方程式のような一つの方程式を数学者の頭に投げつけて、その**一般解**を求めよとは要求しない。科学が要求するのは、（普通は）もっとはるかに求めにくいもの、つまり、その方程式を満足するばかりでなく、解かれるべき問題の特殊性に応じたある種の付帯条件をも同時に満足させるような**特殊解**なのである。

この点は、熱伝導の問題を例にとれば、簡単に説明できる。流体の運動に対してラプラースの方程式があるのと同様に、良導体《りょうどうたい》の中での熱の運動についても一般的な方程式

（フーリエの方程式）がある。[1] 円柱状の棒の両端を同一の一定温度に保ち、円柱の側面も他の一定温度に保ったとき、この棒内の温度分布は究極においてはどうなるだろうか。こういう問題を考えてみよう。ここで《究極において》というのは、棒のあらゆる点で、温度の変化がもはやない、《定常状態》にあるという意味である。この問題の解はもちろん、上記の一般方程式を満足させなければならないが、それだけでなくさらに与えられた表面温度、つまり与えられた初期境界条件にも適合していなければならない。

このあとの問題のほうが、はるかにむずかしいのである。そればかりでなく、切り口が長方形の棒に対するのと、円柱状の棒に対するのとではまた問題が全然違ってくる。この境界値問題の理論は、微分方程式の解で、指定された初期条件に適合するものを求めることを扱う。これは、主として、最近八〇年間の所産なのである。数理物理学は、この境界値問題の理論と範囲を同じくするといってもかまわないであろう。

一六六六年、ニュートンが二二歳か二三歳の青年のとき、ウールズソープで彼をおそった第二のインスピレーションは、万有引力の法則（すでに述べた）であった。これに関連して、リンゴがおちる話は繰り返さないでおこう。古典化したこの物語の単調さをやぶるために、あとでガウスの章で、それについてのガウスの解釈をきくことにしよう。

万有引力の法則によってケプラーの法則が説明できるかどうかを知るために、ニュートンが一六六六年（二三歳のとき）大ざっぱな計算を行なったことは、多くの権威者の意見の一致しているところである。ずっとあとで（一六八四年）、ハレーが、どんな引力法則で惑星の楕円軌道が説明できるのかとたずねたとき、ニュートンは直ちに《逆二乗（二乗に反比例）》の法則によってであると答えた。

「どうしてそれがわかるのですか」とハレーはたずねた。当時、ロンドンではこの問題について大議論が行なわれていたので、彼はサー・クリストファー・レンその他の人びとにすすめられて質問したのである。

「計算したことがあるからです」とニュートンは答えた。そしてその計算（どこかに失っていた）を復元しようとしたが間違ってしまった。しかし、まもなくミスのもとをみつけ、最初の結論を立証することができた。

ニュートンの万有引力の法則の発表が二〇年も遅れたのは、不正確な材料によることに起因する思いがけないつまずきのためであるとして、いろいろの説がたてられている。ここでは三つの説のうち、ほかの二つよりもロマンチックではないが、より数学的な説を紹介しよう。

ニュートンの発表が遅れたのは、彼の法則によって表現された万有引力の全理論に対し、決定的な鍵となるはずの積分のある問題を解くことができなかったことによる。リンゴや月の運動を説明するためには、その前に、等質の球体が、その外側にある質点におよぼす全引力をみつけださねばならなかった。なぜならば、球体を構成する各質点が、球体の外側にある質点を、それら二つの質点の質量の積に正比例し両者の距離の二乗に反比例して変化する力でそれぞれ引くからである。しかし無限に多いこれら球体のすべての質点の個々の引力から、どのようにしたら一つの合成引力を求めることができるであろうか。

これは明らかに積分学に属する問題である。今日では、若い学生がほんの二〇分もあれば解ける問題として教科書にのせられている。しかし、これはニュートンを二〇年間もひきとめておいたものである。もちろん彼は、最後にはこれを解いた。すなわち、求める引力は、あたかも球体の全質量がその中心のただ一点に集中されていると考えたのとまったく同じになるのである。こうして問題は、与えられた距離を有する二つの質点のあいだの引力を見いだすことに帰着された。そしてその直接の解答は、ニュートンの法則中に述べられているとおりである。もしこれが二〇年間の遅れのほんとうの理由だとしたならば、ニュートン以後のいく世代もの数学者たちが、微積分学をごく普通の一六歳の少年でさえ有効につかえるまでに発展させ単純化させるのにはらった努力は、どんなに大きいものであったかをうかがい知ることができる。

ニュートンに対する私たちの興味は、主に数学者としての偉大さにあるが、一六六六年のこの未完成の傑作で終わりだというわけにはいかない。そのようなことをすれば、彼の偉大さを十分つたえることはできないだろう。そこで細部にはふれずに（紙数がないので）、彼のほかの活動について、手短にあとをたどることにする。

一六六七年ケンブリッジに帰るとすぐに、トリニティ・カレッジのフェロー（特別研究員）にえらばれ、一六六九年二六歳でバローのあとをついで、ルーカス教授職についた。彼の最初の講義は、光学についてであった。そのなかで彼は、自分の発見を説明し、光の粒子説を概説した。その説によれば、光は微粒子の放射からなりたつもので、ホイヘンスやフックの説くように波動現象ではない、というのである。この二つの説はたがいに矛盾しているようにみえるけれども、今日では両方とも光の現象を説明するには有効であり、純粋な数学的見地からすれば少しも矛盾ではなく、現代量子論において調和されているのである。したがって、数年前のように、ニュートンの粒子説はぜんぜんまちがっている、などというのは、いまでは正しくない。

翌一六六八年、ニュートンは自分の手で反射望遠鏡をつくり、これをつかって木星の衛星を観測した。彼の目的が、実際に木星の衛星を観測することによって、万有引力が普遍的に適用できるかどうかを確かめることにあったことは疑いない。この年はまた、微積分学の歴史上でも記念すべき年である。無限級数によるメルカトールの双曲線に関連した面積の計算が、ニュートンの注意をひいた。その方法はニュートン自身の方法と事実上同じであった。ニュートンはまだそれを発表していなかったので、清書してバローー博士に渡し、いく人かのすぐれた数学者の回覧に供した。

一六七二年、王立協会の会員に選挙されたとき、ニュートンは、望遠鏡と光の粒子説とを発表した。いじのわるいフックをいれた三人委員会が、この光学研究についての報告を行なうために任命された。フックは審判としての権限をこえ、この機会を利用して、ニュートンを犠牲にして光の波動説と自分自身とを宣伝した。ニュートンは批評に対して、最初は冷静で科学的であったけれども、リエージュの数学者リュカと物理学者リニュとがフックと力をあわせてあてこすりや異議をとなえ、最初まじめであった議論もやがてあげ足とりや単なる愚論に変わってきたので、ニュートンもしだいに忍耐を失いはじめた。

このいらだたしい口論の最初のころに書かれたニュートンの手紙を読むと、性格的に彼が自分の発見に秘密主義でも、嫉妬ぶかくもなかったことが、だれにもはっきりとわかる。彼の手紙の調子は、他人がみつけた難点を進んで明らかにしたいという熱心さから、学者が科学を感情的なけんかの舞台にしてしまうことについての、意外なおどろきへとしだいに変わってきている。そのおどろきからさらに冷やかな怒り、苦痛、いくぶん子どもじみた、将来は自分だけでやろうという決意へと、急速に変わってゆく。彼は悪意にみちた馬鹿ものたちをすき勝手にさせておくことはできなかった。

とうとう一六七六年一一月一八日付けの手紙のなかでは、つぎのようにいっている。「私がこれまで学問の奴隷になってきたことはみとめるが、リュカ氏とのゴタゴタから自由になれるなら、自分の楽しみとしてやる以外は学問と永久に手をきるか、学問が自分のあとについてくるのにまかせるか、どちらかにしたい。というのは、何か新しいことを発表することをあきらめない限り、それをまもるために奴隷にならなければならないからです」。ガウスも非ユークリッド幾何学に関連して、ほとんどこれと同じ感慨をもらしている。

批判に対するニュートンのかんしゃくと無益な論争に対する立腹とは、『数学的原理《プリンキピア》』の刊行後にまた爆発した。一六八八年六月二〇日、彼はハレーにあてて書いている。「学問はらちもなく訴訟ずきな婦人のようなもので、彼女と接触するのは訴訟事件にまきこまれるのと同じことです。私は以前にもそう思いましたが、今度も彼女に近づくか近づかないうちにはやくも警告をうけました」。数学、力学、天体力学は——認めてよいことだが——ニュートンにあっては第二義的興味のものとなり、彼の心は錬金術と年代学研究と神学研究とにひきつけられていった。

彼がふたたびレクリエーションとしての数学に向かったのは、心中のやむにやまれぬ力がそうさせたからであった。はやくも一六七九年三六歳のとき（まだ彼が大部分の発見と発明を、自分の頭の中か机の中にとじこめておいたとき）、彼はフックにあてて書いている。「私は数年来学問からはなれて、ほかの研究に身をいれようと努力してきましたので、気ばらしのためのひまな時間以外には、学問に時間をさくのを長いあいだ惜しんできました」。だが、この《気ばらし》は、ときとしてそのいわゆる本当の仕事よりも、たえまない思考を必要とした。たとえば月の運動について日夜考え続けたあげくに、重病にかかったが、それは彼が頭痛を経験したただ一つの問題であったということである。

一六七三年の春、オルデンベルクあての手紙で王立協会の会員を辞める意向をもらしたが、そこにも、ニュートンの短気の一面が現れている。この短気なふるまいは、いろいろに解釈されている。ニュートンは、辞職の理由として経済的困難とロンドンから遠くに住んでいることをあげていた。オルデンバーグは、この不機嫌な数学者のことばをそのまま信じ、規則によれば金を払わなくても会員になっていられると返事した。それでニュートンは正気をとりもどし、辞表を撤回し、ほどなく機嫌をなおした。それでもニュートンは、自分が窮迫《きゅうはく》のきわにあると考えていた。しかしまもなく財政状態がよくなり、不安もしずまった。ニュートンは金の問題になると決してぼんやりした夢想家ではなかったことに注意しておかねばならない。彼は目端《めはし》がよくきく人で、死んだときは当時としては金持ちであった。しかし目端がきいて倹約家だったとしても、金銭に関してはきわめて寛大で、いつもできるだけ目だたぬように、困った友人を助けていた。青年に対してはとくに寛大であった。

一六八四年から八六年までは、人類の思想史に偉大なエポックを画《かく》した年であった。ハレーにうまくなだめすかされて、ニュートンはとうとう天文学、力学上の発見を本に書いて出版することに同意した。ニュートンが『自然哲学の数学的原理』を書いたときほど、はげしく継続的に思索した人はおそらくあるまい。彼は健康には少しも注意をはらわず、自分が食物と睡眠を要求する肉体をもっていることを忘れたかのように、その傑作の著述に没頭した。食事もうち忘れて、わずかな時間ねむっただけで、着物をひっかけてベッドのはしにすわり、何時間も数学の迷路をさまようのであった。一六八六年『数学的原理』は王立協会に献呈され、翌八七年ハレーの費用で印刷された。『数学的原理』の内容を記すことは、ここでは問題にならないが、その無尽蔵《むじんぞう》の宝のうちから、ひとにぎりほど取りだしてもよかろう。著書全体に活気をあたえている精神は、ニュートンの力学、万有引力の法則、その両者の太陽系――《世界の体系》――への応用である。証明は綜合幾何学的になされているので、微積分学は姿を消しているけれども、ニュートンは（ある手紙で）、微積分は結論を発見するために使い、発見してからは同時代の人びとがよりたやすく主要テーマ――天体の力学的調和――を理解しうるように、微積分学による証明を幾何学の形式になおした、と語っている。

第一に、ニュートンはケプラーの経験的法則を自分の引力法則から演繹《えんえき》し、どうすれば太陽の質量を計算できるか、どうすれば衛星をもつ惑星の質量を決定できるかを示した。第二に、彼はきわめて重要な摂動説《せつどうせつ》を提唱した。たとえば、月は地球からばかりではなく太陽からも引っぱられる。そのために月の軌道は太陽の引力によってみだされる、というのである。こうして、ニュートンはヒッパルコスとプトレマイオスが昔行なった二つの観測を説明した。現代では高度に発達した摂動論が、電子の軌道、ことにヘリウム原子の軌道に適用されている。これらの古代の観測にくわえて、チコ・ブラーエ（一五四六〜一六〇一）、フラムスティード（一六四六〜一七一八）、その他の人びとによって観測された月の運動の七つの不規則性も、引力法則から演繹されている。

月の摂動についてはこのくらいにしておく。同様なことは惑星にもあてはまるが、ニュートンが創始した惑星摂動説は、一九世紀には海王星の発見、二〇世紀には冥王星の発見へと導いたのである。

《無法者》の彗星――迷信家には、いまだに天のいかりの警告としてうけとられているが――は太陽系家族の無害な一員として、宇宙の法則に服するようになり、一九一〇年美しいハレー彗星が七四年めに予定どおり帰ってきたように、そのきらびやかな回帰を正確に計算して、歓迎を行なうことができるようになった（木星その他が不当に攪乱《かくらん》しないかぎり）。

彼は、地球が毎日の自転によってその両極の方向に偏平化《へんぺい》していることを（力学と万有引力の法則から）計算で発見した。そして、これによって惑星進化についての広汎《こうはん》な、いまだに不完全な研究がはじまった。また惑星の形が、その一日の長さを決定するから、金星がその極の方向にどれほど偏平であるかが正確にわかれば、その極を結ぶ軸の周囲を完全に一回転するのに、どれだけの時間がかかるかを知りうることをも証明した。彼は緯度により物体の重さが変わることを計算した。彼はまた、同心球面でかぎられた中空の殻が、その内部に置かれた小物体に何の引力をもおよぼさないことを証明した。この最後のことは、静電気学に重要な影響を与えた。小説の領域でも、それは楽しい空想の主題としてつかわれている。

歳差《さいさ》は、月と太陽とが地球の赤道付近のふくらみに引力をおよぼし、地球をこまのようによろめかせる事実によって見事に説明された。神秘的な潮汐《ちょうせき》現象もまた、当然のことながらこの偉大な仕掛けのなかにはいる。月による潮汐も太陽による潮汐も計算され、大潮と小潮の高さを観測することによって月の質量も導きだされた。第一巻では力学の原理が設定され、第二巻では、抵抗媒体内における物体の運動と流体運動とがあつかわれているが、第三巻は有名な《世界の体系》である。

おそらく他のどんな自然法則も、『数学的原理』におけるニュートンの万有引力の法則のように、山ほどの自然現象を簡単に統一したものはあるまい。その統一をもたらした推論を理解できた人は少数であったにもかかわらず、同時代の大多数の人がぼんやりながらも、この事業の偉大さをみとめ、『数学的原理』の著者を半神《はんしん》としてあがめたのである。幾年もたたないうちに、ニュートンの体系はケンブリッジ（一六九九年）とオックスフォード（一七〇四年）で教えられるようになった。フランスはまだデカルトの渦動《かどう》説の旋風に目をくらまされて、半世紀のあいだ眠っていた。しかしまもなく、神秘主義は理性にとってかわられ、ニュートンはその最大の後継者をイギリスにではなく、フランスにおいて見いだすことになる。すなわち『数学的原理』を継続し完成する仕事にのりだしたのは、ラプラースその人であった。

『数学的原理』のあとは下降線をたどりはじめる。月の理論は、その後もニュートンを困らせたり、《気ばらし》をさせる種《たね》になりはしたけれども、彼は一時《学問》にいや気がさし、もっと地上的な問題に関心をむける機会を歓迎した。ジェイムズ二世は頑固なスコットランド人で、しかも狂信的なカトリック教徒であったので、大学当局の反対をおしきって、あるベネディクト派のキリスト教徒にマスターの学位を許すように圧力を加えた。ニュートンは代表団の一人として、事件を高等法院に訴えるためにロンドンへいった。当時の法院長は、あの偉大で口ぎたない法律学者・大法官のジョージ・ジェフリーズ——歴史上《悪名たかいジェフリーズ》として知られている——であった。ジエフリーズは代表団長にたくみに侮辱をくわえたのち、残りの代表たちに退廷を命じ、これ以上罪をかさねるなといった。ニュートンは表面は平静をよそおった。ジェフリーズのような男のまえでは、口ごたえすることは何の益もないと考えたからである。しかし他の代表が恥ずべき妥協案に署名しようとしたとき、彼らの土性骨《どしようぼね》に活をいれて、署名をさせなかったのもニュートンであった。彼は勝った。価値あるものは何も失われなかった。名誉さえも。ニュートンはのちに書いている。「こういう場合の正直な勇気は、法律を味方にしているので、すべてを確保することができる」。

ケンブリッジは明らかに、ニュートンの勇気を評価したとみえて、ジェイムズ二世がオレンジ公ウィリアムと妻メアリとにあとをゆずって亡命し、忠実なジェフリーズが暴徒の裁判をおそれて陋屋《ろうおく》に身をひそめてしまったあと、ニュートンは一六八九年一月大学を代表する国会議員に選出され、一六九〇年二月の国会の解散まで議席についていた。彼は一度も演壇に立たなかったが、職務には忠実で、政治もきらいではなかった。彼の手腕は、さわがしい大学に、つつしみぶかい王と王妃とに対する忠誠を続けさせるのにあずかって力があった。

ロンドンにおけるニュートンの《日常生活》は、科学には無縁に終わった。『人間悟性論』で有名な哲学者ジョン・ロック（一六三二〜一七〇四）のほか、有力でおせっかいな友人たちが、ニュートンはまだその分に相応した名誉を受けていないと信じこませた。アングロ・サクソン民族の阿呆さ加減をもっともよく示すのは、公職や行政的地位だけが知識人の最高の名誉だという盲信である。イギリス人はついに（一六九九年）、ニュートンを造幣局長官に任命し、王国貨幣の改鋳《かいちゅう》と監督にあたらせた。『数学的原理』の著者のこの《出世》を凌駕《りょうが》するのは、サー・デービッド・ブルースタの大変なもちあげ方である。ブルースタはそのニュートン伝（一八六〇年）のなかで、イギリス国民がニュートンの天才に与えた、この《当然の栄誉》を讃えている。もちろん、ニュートンが実際にそのような種類のことを望んだのであれば、問題はない。どんなものを望んだにせよ、彼はその何百万倍ものものを手にする権利があったのだ。おせっかいな友人たちが、ニュートンをおだてあげる必要などなかったのである。

それは突然起こったことではなかった。トリニティ・カレッジのフェローで、ニュートンの親友だった、のちのハリファックス伯チャールズ・モンタギューが、いつも多忙でゴシップ好きの、あの日記で悪名高いサミュエル・ピープス（一六三三～一七〇三）の助けをかりたり、けしかけられたり、またロックやニュートン自身の働きかけで、ニュートンに《ふさわしい》待遇をあたえようと運動をはじめたのである。

交渉は明らかにいつもスムースにいったとはいえず、いくぶんうたがいぶかい性格から、ニュートンは、友だちが彼を裏切っている――実際そうだったかもしれない――と信じるようになってしまった。『数学的原理』を書きあげた一八カ月間の睡眠不足と食欲不振とが、復讐をはじめた。一六九二年の秋（彼は五〇歳に近く、働きざかりのはずだった）ニュートンは重態におちいった。食欲はまったくなく、ほとんど眠ることができず、そのうえに被害妄想の発作があり、精神機能がまったく破壊されそうな危機に直面した。一六九三年九月一六日ロックにあてた手紙は、回復後に書かれたものではあるが、どんなに彼が重症であったかをよく示している。

「あなたが女性その他の手段で、[2]私を陥れようとしていると考えて、そのために非常に悩んでいましたので、あなたが病気でながくはもつまい、とある人からきいたとき、私はあなたが死んだほうがよいと答えたほどでした。この不人情をお許しくださるようお願いします。なぜなら、私はいま、あなたがなさったことはみな正しかったと信じてよろこんでいますから。また私は、そのことであなたをわるく思ったこと、あなたが観念に関する著書のなかで設定した原理を用いて道徳を根本的に破壊し、それを他の本でも続けようとしている、といいふらしたこと、またあなたをホッブズ主義者とみなしたこと、すべてこれらのことをお許しくださるようお願いします。また、私に官職を売りつけ、私を陥れようとする計画がある、といったり考えたりしたことに対しても、お許しを願います。

あなたのもっとも賤《いや》しい　もっとも不幸な召使

ニュートン病気の報は、大陸にもひろまったが、当然のことながら大げさに伝えられた。後年彼の最悪の敵となったものもいれて、友人たちはニュートンの回復をよろこんだ。ライプニッツは知人にあてて、「ニュートンが再び自分をとりもどしたことをよろこんでいる」と書き送っている。しかし、まさしく回復のその年（一六九三年）、微積分学が大陸でもよく知れわたったこと、しかもそれが一般にライプニッツの業績だとされていることを、ニュートンははじめてきき知ったのである。

『数学的原理』公刊後の一〇年間は、錬金術と神学と心配事にあけくれし、その間に多少とも不本意ながら頭のいたい月の理論にさまようこともあった。ニュートンとライプニッツはまだ仲がよかった。二人のそれぞれの友人たちは、あらゆる数学、ことに微積分学については野蛮人同様、かいもく無知であったので、まだ微積分学の発明についての剽窃《ひょうせつ》よばわりや、数学史上もっとも恥ずべき先陣あらそいをするほど、たがいに敵対する気配は少しもなかった。ニュートンはライプニッツの功績をみとめ、ライプニッツもまたニュートンの功績をみとめ、当時の彼らのあいだがらにおいては、一方が他の微積分の概念を一片でもぬすんだというような嫌疑は、一瞬も抱かれたことはなかった。

のちに一七一二年、一般人——事実について何もしらない熱心な愛国者——すらもが、ニュートンが数学史上何かどえらいこと（ライプニッツがいったようにおそらくは、彼以前の歴史がつくった全部のことよりもすばらしいこと）を成し遂げたと、ぼんやりと知りはじめたときには、だれが微積分学を発明したかの問題は、はげしい国民的嫉妬の問題となり、すべての教育あるイギリス人は、幾分迷惑ぎみの立役者の背後に結集して、競争相手を泥棒だ、嘘つきだとよばわった。

ニュートンは、最初のあいだ非難されるようなことはしなかった。ライプニッツもしなかった。しかしイギリス人のスポーツ本能がやがて頭をもたげはじめると、ニュートンは恥ずべき攻撃を黙認し、どんな犠牲をはらっても、国民的名誉を犠牲にしても国際選手権を勝ちとるための明らかに不正なもくろみをみずから示唆するなり、また同意するなりした。ライプニッツとその後援者たちも、同じようなことでむくいた。とどのつまりは、頑固なイギリス人はニュートンの死後一世紀のあいだ数学的に沈滞することになったのに反し、進歩的なスイス人やフランス人は、ライプニッツの先導にしたがって、微積分学を単に書くということなどとは比べものにならないほど優秀な方法を、発展させ完成させ、簡単容易な研究手段とした。これこそニュートンの直接の後継者が、それを手がける光栄をになうはずのものであった。

一六九六年、ニュートンは五四歳で造幣局監督官となって、貨幣の改鋳にあたった。

一六九九年には長官に昇進した。当時の最高の天才のこの堕落ぶりから、世の数学者がえられる唯一の満足は、数学者には実際的手腕がないという迷信の打破されたことである。ニュートンはそれまでの造幣局長官のなかで、最高の人物の一人であった。彼はまじめにその職責を果たした。

一七〇一年から一七〇二年にかけて、ニュートンは再びケンブリッジ大学選出の国会議員となり、一七〇三年には王立協会々長に選挙された。この名誉ある地位には、一七二七年の死に至るまで数回選出された。一七〇五年には、女王アンからナイトの称号をさずけられた。おそらくこの栄誉は、貨幣改鋳者としての功績をみとめられたもので、知識の殿堂における卓越ぶりをみとめられたうえでのことではなかったのであろう。だが、それは当然である。もし《上衣に綬《じゅ》をつける》のが変節《へんせつ》政治家に対する報酬であるならば、知能ある廉直《れんちょく》な人物が王室の誕生日授爵表にその氏名をのせられたからといって、何のよろこぶわけがあろうか。

シーザーならば、自分にふりかかった物事は躊躇《ちゅうちょ》なくうけ入れたかもしれない。しかし、学者が学者として、王室の食卓のおこぼれを拾うときには、富者の宴《うたげ》につらなる乞食の傷口をなめるいやしい飢え犬の仲間にはいることになる。ニュートンは貨幣改鋳者としての功績でナイトを授けられるべきで、その学問の功績で授けられるべきではなかったのである。

ニュートンの数学的天才は死んでしまったのであろうか。だんじて否《いな》である。彼はまだアルキメデスに匹敵する人であった。しかしこの賢明な老ギリシア人は、幸運にも貴族として生まれ、自分の地位にふさわしい名誉については少しも心配はいらず、その長い生涯の最後の瞬間まで青年のときと同じように元気にあふれて数学に没頭した。さけられる病気や貧乏のような偶発事にみまわれさえしなければ、数学者は知能の面で長寿の種族であって、その創造力は、詩人や美術家や科学者よりも数十年も長生きする。ニュートンの知力は、以前よりも少しもおとろえてはいなかった。おせっかいな友だちが彼を放っておいてくれさえしたならば、微積分学にすぐさま続く物理学的数学的発見の道具である変分法《へんぶんぽう》をやすやすと創造し、その功績をベルヌーイ一族やオイラーやラグランジュにゆずる必要はなかったであろう。彼が『数学的原理』のなかで、流体中を最小の抵抗で移動しうる回転面の形状を決定したとき、すでにその暗示を与えていたのである。彼は方法全体の輪郭《りんかく》を頭の中に設計していた。もっと漠然とした、だがもっと魅力ある天国をめざして、この世を捨てたパスカルと同じように、ケンブリッジでの研究に背をむけ、もっと印象ぶかい造幣局の奥の間《ま》に歩みいったニュートンは、しかしまだ数学者ではあった。

一六九六年ヨハンネス・ベルヌーイとライプニッツは、二つの悪魔のような難問を案出してヨーロッパの数学者に挑戦した。第一問はいまだに重要であるが、第二問はそれとは同列には置けない。一つの垂直面上に任意の二点をとったとする。一質点が重力の影響のもとに（摩擦なく）、最少時間で上部の点から下部の点へすべりおちることのできる曲線のかたちはどんなものであろうか。これが最速降下線の問題である。ヨーロッパの数学者は、六カ月かかってもそれを解けなかった。その後この問題は再び提出され、一六九六年一月二九日、ある友人からきいてニュートンはそのことをはじめて知った。その日彼は造幣局でながい一日をおくり、つかれて家に帰ってきたところであった。夕食後彼は、その問題を解き（第二問もいっしょに）、翌日匿名で王立協会に解答を送った。しかし用心したにもかかわらず、彼の匿名は見やぶられた。彼はつねづね造幣局でまでも、数学者や科学者が自分を学問上の討議にひきいれようとしていると怒っていたのである。ベルヌーイは解答をみるやいなや、すぐに叫んだ、「ああ、ライオンはその爪を見ただけでわかる」（これはベルヌーイのいったラテン語の厳密な訳ではないが）。人びとはみな、たとえニュートンが金入れぶくろをあたまからかぶって名前をかくしても、その姿をみればすぐにそれとわかったのである。

ニュートンの元気さを証拠だてる二度めの機会は、一七一六年彼が七四歳のときにおとずれた。ライプニッツはヨーロッパの数学者への、とくにニュートンをめざしての挑戦として、自分にとって難問とも思える問題[3]を性急に提案した。ニュートンはある日の午後五時、造幣局から疲れきって帰ってきて、この問題をうけとった。ニュートンはその夜のうちに問題を解いてしまった。今度こそライオンをわなにかけた、とライプニッツはいい気になっていたのに、難問に対して一瞬にして全知力を集中しうる能力にかけては、数学史上ニュートンの上をゆくものは（おそらくは匹敵するものさえ）なかったのである。

人が生涯のあいだにうける栄誉についての物語は、後継者たちにとってはつまらない話でしかない。ニュートンは生ける人間のうけるべき価値あるものはすべて得た。ニュートンは大体において、偉人としては幸福な一生を送ったといえる。その健康は晩年にいたるまでそこなわれず、一度もめがねをかけたことがなく、生涯を通じてたった一本の歯を失っただけであった。髪は三〇歳のとき白くなったが、死ぬまでふさふさしてやわらかだった。

晩年の物語はより人間的であり、より感動的である。ニュートンでさえも病苦はまぬがれることができなかった。最後の二、三年間のほとんどたえまない苦痛に対するその勇気と忍耐とは、人間の王者としての彼にもう一つの人間的栄誉をくわえるものである。彼はひるまずに《結石》の苦痛にたえ、油汗がからだから玉のように流れでているのに、いつも看護の人びとに同情のことばを忘れなかった。最後に《ひっきりなしの咳》のためにひどく衰弱した。数日間苦痛はやわらいだが、そのあげくに、一七二七年三月二〇日の朝一時から二時のあいだ眠ったまま、平安のうちに没した。享年八五歳。遺骸はウエストミンスター寺院に葬られた。

7　万能の人――ライプニッツ

私はとても多くのアイデアをもっているが、いつか他の人が私よりもっと深く突っ込むなら多少の役に立つかもしれないし、私自身の労苦にそれらの人びとの知性の美しさをつけ加えてくれることだろう。

――G・W・ライプニッツ

「何でも屋に名人なし」という諺《ことわざ》には、他のいろいろな諺同様にきわだった例外がある。ゴットフリート・ヴィルヘルム・ライプニッツがその例外である。

数学はライプニッツが卓越した天才を示した多くの領域のほんの一つでしかない。法律学、宗教、政治、歴史、文学、論理学、形而上学《けいじじょう》、思弁哲学など、いずれも彼の貢献に負うところがあり、そのうちの一つだけでも、彼の名声を後世に伝えるのに十分であると思われる。《普遍的天才》とは何の誇張もなく、彼に与えられる形容詞である。ニュートンは、数学においてはライプニッツの競争者であり、「自然哲学」においてはライプニッツをはるかにしのいでいたが、《普遍的天才》とはいえない。

数学においてさえ、ライプニッツの多面性は、数学的推理を物理的世界の現象に適用するという単一目的に向かって突進したニュートンと、よい対照をなしている。ニュートンは、数学における絶対的に最高な唯一のものをめざしたが、ライプニッツは二兎《にと》を追った。第一は微積分学、第二は組合せ論である。微積分学は《連続》の自然的言語であるが、組合せ理論の《離散性》（1章参照）に対する関係は、微積分学が連続性に対するのと同様である。組合せ論というのは、おのおのそれみずからの個性をもつ個体の集合を扱うもので、最も一般的にいうと、これらまったく異質的な個体間にどんな関係が存在しうるか（もし存在するとしたら）、という問いに答えようとする。ここでわれわれが研究するのは、数学的な対象のもつ滑《なめ》らかな相似性ではなく、どんな個体であろうとそれが個体として共有するもの――明らかにそんなに多くのものではない――の性質である。実際において、けっきょくわれわれが組合せ論的にいいうることは、すべて個体を異なった方法でかぞえ、その結果を比較するということに帰着する。この一見抽象的で、そして何にもならないようにみえる手続きが、何か重要なものへ導くというのは、一種の奇跡のようなものではあるが、事実そうなのである。ライプニッツはこの領

G. W. ライプニッツ

域における先駆者で、論理学の解剖——《思考の法則》——が組合せ論の一部にほかならぬことを見ぬいた最初の人であった。現代ではこの問題はすみからすみまで算術化されつつある。

ニュートンの中には、当時の数学的精神が確定的な形態と実質とをそなえて体現されている。カヴァリエリ（一五九八～一六四七）、フェルマ、ウォリス（一六一六～一七〇三）、バロー（一六三〇〜一六七七）その他の人びとの研究の後、微積分学がまもなく自律的科学として組織されるようになったのは、当然のことであった。ちょうどよい瞬間に、飽和《ほうわ》した溶液中におとされた結晶のように、ニュートンが当時の浮動《ふどう》していた諸観念を凝結《ぎょうけつ》させ、それによって微積分学はその形をととのえたのであった。一流の人物ならば、同じように結晶としての役割をよく果たしえたであろう。ライプニッツは、当時のもう一人の一流の人物であって、彼もまた微積分学を結晶させた。ライプニッツは、当時の時代精神を表現する代弁者の役をはるかに超えていたが、ニュートンは数学においてはそうではなかった。ライプニッツはその《普遍的言語》の夢において、数学と論理学に関するかぎり、二世紀以上も時代に先行していた。歴史的研究の示すところでは、ライプニッツはこの第二の偉大な数学的夢をゆめみたただ一人の数学者であった。

数学思想の広い、著《いちじる》しく対照的な二つの領域――解析的と組合せ論的、あるいは連続的と離散的という――における最高の能力を、一つの頭脳に統合したことは、ライプニッツ以前に先駆者なく、彼の以後に後継者がいない。彼はこの二つの特性をそなえるこの思想を、最高度まで発揮した数学史上唯一の人である。彼の組合せ論的な面は、彼の祖国ドイツの後継者たちの研究の中に反映してはいるが、それは大部分些末《さまつ》な点においてである。ライプニッツは数学の組合せ論的な部分が、数学や科学の全思想に対して、必ず最高の重要性をもつに違いないと予言したが、その予言が日の目をみるようになったのは、ようやく二〇世紀になってホワイトヘッドとラッセル(1)とが一九世紀のブールの業績をつぎ、ライプニッツの普遍的記号的思惟《しい》の夢を半ば実現したときからである。今日《こんにち》解析学は、ライプニッツとニュートンの時代から現在の複雑な迷路へと成長してきたが、記号論理学およびその拡張中に展開されたライプニッツの組合せ論的方法は、この解析学に対して、解析学それ自身と同じくらい重要になってきているのである。なぜなら記号的方法は、ツェノン以来数学解析の建設を妨《さまた》げてきたパラドックスと二律背反とから、数学解析自体を解放する唯一の期待を与えるからなのである。

組合せ論についてはすでに、フェルマとパスカルとの確率論の研究と関連して述べた。しかしこれは、ライプニッツが目的とし、それに向かって著しい第一歩をふみだした(後に述べる)、《普遍的記号法》に対しては、ほんのエピソードにすぎない。微積分学の開拓と応用とは、一八世紀の数学者に対して絶大な魅力となったが、ライプニッツのプログラムのほうは、一八四〇年にいたるまで、まじめに取り上げられることすらなかった。その後も、数学界の流行を追わぬ少数の人による以外には、再び取り上げられなかったが、ついに一九一〇年、もう一つの『原理』、すなわちホワイトヘッドとラッセルの『数学の原理』によって、記号的思惟の現代の運動が開始されたのである。

一九一〇年以来、このプログラムは現代数学の有力な興味の対象の一つとなった。一種の奇妙な《永久回帰》によって、狭義の組合せ論（パスカル、フェルマおよびその後継者が応用した）をはじめて生み出した確率論は、確率論の基本概念の根本的修正によって、最近は逆にライプニッツのプログラムの中に入れられるようになった。そのような修正が望ましいことは、経験により、殊《こと》に新しい量子力学によって示されたものである。そして今日では、確率論は、記号論理学――つまり、ライプニッツがいう広義での《組合せ論》――の帝国内の一つの州になり下がろうとしている。

ライプニッツが微積分学の創造において演じた役割と、それがまきおこした不幸な論争とについては、前章でしるした。ニュートンもライプニッツも同じように、死んで埋葬されたにはちがいないが（ニュートンは、全英語国民によって尊敬されるべき遺骸として、ウェストミンスター寺院に葬られたが、ライプニッツは自国民にも無関心に放置され、シャベルをにぎる人夫と自分の秘書だけが、棺の上におちる土の音をきいていたにすぎなかった）、ながいあいだニュートンのほうは、少なくとも英語の話される諸国では、あらゆる名誉――あるいはあらゆる不名誉――を、ひとりじめにしてきたのである。

ライプニッツは、あらゆる厳密な推論を記号の技術を使って行なうという大計画を、完成するにはいたらなかった。またそのことは、今日にいたるもいまだに完成されてはいない。しかし彼はそのことについて、すべてを想像し、意味深い第一歩をふみだしたのである。ライプニッツは無価値な名誉を獲得し、必要以上の金をもうけるために王侯貴族に追従した。これらの奉公やそれに対立する彼の精神の普遍性、身心を疲れさせた晩年の論争、これらすべてはニュートンがその『数学的原理』で完成したような傑作を生みだすことを妨げた。ライプニッツが成し遂げた事業の輪郭のなかに、また、彼の多様な活動と休みない好奇心のなかに、われわれは最高の数学的天才を一人ならず、花を咲かせずに枯死させた挫折の悲劇をみるのである。たとえば、ニュートンは、彼がつばを吐きかけるにも値しないような世俗的な尊敬を追求したし、ガウスは彼よりずっと知的に劣った競争者の注意を引く必要から、より偉大な労作を妨げられたのであった。大数学者の中でアルキメデスだけは決して惑《まど》わされなかった。彼だけは、他の者がはいろうとして努力しているような上流社会に生まれた。その階級にはいろうとして、ニュートンは露骨にしかも直接的に努力した。ガウスは、自分自身平民の出であったにもかかわらず、すでに名声を確立し社会的地位を認められている人びとの賞讃を得ようとして、間接的にそしておそらくは潜在意識的に、努力したのである。そこで結局、貴族階級について、つぎのようにいわせる何ものかがあったに違いない。すなわち、門閥《もんばつ》その他の社会的差別は、幸運にもその特権をもっている人には、つまらぬものなのだと思わせるようなものなのである。

　ライプニッツの場合、彼の主人である貴族から受けついだ金銭欲は、彼の知力の使い道にも影響を与えた。彼は自分が高給の支払いを受けている準王侯の私生児のための系譜作りに死ぬまで没頭したり、その優れた法律の知識を利用して、彼らの祖先の公領に対する要求の正当なことを証明したりなどして時をすごした。彼が不十分な七〇年のかわりに一〇〇〇年を長生きしていたら、何事であれすべてのことを可能にしたであろう。ところがこのはげしい金銭欲よりも、さらに彼に禍《わざわ》いしたのは、この万般《ばんぱん》にわたる知力なのであった。ガウスが非難したように、彼はすばらしい数学的才能をもっていたのに、何人《なんぴと》も最高者となる望みのもてぬほど多種多様な題目にそれを濫費《らんぴ》してしまった。しかもまた一方、ガウスによれば、彼は数学においてこそ最高者たりえたのである。だが、なぜ彼を非難するのか。結局、彼は彼であった。何はともあれ、彼は《運命に服従し》なければならなかったのだ。そして彼がみずからの天才を分散したからこそ、アルキメデスもニュートンも、ガウスも思いつかなかったもの、つまり《普遍的記号法》を夢想することができたのである。それを実現するのは他の人びとの手にゆだねられるかもしれないが、ライプニッツはそれが可能であると夢見ることによって、自分の役割を果したのである。

彼は一つの生涯でなく、複数の生涯を送ったともいえよう。外交官・歴史家・哲学者・数学者として、彼はその各分野において普通人の生涯をみたすほどの仕事を成し遂げた。ニュートンよりも四年ばかり遅く、一六四六年七月一日ライプツィヒで生まれ、ニュートンの八五歳にくらべてわずか七〇歳で、一七一六年一一月一四日ハノーヴァーで死んだ。父は三代もザクセン政府に仕えた家柄出身の、道徳哲学の教授であった。こうして若いライプニッツは、その幼少時代を、政治と深い関係のある学者的雰囲気の中にすごしたのである。

彼は六歳のとき父に死別したが、そのときはすでに父から歴史への情熱を受けついでいた。ライプツィヒの学校には通ったけれど、主として父の書斎でのたえまない読書によって独学した。八歳のときラテン語を始め、一二歳のときにはそれも十分にこなして、相当なラテン語の詩も作れるようになっていた。ラテン語からギリシア語へと移ったが、それも大部分独力で勉強したものであった。

この段階での彼の精神発達は、デカルトのそれと似ている。彼はもう古典文学には満足しないで、論理学に向かった。一五歳にもならないうちに彼は、古典学者や、スコラ哲学者や、キリスト教の教父の論理学を修正しようとしたが、その企てから、クーチュラ、ラッセルその他が示したように、彼の形而上学の端緒である《普遍的記号法》、あるいは《普遍数学》が芽生えたのである。ブールが一八四七年から五四年にかけて発明した記号論理学（後述）は、《普遍的記号法》のなかの、ライプニッツが《論理計算》と呼んだ部分にすぎない。普遍的記号法に関する彼自身の記述はまもなく引用する。

一五歳のときライプニッツは、ライプツィヒ大学の法科に入学した。しかし法律に全力をそそいだわけではなく、最初の二年間は広く哲学書を読み、はじめてケプラー、ガリレオ、デカルトなど近代哲学者、すなわち《自然哲学者》が発見した新しい世界のことを知った。この新哲学を理解するものは、ただ数学の知識のある人に限られていることを悟り、一六六三年の夏をイエナ大学ですごしたとき、エルハルト・ヴァイゲルの数学講義に出席した。ヴァイゲルは地方的に相当な名声を有する人ではあったが、ほとんど数学者とはいえなかった。

ライプツィヒに帰ってからは法律学に専念し、一六六六年二〇歳のころには、法学博士になる素養がすっかりでき上がっていた。この年は、われわれの記憶にあるように、ニュートンがウールズソープの田舎にいて、微積分学と万有引力の法則を生みだした年である。ねたみぶかいライプツィヒ大学の教授会は、ライプニッツに学位を与えるのを拒んだ。表向きには、彼のあまりの若さのためとあったが、実際は彼ら全部をひとまとめにしたよりも、彼のほうが法律に明るかったからであった。

これよりさき、一六六三年一七歳のとき、成年時の哲学の一基本原理の先駆となった輝かしい論文で、学士の称号を得た。これについてはここで詳しく説くつもりはないが、ライプニッツの論文は《全体としての有機体》とでも解せられるもので、現代では生物学者と心理学者との進歩的分子が深い興味をいだくくらいのものである。

ライプツィヒ大学の教授会にうんざりして、ライプニッツはその生まれ故郷に永久に別れをつげ、ニュールンベルクに向かった。そこでは一六六一年一一月五日、法律教授の新方法（歴史的方法）に関する論文をもって、アドルフ綜合大学からすぐさま学位を授けられたばかりでなく、法律学教授の就任を懇請《こんせい》された。だが、デカルトが自分の欲求を悟って中将の地位を拒絶したのと同じように、ライプニッツは、自分がもっているものはまったくちがった野心だといってことわった。その野心がどんなものであるかについては、彼は打ち明けなかった。まもなく運命は彼を王侯貴族の高級な三百代言《さんびゃくだいげん》たらしめたが、これが彼の野心であったとは受け取りがたい。ライプニッツの悲劇は、彼が科学者に会う前に法律家に会ったことであった。

法律教授法と法典再編纂《へんさん》とに関する彼の論文は、ライプツィヒからニュールンベルクへの旅行の途中書かれたものである。このことは、彼の一生を通じての特徴である、どこでも、どんな場合でも仕事のできる能力を証明している。彼はたえまなく読み、書き、思索した。永遠の此岸《しがん》と彼岸《ひがん》とのあらゆるものへの探査はもちろん、彼の数学の大部分は、雇い主の気ままな命令のままにあちらこちらを走りまわりつつ、一七世紀ヨーロッパの牝牛の通る道を、吹きさらしのがた馬車にゆられながら書いたものであった。この不断の活動から得られた全収穫は、あらゆる形あらゆる質の乾草がなす山ほどの紙の集積となった。これはまだ整理されていない。もちろん公刊されてもいない。今日その大部分は、ハノーヴァー王立図書館に蔵せられており、わらと麦とをより分けるために、多数の学者の忍耐強い努力をまっている。

ライプニッツが紙に書いた公刊非公刊のあらゆる思想は、一個の頭脳が生みだしたとは信じられないくらいである。骨相学者や解剖学者にはおもしろそうなことであるが、ライプニッツの頭蓋骨を掘ってはかってみたら、普通の成人より著《いちじる》しく小さかったという話がある（もっとも真偽のほどはわからないが）。スープ鍋ほどもある頭から上品な額がつき出ているような白痴もあることから考えてみると、この話にも真実味はあるのかもしれない。

ニュートンの奇跡の年一六六六年はライプニッツにとってもまた重大な年であった。彼が《小学生の作文》とよんだ『組合せ術』において、二〇歳の青年が創造しようと思ったのはつぎのようなものであった。「理性のすべての真理が一種の計算に還元されるような一般的方法、同時にこれは一種の普遍的言語または記号であるが、今までに案出されたすべての同種のものとはまったく異なる。なぜなら、その中の記号・言葉でさえもが、理性を誘導するからである。そして誤謬は、事実の誤謬を除いては、単に計算の間違いにすぎなくなる。この言語あるいは記号法を形造ったり発明したりするのは、非常に困難であるが、それを理解するのはきわめてやさしく、いかなる字引きをも要しない」。のちになって彼は、この計画を実現するのにどのくらいかかるかを算定し、自信をもって（楽観的に）、「数名の才能ある人が五年もかかったら実現するだろう」と述べている。晩年にライプニッツは、他のさまざまなことに妨げられてその計画を遂行できなかったのを後悔し、「もし自分がもっと若いか、あるいは若い有能な助手を使えたら、今からでもやり遂げることができよう」といったが、これは俗物根性や貪欲や謀略に才能を浪費した人の月なみな弁解にすぎない。

ついでながら、ライプニッツの夢は、当時の数学者や科学者の目にはまったくの白昼夢としかうつらず、他のことに関しては健全な万能の天才がもつ固定観念として敬遠されたといってもよい。一六七九年九月八日付、ホイヘンスあての手紙（推理一般、ことに幾何学を論じた）のなかで、ライプニッツは「想像しうるすべてのものを、図形その他の何物も要さず、正確にまた自然に心を描出《びょうしゅつ》する大きな長所を有する、代数とは異なった、新しい記号法」について語っている。

幾何学を取り扱うこのような、直接的・記号的な方法は、一九世紀にいたってヘルマン・グラスマン[2]（彼の代数学における仕事はハミルトンのを拡張したものである）によって発明された。ライプニッツは続けてこの計画のなかにひそむ困難を論じて、デカルトの解析幾何学に対するその優越性を強調している。

「しかし、この方法の主要な長所は、断定と推論とが記号〔シンボル〕の運用によって果たされることであります。これらのものを図形（あるいは模型によってさえ）によって表現しようとすればあまりに骨が折れ、無数の点や線で混乱させられてしまうので、限りなく無益な試みをせねばならないでしょう。それに反してこの方法は、〔望ましい目的へと」確実にしかも簡単に導いてくれます。この方法によれば、私は力学をも幾何学同様に取り扱うことができると信じています」。

ライプニッツは、彼の普遍的記号法のなかで、現在記号論理学と呼ばれている部分を構成したが、その中から、論理的加法と論理的乗法・否定・相等・空《くう》な類《るい》・類の包含《ほうがん》関係などの主要性質の定式化を引用することもできる。これら論理代数の公準とこれら術語の意味を説明するのは、ブールについての章にゆずらねばならない。すべてこれらのものは、路傍《ろぼう》にすてられてしまっていたものである。これらのものが一八四〇年ではなく、ライプニッツがそれをまき散らしていた当時、有能な人に拾われていたならば、数学史は現在のとはまったくちがったものになっていたかもしれない。そしてその変化も決して早過ぎはしなかったであろう。

二〇歳で広大な夢にふけったのち、ライプニッツはまもなくもっと実際的な方面へと向きをかえ、マインツ選帝侯のための一種の注文取り商人となった。だが汚い政治生活にとびこむまえに、夢の世界の最後のお別れとして、ライプニッツは当時ニュールンベルクを風靡《ふうび》していた秘密結社薔薇十字会の仲間入りをして、数カ月錬金術にこった。

彼を破滅させたのは、法律教授についての論文であった。論文は選帝侯腹心の政治家の注意をひき、彼はライプニッツにそれを印刷に付して、畏敬すべき選帝侯に贈呈するようにすすめた。事は運んだ。ライプニッツは侯と会見したのち、法典の再編纂を命ぜられた。やがて彼は複雑な裏表の多い重要な役目を仰《おお》せつかった。彼はいつも朗《ほが》らかで、いつも公明のようでもあり、しかも眠っているあいだでさえ狡猾《こうかつ》であるというような第一流の外交官になった。《勢力の均衡》という有名な不安定な公式は、少なくとも半ばは、彼の天才に負うものである。今日においてさえ、皮肉な輝かしさにかけては、ルイ一四世にエジプト征服とエジプト文化のための聖戦を企《くわだ》てさせようとしたライプニッツの大バクチを凌駕《りょうが》するのは困難なことであろう。ナポレオンは、ライプニッツが彼の壮大な幻想を先まわりしてしまった、と聞いて非常に不機嫌になったという。

一六七二年まで、ライプニッツは当時のいわゆる近代数学については、ほとんど知っていなかった。ホイヘンスの手で、彼の数学教育がはじまったのは、二六歳のときであった。ホイヘンスとは、外交的策謀その他のことでパリに滞在しているあいだに出会った。クリスチャン・ホイヘンス（一六二九〜一六九五）は物理学者で、時計の製作や光の波動説で業績をあげたが、優秀な数学者でもあった。彼は振子に関する数学的研究の写しを、ライプニッツに贈呈した。ライプニッツは、能才《のうさい》の手になった数学的方法の力に魅せられ、ホイヘンスに教えを乞うた。彼はライプニッツの一流の頭脳をみてとってよろこび、それをひきうけた。ライプニッツはすでに、自分自身の方法による発明——普遍記号法の諸相——の魅力ある目録を作成していた。この中には、パスカルのものよりはるかにすぐれた計算器もある。パスカルのは、加法と減法とだけを取り扱うのであるが、ライプニッツの計算器は乗法も除法も累乗根に開くことも扱えた。ホイヘンスの老練な指導のもとで、ライプニッツは直ちに自分の才能を自覚した。彼は生まれながらの数学者であった。

ライプニッツが選帝侯の随員としてロンドンに出かけているあいだ、一六七三年一月から三月まで、授業は中止された。ロンドン滞在中、ライプニッツは英国の数学者に会って、彼らに自分の研究のあるものを示したが、それはすでに既知のものであると聞かされた。英国の友人たちはメルカトールの双曲線求積法――ニュートンが微積分学を発明したヒントの一つ――のことを、彼につげた。ライプニッツはこれから、無限級数法のヒントを得て、その研究を続けた。彼の発見の一つ（ときとしてスコットランドの数学者ジェイムズ・グレゴリー〔一六三八～一六七五〕に帰せられるもの）は、つぎのように述べることができる。すなわち、円周の直径に対する比（円周率）をπとすれば、πはつぎのような級数に表される。

$$\frac{\pi}{4}=1-\frac{1}{3}+\frac{1}{5}-\frac{1}{7}+\frac{1}{9}-\frac{1}{11}+\cdots$$

級数は1/11以下同様に無限に続くのである。

この級数は収束が遅いので、πの数値（3.1415926…）を計算する実際的な方法ではないが、πとすべての奇数とのあいだの単純な関連は、おどろくべきものである。

　ロンドン滞在中、ライプニッツは王立協会の会合に出席して、自分の計算器を展覧《てんらん》に供した。このことやその他の業績によって、彼は一六七三年三月パリに帰る前に、同協会の外国人会員に選ばれた。彼についで、ニュートンもその後（一七〇七年）になって、フランス科学学士院最初の外国人会員になった。

　ライプニッツが外国滞在中になした業績をよろこんだホイヘンスは、熱心に勉学を続けるよう彼にすすめた。ライプニッツは、ひまさえあれば数学に没頭し、一六七六年ブラウンシュヴァイク・リューネブルク公に仕えるため、パリからハノーヴァーに行く前、微積分の基本公式をいくつかつくりあげ、《微積分学の基本定理》（前章参照）を発見した。これは彼自身の日付けを信じるとすれば、一六七五年のことである。これはニュートンの未発表の発見におくれること一一年、一六七七年七月一一日に出版された。ニュートンが発表したのは、ライプニッツのこの著作が現れてから後のことである。激烈な論争が開始され、ライプニッツは一六八二年に自分自身創刊して編集長をつとめていた『学術記録』のなかで、編集者の博識と匿名とに身をかくし、ニュートンの仕事をきびしく批評した。一六七七年から一七〇四年のあいだに、ライプニッツの微積分学は主としてスイスのベルヌーイ兄弟、すなわちヤーコプとその弟ヨハンネスの努力によって、大陸では有力で応用の容易な道具へと発展していた。これに反し、英国では、ニュートンがその数学的発明を自由に人に分かち与えることを好まなかったため、微積分学はまだ比較的知られない珍品にとどまっていた。

ライプニッツが（おそらくはニュートンも）正しい方法をみつけるまでに、多大の思考と度重なる試練とを要したことでも、現在では微積分学の初心者の手でもやすやすと解くことができる。そのような一例を見ただけで、一六七五年以来数学がどれほど進歩してきたかをうかがうに足りるであろう。ライプニッツの無限小のかわりに、われわれは前章で論じた《変化率》を用いることにしよう。もし u と v とが x の関数ならば、x に関する積 uv の変化率は、x に関する u の変化率と v の変化率によってどのように表されるであろうか。すなわち記号を用いれば、$d(uv)/dx$ は du/dx と dv/dx とでどう表されるかという問題になる。ライプニッツはかつて、それが $du/dx \times dv/dx$ でなければならないと考えたが、これは正確な答

$$\frac{d(uv)}{dx}=u\frac{dv}{dx}+v\frac{du}{dx}$$

とは似ても似つかないものである。

選帝侯が一六七三年に没したので、ライプニッツはパリ滞在の後期には比較的自由になった。一六七六年ブラウンシュヴァイク・リューネブルクのヨハン・フリードリヒ公に仕えるため、彼はパリを去りロンドンとアムステルダムを経て、ハノーヴァーに向か

った。彼がその哲学的外交官としての長い経歴を通じて、最もうしろ暗い行動をとったのは、このアムステルダムにおいてであった。《神に酔ったユダヤ人》ベネディクト・デ・スピノザ（一六三二〜一六七七）とライプニッツとの交渉の顚末《てんまつ》は明らかではないが、今日伝わっている話によれば、ライプニッツはある事件――しかも、よりによって倫理学の――について卑劣な非論理的な処置に出たようである。彼は自分の倫理学を、実際的な目的に応用することを信じていたらしい。彼はスピノザの未発表の傑作『倫理《エチ》学《カ》』（幾何学的順序で証明された）――ユークリッド原論の形式で展開された倫理学の論文――からおびただしい抜き書きをぬすんだのである。翌年スピノザが没したとき、ライプニッツは自分のアムステルダム訪問を忘れてしまうのが便利だと考えたらしい。専門学者は、ライプニッツの哲学が倫理学にふれた部分は、スピノザの承諾なしに利用したものだという点で一致している。

倫理学の専門家ではないものがライプニッツをそしったり、彼の倫理学はスピノザのそれとは独立したものだと断言したりするのは無謀であろう。少なくともなお二つの同様な例が数学界にはある（楕円関数と非ユークリッド幾何学）。その場合にも、一時はあらゆる証拠があげられ、ライプニッツに帰せられた不正よりもひどい不正のかどによって、数名の人が有罪と決定されるのに十分であった。そして、これらの罪を負わされた人びとの死後大分たって、うたがう余地のない日記や手紙があかるみに出るにおよんで、彼らはみな無実であることがわかったのである。あらゆる証拠がそろうまで、最悪の人間と信ずるよりも最善の人間と信じたほうがよい場合もある。もっとも、これは死後に裁かれる人にはあてはまらないが。

ライプニッツの生涯の残りの四〇年間は、ブラウンシュヴァイク家へのありふれた奉仕のうちに送られた。彼は図書館長・歴史家・一家の顧問として、全部で三代の主人に仕えた。このような家柄にとって、同家と同様に天の恵みをうけている他の家柄との関係について、正確な歴史的知識をもつということは大切なことであった。ライプニッツは図書館長として、ただ本を整理していただけではなく、熟練した系譜学者であり、かびのはえた文庫の探索者でもあった。さらに彼の主人ブラウンシュヴァイク家がヨーロッパ諸国の王座に対して権利の半分をもつことを証明し、証拠が不足であったら綿密な隠蔽工作で証拠をつくりだすことをも役目としていた。歴史的探索のため、彼は一六八七年から一六九〇年までのあいだにドイツ全土はもとより、オーストリア、イタリアまで歩き回った。

イタリア滞在中、彼はローマを訪問した折、ヴァチカンの図書司になるよう法王からすすめられた。しかしその職につくには、カトリック教徒にならなければならなかったので、辞退した。今度だけは思慮深く。だが、彼は本当に思慮深かったのであろうか。

一つの有利な地位からもう一つの有利な地位に移るのに気がすすまなかったのは、彼の大きな夢のなかで最も野心的な夢であった《普遍記号法》のつぎの適用を考えたからだったかもしれない。もし彼がこの夢を実現したなら、俗世と縁を絶ってヴァチカンにはいることだってできたであろう。

その夢というのは、プロテスタント教会とカトリック教会とを再び統一することにほかならなかった。当時はこれら両教会が分裂してまだ間もない頃であったので、この計画は現在考えるほど空想的なものではなかった。ライプニッツは、その底ぬけの楽観主義から、熱力学の第二法則が物理的宇宙にとって基本的であるのと同様、人間性にとって基本的である一つの法則——実際それは同種のものであるが——を見落としていた。すなわち、あらゆる信条は二つに分裂し、その各々《おのおの》がさらに二つに分裂する。こうしてある一定の世代（それは対数を用いてたやすく計算できる）の後には、どんなに大きかろうと、一定の土地では信条の数が人間の数よりも多くなるであろう。そして最初の信条に含まれていた教義はだんだんと稀薄になり、人間のどんなに小さな信仰もつなぎとめる力のない透明なガス体になってしまうということである。

一六八三年ハノーヴァーで開かれたきわめて有望な会議は、両教派のいずれが他方を併呑《へいどん》するか決定できず、したがって和解を成立させることはできなかった。一六八八年プロテスタントとカトリックとの流血の惨事が英国に起こった。両派とも、このことを、会議を無期休会にするための絶好の機会として歓迎した。

この茶番から少しも学ぶところのなかったライプニッツはこりずに、直ちに他の会議を組織した。当時のプロテスタントの二派を統一しようとした彼の企ては、多くのすぐれた人物を前よりも頑固に、前よりもたがいに憎みあうようにしたにすぎなかった。プロテスタント会議は、相互の非難と呪詛《じゅそ》とのうちに解散した。

ライプニッツが慰藉《いしゃ》をもとめて哲学に転じたのはこのころである。パスカルの老友でヤンセニストのアルノーを助けるため、ライプニッツは形而上学に関する半ば詭弁的な論文を書き、イェズス会士の巧緻《こうち》な論文より巧みなものを必要とする、ヤンセニストその他の役に立てようとした。哲学は彼の生涯の残り、全部で約四分の一世紀を占めている（ただし主人であるブラウンシュヴァイク家のはてしない系譜編纂に従事しているあいだを除いて）。ライプニッツのような精神であればこそ、二一五年間に哲学の広大な雲を発生させたのであることはいうまでもない。精巧なモナド――万物を包摂《ほうせつ》し、万物が一を包摂するように、宇宙における万物を組成する宇宙の小模写――の説について、読者はすでに何かを聞いておられるにちがいない。ライプニッツはそれによって、この世と来世とのあらゆるもの（モナドを除いては）を説明した。

哲学に適用した場合のライプニッツの方法の強みは、否定できない。哲学において、ライプニッツが証明した定理の一例としては、神の存在に関するものをあげることができるであろう。しかし、楽観論の基本定理——すべてのものは、ありうるべきすべての世界のうちで最上のこの世界で、最上のもののために存在する――を証明するのには、それほど成功しなかった。そして決定的な証明が、ヴォルテールにより、その画期的な物語『カンディード』において発表されたのは、ライプニッツが無視され忘れられたまま死んでから四三年めの一七五九年のことであった。もう一つの孤立した結果をあげることもできよう。一般相対性理論をよくご存じの方は、《空虚な空間》――まったく物質を欠く空間――が、もはや尊敬に値しないことを思い出すであろうが、ライプニッツもその《空虚な空間》を無意味なものとして拒《こば》んでいるのである。

ライプニッツの興味はなお多方面にわたっている。経済学・言語学・国際法学（彼はその先駆者である）、ドイツのある地方の鉱山業の経営、神学、学士院の創立、ブランデンブルク選帝侯女ゾフィー（デカルトが教えたエリーザベトの親戚）の教育などは、すべて彼が注意を怠《おこた》らなかったもので、そのいずれにおいても、彼は注目すべき功績をあげた。おそらく彼の冒険中の失敗の最たるものは、力学と物理学とであったろうが、そこで時折しでかした彼の失敗は、ガリレオ、ニュートン、ホイヘンス、あるいはデカルトのような人びとの、冷静さと堅実さとを収めた成功にくらべて、著しい対照をなしている。

上にならべたうちで、一項目だけには注意を払う価値がある。選帝侯女の教師として、一七〇〇年ベルリンに招かれたとき、ライプニッツは暇をみて、ベルリン科学学士院を設立しその初代院長となった。この学士院はその後、ナチスの粛清《しゅくせい》にあうまで世界屈指の学術団体となった。ドレスデン、ウィーン、サンクト・ペテルブルクでも同様なことを企てたが、ライプニッツの生存中は物にならず、死後彼がピョートル大帝に献策したサンクト・ペテルブルク科学学士院だけが実現した。ウィーンの学士院創立の企図は、ライプニッツが一七一四年オーストリアを訪問したときイェズス会によって挫折させられた。彼らの反対は、ライプニッツがアルノーのためにつくしたことからみても、予期できたことである。学士院創立のような小政治事件で、彼らがこの一流外交家に勝ったということは、六八歳のライプニッツがどんなに衰えてきたかを示すものであった。彼はもはや昔の彼ではなく、その晩年は、かつての栄光のさびしい影にすぎなかった。

一生さまざまな王侯に仕えた彼は、今やそうした奉仕に対してありふれた報酬を受けた。年老い、病にかかり、論争につかれ、そしておっぽりだされた。

ライプニッツは、一七一四年九月にブラウンシュヴァイクに帰り、彼の主人選帝侯ゲオルク・ルートヴィヒ――《正直な低能者》として知られた――がその衣服とかぎ煙草をつつみにしてロンドンへ去り、英国ではじめてのドイツ人国王となったことを知った。ライプニッツは大よろこびでロンドンにあるルートヴィヒのもとへ出かけようとしたが、英国の王立協会その他の彼の敵は、彼のニュートンとの論争のため、いっそう多勢となり悪意にみちていた。今では社会的には紳士となったが、土くさいゲオルクはもうライプニッツの外交を必要とせず、彼をこの文明社会にかつぎあげてくれた顧問に対しては、ハノーヴァーの図書館にひきこもって、名門ブラウンシュヴァイク家のはてしない系譜編纂に従事せよ、との簡単な命令を下しただけであった。

ライプニッツが二年後（一七一六年）に没したときには、その外交的に修飾された系譜はまだ完成していなかった。あらゆる努力をつくしたにもかかわらず、彼はやっと一〇〇五年までたどりついたにすぎず、その期間も三〇〇年に達しなかった。家系が他家との結婚であまりに錯綜《さくそう》しているので、ライプニッツの博識をもってしても、それらすべてから汚点をぬきとることができなかったのである。ブラウンシュヴァイク家は、彼のこの功績に対して、それが出版された一八四三年まで、それをすっかり忘れ去ることによって酬《むく》いた。その出版が完全なものであるかどうかは、ライプニッツの原稿を調べてみなければわからない。

ライプニッツの数学者としての名声は、彼の秘書が彼を墓まで見送ってからかなり長期間経ってから高くなり、彼の死後二〇〇年以上もたった今日でも、いまだに高まりつづける。

外交政治家としてのライプニッツは、あらゆる時代あらゆる国のそれらの最上の者にも匹敵し、彼らすべてをひとまとめにしたよりも賢明であった。この世界には、彼のこの職業より古い職業は一つしかない。そしてそれが尊敬される職業となるときまで、生活の手段として外交官を選んだからといって、その人を非難するのは早計《そうけい》であろう。

8 氏か育ちか――ベルヌーイ家の人びと

これらの人びとはたしかに多大のことを成し遂げた。自分で設定した目標を見事に成し遂げたのである。

――ヨハンネス・ベルヌーイ

〔一九二九年の〕大不況が西欧文明を沈滞させて以来、優生学者、遺伝学者、心理学者、政治家、独裁者にいたるまでが、千差万別の理由から、遺伝対環境といういまだに決着のつかない論争にあらためて興味をもちはじめた。一方では、百パーセントのプロレタリアが、だれでも機会さえ与えられれば天才になれると主張し、他方では同じく極端な保守党員が、天才は生まれつきで、ロンドンのスラム街からでも出現すると主張している。この両者のあいだにさまざまな色合いの意見が介在している。常識的な見解では、育ちではなく生まれが天才出現の決定的要因であるが、人為的か偶然かの助力がなければ天才も滅んでしまうと考えられている。数学の歴史は、この興味ある問題の研究のために豊富な資料を提供している。どちら側に味方するというわけでもないが——現在そのようなことをするのは時期尚早《じきしょうそう》だろう——数学者の伝記が証明するところでは、この常識論に分《ぶ》があるといってよいだろう。

史上もっともいちじるしい例は、おそらくベルヌーイ家だろう。この一家は三代のうち八人の数学者を生み、そのうち数人は群を抜いた。彼らはまた自分たちの子孫を山ほどつくったが、その約半数は人なみすぐれた才能のもち主で、そのほとんど全部は現在にいたるまで優秀な人物であった。数学一家ベルヌーイの子孫として系図上一二〇人ばかりが判明しているが、その多くの子孫の大部分が法律、学問、科学、知的職業、行政、芸術などにおいて人なみすぐれ、ときには名声を博したものもいる。失敗したものは一人もいない。第二代、第三代におけるこの一家の数学者のほとんどの者について、もっとも目立つことは、彼らが熟慮の結果数学を職業として選んだのではなく、あたかも飲んだくれがアルコールにもどってゆくように、自分の意志に反して数学へと漂いついたことである。

一七世紀、一八世紀における微積分学とその応用を発達させるうえで、ベルヌーイ家の人びとは指導的役割を果したので、近代数学発展の小史においても、軽々しくとり扱うわけにはいかない。ベルヌーイ家の人びととオイラーとは実際に、最大のギリシア人でさえもが発見できなかった結果を、普通人にもみつけだせる点まで、微積分学を進歩させた先導者であった。しかし、このような本でベルヌーイ家の人びとの業績をいちいち述べたてるのは手にあまることなので、ひとまとめにして手短かに述べよう。

ベルヌーイ家は、ユグノーに対する長期の迫害のもとで、カトリック教徒による虐殺（聖バルテルミーの前夜のような）を避けて、一五八三年アントウェルペンから逃れてきたプロテスタント家族の一つである。一家はまずフランクフルト・アム・マインに避難し、そこからスイスにうつってバーゼルにおちついた。ベルヌーイ家の創始者は、バーゼルで一番古い家柄の一つと婚姻を結んで、大商人となった。次頁の系図の一番初めのニコラウスはその祖父や曾祖父と同じように大商人であった。これらの人はみな商人の娘と結婚し、一人——曾祖父——をのぞいては、すべて莫大な財産をつくった。この例外は、家風である商売をすてて医学に従事した結果であった。数学的才能はおそらく、この機敏な商人一族に何代にもわたってかくれていたのであろうが、それが爆発的に発現した。

次頁の系図を参照しつつ、遺伝論をすすめるまえに、ニコラウスからでた八人の数学者のおもな数学上の活動について簡単に述べてみよう。

ヤーコプ一世はライプニッツの微積分学を独習した。一六八七年から死ぬまで、彼は

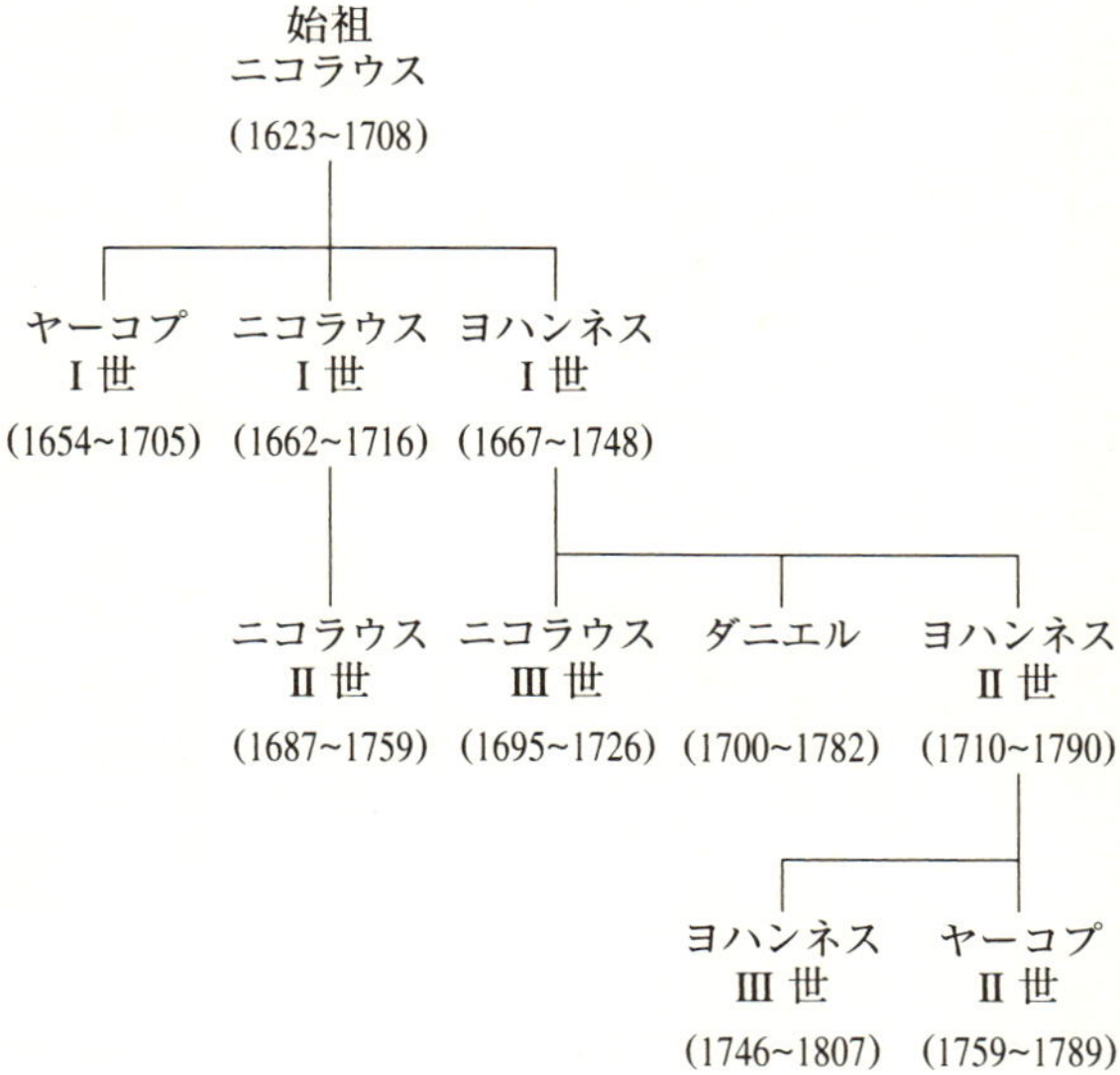
始祖
ニコラウス
(1623~1708)
ヤーコプ
I 世
(1654~1705)
ニコラウス
I 世
(1662~1716)
ヨハンネス
I 世
(1667~1748)
ニコラウス
II 世
(1687~1759)
ニコラウス
III 世
(1695~1726)
ダニエル
(1700~1782)
ヨハンネス
II 世
(1710~1790)
ヨハンネス
III 世
(1746~1807)
ヤーコプ
II 世
(1759~1789)

バーゼルで数学教授をつとめた。ヤーコプ一世は、微積分学をニュートンやライプニッツが残していった状態よりもいちじるしく進歩させ、これを新しい難問に応用した第一人者の一人だった。解析幾何学、確率論、変分法に対する彼の貢献は最高度のものである。このうち変分法はあとでたびたび（オイラー、ラグランジュ、ハミルトンの著作中に）でてくるから、これに関連してヤーコプ一世が研究した問題の価値を記しておくことにする。すでにフェルマの最短時間の原理において、変分法の取り扱う問題の一例をあげておいた。

変分法の起源は非常に古い。ある伝説によると、[1] カルタゴが建設されたとき、市は一人の男が一日がかりでまわりを完全に囲む溝をほれるだけの土地をもつことを許された。一人の男が一日である長さの溝をほれるとして、その溝はどんな形をとるべきであろうか。数学的にいえば、同じ長さの周をもつあらゆる図形のうちで最大の面積をもつ図形は何であるかという問題である。これは**等周問題**といって、答は円周である。これは明瞭なことのように思えるけれども、その証明は決してやさしくはない（学校の幾何学でときどき教える初等的な《証明》は、まったくの欺瞞《ぎまん》である）。この問題は、数学的には結局、一つの制限条件の下で、一つの積分の最大値を求めることに帰着する。ヤーコプ一世はこの問題を解いて、それを一般化した。[2]

最速降下線がサイクロイドであることの発見については、すでに前の5章で説明した。

サイクロイドがもっとも早い降下曲線であるという事実は、ヤーコプ一世とヨハンネス一世の兄弟によって、一六九七年に発見されたが、ほとんど同時に他の数人もこれを発見した。しかし、サイクロイドはまた等時性曲線でもある。これはヨハンネス一世には何か驚嘆すべきことのように思われた。「ホイヘンスが、出発点がどうであっても、重い粒子はサイクロイド上をいつも同じ時間におちることを発見したというので、ホイヘ

ヤーコプ１世・ベルヌーイ

ンスを賞讃するのは当然のことである。だが、この同じサイクロイドが、つまり、ホイヘンスのいう等時性曲線こそが、われわれの求めている最速降下線であるといったら、諸君はびっくり仰天するだろう」（ブリス『変分法』）。ヤーコプもまた熱狂した。変分法の方法で研究される問題の例がここにもある。読者諸君がこれをささいなことと考えないように、数理物理学の全領域はしばしば簡単な**変分原理**のうちに集約される――光学におけるフェルマの最小時間の原理、動力学におけるハミルトンの原理のように――ことを、もう一度ここで繰り返しておく。

ヤーコプの死後、その確率論に関する論文『推測法』が、一七一三年に出版された。このなかには確率論の、保険、統計、遺伝の数学的研究への応用において、今日《こんにち》でもきわめて有用な研究がたくさんおさめられている。

ヤーコプのほかの研究は、彼が微積分学をどんなに発展させたかを示している。すなわち、ライプニッツの研究を続けて、カテナリ（懸垂線《けんすいせん》）――二点のあいだに均一な鎖をつり下げたとき、あるいはおもりをつけた鎖をつり下げたときできる曲線――に関して徹底的な研究を行なった。このカテナリはもの珍しいというだけのものではない。今日ではヤーコプ一世が発展させたこれに関する数学は、つり橋や高圧送電線に応用されている。ヤーコプが研究したときは、それは新しくむずかしいものであったが、今日では微積分学や力学の初歩の練習問題となっている。

ヤーコプ一世と弟ヨハンネス一世とは必ずしもいつも仲がよいわけではなかった。二人のうちヨハンネスのほうがけんか好きであったようで、等周問題で兄に対し不正直ともいってよい態度にでたことは確かである。ベルヌーイ家の人びとは、数学を真剣な問題としていた。数学についての彼らの手紙のなかには、馬泥棒でもなければつかわないような荒っぽいことばでみちているものがある。ヨハンネス一世は兄の考えを盗もうとしたばかりでなく、自分がとろうとしたフランス学士院賞を息子が獲得したというので、この息子を家から追い出してしまったこともある。ともあれ理性的な人間でも、トランプ遊びに興奮するのであるから、はるかに興奮しやすい数学で夢中になっていけない理由があるはずがないだろう。

ヤーコプ一世には、ベルヌーイ一家の遺伝研究に際してはいくぶん重要な、神秘主義的傾向があった。それは彼の晩年になって一度おもしろい形をとって現れている。螺線《らせん》（対数螺線または等角螺線）というものがあって、それに幾多の幾何学的変形をほどこしてもまた相似な螺線となって再生される。ヤーコプはそのいくつかの性質を発見したが、この螺線の回帰に魅せられて、自分の墓碑の上につぎのような銘をほりつけるよう遺言した。それは「たとえこの身は変わっても、私は同じものとなって復活する」。

ヤーコプのモットーは「父の意に反して私は星を研究する」であったが、これは数学と天文学に才能を捧げたヤーコプに対して、父親が無益な反対をしたことを皮肉ったも

ヨハンネス１世・ベルヌーイ

のである。これから判断すれば、天才の《天性》説は《環境》説より当たっているらしい。もし父親の言い分が通っていたら、ヤーコプは神学者になっていたはずなのである。

ヤーコプ一世の弟ヨハンネスは数学者としてではなく、医学者として出発した。彼に寛大に数学を教えてくれた兄との喧嘩については、すでに述べた。ヨハンネスは好ききらいがはげしかった。ライプニッツとオイラーは彼の神であった。ライプニッツの心酔者なら当然悪意か羨望から発することであろうが、ニュートンをひどく嫌い、非常に過小評価した。頑固な父親はこの弟息子に家業をつがせようとしたが、ヨハンネス一世は兄ヤーコプ一世のあとを追い、父親にさからって医学と古典学に進んだ。彼は自分の血統に対して闘っていることに気づかなかった。一八歳で文学修士の学位をえた。まもなく医学をえらんだことの非を悟り、数学に転じた。一六九五年フローニゲンで数学教授に任命され、一七〇五年ヤーコプ一世の死とともに、そのあとを継いでバーゼル大学の数学教授となった。

ヨハンネス一世は、数学においては兄よりも多産で、ヨーロッパに微積分学をひろげるうえで大いに力をつくした。彼の領域は、数学のほかに物理学、化学、天文学にわたっていた。応用方面では光学に広汎《こうはん》な寄与をし、潮汐《ちょうせき》理論、航海の数学的理論を書き、力学においては仮想変位の原理を述べた。彼は心身ともにすぐれて強壮で、八〇歳で没する数日まえまでは、元気に活動していた。

ヤーコプ一世とヨハンネス一世の兄弟であるニコラウス一世も、数学の才能にめぐまれていた。兄弟たちと同じく、彼も出発をあやまった。一六歳のときバーゼル大学で哲学博士の学位をとり、二〇歳で法学の最高学位をえた。ベルンで法律学教授になったのち、サンクト・ペテルブルク学士院の数学科教授の一人となった。没時には非常に高く評価されていたので、エカテリーナ女帝は国葬をもって報いた。

遺伝現象は第二世代に奇妙なあらわれ方をした。ヨハンネス一世は次男のダニエルを家業につかせようと強いた。ダニエルのほうも医学が適すると考えて医者になったが、すぐに自分の意に反して数学にむかった。一一歳のときやっと五つ年上の兄ニコラウス三世から数学を教わった。ダニエルと偉大なオイラーとは親友で、ときには仲のよい競争相手でもあった。オイラーと同じくダニエル・ベルヌーイは一〇度もフランス学士院賞をうける栄誉にあずかった（その数回は他の競争者と賞をわかちあった）。ダニエルの最上の業績のいくつかは、流体力学にもおよんでいるが、これはのちに、エネルギー保存の法則と呼ばれるようになった原理から発展させたのである。今日純粋・応用流体運動の研究者ならば、ダニエル・ベルヌーイの名を知らないものはない。

一七二五年（二五歳のとき）ダニエルはサンクト・ペテルブルク学士院で数学教授になったが、その地のむしろ野蛮な生活にあきたらず、八年後、最初の機会をとらえてバーゼルにかえり、解剖学と植物学、最後に物理学の教授となった。彼の数学研究は、微積分学、微分方程式論、確率論、振動弦の理論、気体運動論の試み、その他多くの応用数学の問題を含んでいる。ダニエル・ベルヌーイは、数理物理学の創始者と呼ばれている。

遺伝の見地からみて興味あるのは、ダニエルの素質には思弁哲学の血統が目立っていたことだろう。これはたぶん祖先のユグノーの宗教が、精錬浄化されたものだろう。同様なことは、この宗教的迫害から逃れた有名な避難者の数多い子孫のうちにも現れている。

第二世代の三番めの数学者、ニコラウス三世やダニエルの弟ヨハンネス二世もまた、出発をあやまり、血筋によって、あるいはおそらく兄たちの影響によって、正道にひきもどされた。法律をおさめて、バーゼル大学の雄弁学教授となり、のち父のあとを継い

D. ベルヌーイ

で数学教授に任命された。彼の研究は主に物理学にそそがれ、三度にわたって学士院賞を受けるほどの名声もあった（もしその学者がまったく善良なら、一回だけでも、数学者を満足させるのに十分である）。

ヨハンネス二世の息子ヨハンネス三世も出発をあやまるという家系的伝統をおそい、父親に似て法律学からはじめた。一三歳のとき哲学博士の学位をえた。一九歳までには自分の天職をみつけ、ベルリン大学で王室天文学研究者に任命された。彼の研究は天文学、地理学、数学にわたった。

ヨハンネス二世のもう一人の息子ヤーコプ二世も、またまた伝統のあやまりを繰り返して法律学にはいり、二一歳を越えてからやっと実験物理学に向かった。彼もまた数学を研究し、サンクト・ペテルブルク学士院の数学・物理科の教授となった。たまたま溺れて早死にした（三〇歳）ため、大変有望な経歴が中断されることになったので、ヤーコプ二世が実際にどんなことをしえたのか、知ることはできない。彼はオイラーの孫娘と結婚している。

数学的才能を発揮したベルヌーイ家の人びとのリストは、以上にとどまらないが、他はそれほど有名ではない。中には血統がうすくなったのだと主張する人もいるが、事実はその反対を示しているようである。微積分学発明の直後のように、数学が有能な人びとにとってもっとも有望であったときには、ベルヌーイ一族は数学に進んだ。しかし、数学と科学は人間の努力が向けられる無数の部門のうちのわずか二部門にすぎない。そしてこの両部門に多くの能才が群れあつまる時代に、才能にめぐまれた人がそのいずれかに向かうのは、実際的感覚に欠けていることを示すものである。ベルヌーイ家の才能は涸渇《こかつ》したのではなかった。それは、数学界がダービー競馬日のエプサム競馬場のようになったとき、数学と同じ、あるいはそれ以上の、社会的重要性をもつ部門にそそがれただけなのである。

遺伝の気まぐれに興味をもつ人は、ダーウィン、ゴールトン家の系譜にたくさんの資料を見つけられるだろう。フランシス・ゴールトン（チャールズ・ダーウィンの従兄弟《いとこ》）の場合は、彼が遺伝の数学的研究の創始者であっただけに、とくに興味深い。ダーウィンの子孫の何人かが生物学以外の数学や数理物理学の領域で有名になったからといって、彼らをあざけるのは馬鹿げている。天才はそこに生きているのだ。そこでの才能の発揮が、他の領域での発揮より《よい》とか《高級》だとかはいえまい。何が何でも数学でなければならないとか、生物学、社会学、ブリッジ、ゴルフ、いずれにしてもそのどれかでなければならない、と固執する一種の頑固者でないかぎり、ベルヌーイ一族が、家業としての数学をすてたのは、彼らの天才のもう一つの例だとはいえないだろうか。

ベルヌーイ一族のように天才にめぐまれ、またことば遣いのあらい家族の場合には往々あることだが、この名高い家族の周囲にはたくさんの伝説や逸話が発生した。古代エジプトほども古いが、アインシュタインに及ばずとも、すべての著名な人物にはよく変形されてつきまとう話で、比較的信頼のできるものとしていいふらされたエピソードを一つ紹介しよう。あるとき青年時代のダニエルが旅行中に会話の相手となっていた面白い未知の人に向かって、「私はダニエル・ベルヌーイです」とひかえめに自己紹介をしたところ、相手は皮肉にも「私はアイザック・ニュートンです」と応じたという。ダニエルはこれを、一生を通じて受けたもっとも誠意ある贈り物だとして死にいたるまで喜んでいたそうである。

9　解析学の権化――オイラー

歴史の示すところによれば、あらゆる厳密科学の共通の源泉である数学の発達を促した首領たちは、もっとも光り輝く統治をおこない、その栄光は不朽である。

――ミッシェル・シャール

「オイラーは、人が呼吸するように、またワシが風に身を任せるように、はた目には何の苦労もなく計算をした」（アラゴのことば）とは、史上もっとも多産な数学者、当時《解析学の権化》と呼ばれたレオナルド・オイラーの比類ない数学的力量を語ることばとして、少しも誇張ではない。オイラーはまた、筆達者《ふでだっしゃ》な作家が親友に手紙を書くのと同じくらいやすやすと、偉大な研究論文を書いた。その生涯の最後の一七年間は、まったくの盲人であったけれども、彼の未曾有《みぞう》の生産能力は少しも衰えなかった。視覚の喪失は、オイラーの内部世界における認識力をかえって鋭くするだけであった。

オイラーの仕事の量は、一九三六年の今日《こんにち》でさえも正確には知られていないが、彼の全集発行のためには、大型四つ折り本が六〇冊ないし八〇冊はいるだろうと推定されている。一九〇九年スイス自然科学協会は、オイラーはスイスのみならず文明社会全体の遺産であるとして、全世界の個人や数学関係の団体からの経済的援助を得て、オイラーの四散した論文を集めて刊行しようと企《くわだ》てたことがあった。ところが、信頼性のあるオイラーの原稿がサンクト・ペテルブルク学士院（旧称レニングラード所在）で大量に発見されたため、慎重に見積った経費の予想（一九〇九年当時の金額で八万ドル）がみごとにひっくり返ってしまった。

オイラーの数学的経歴は、ニュートンの死んだ年をもって始まる。オイラーのような天才にとって、これほど好都合な出発の年はなかったにちがいない。解析幾何学（一六三七年公表）は九〇年来使用されており、微積分学は約五〇年来、物理学的天文学の鍵であるニュートンの万有引力の法則は、すでに四〇年間数学界のものとなっていた。これらの領域のそれぞれにおいては、孤立した無数の問題が解かれていたので、統一への企てもそこここで行なわれはじめていた。しかし、当時の純粋・応用数学全体に対しては、組織的研究はまだ開始されておらず、ことにデカルト、ニュートン、ライプニッツの有力な方法は、当時可能な限界まで利用されているとはいえなかった。とくに、力学と幾何学においてそうだった。

　しかし低い段階ではあるが、当時代数学と三角法とには体系化と拡張とが行なわれ、とくに後者は本質的には完成に近づいていた。フェルマの専門としたディオファントス解析や自然数の領域においては、そのような《一時的完成》すら不可能であったが（現在にいたってもいまだに不可能であるが）、この分野においてすらも、オイラーは大学者であることを証拠だてた。実際、オイラーの万能な天才力のもっともいちじるしい特徴は、数学の二つの主要な流れである連続と離散の双方に同等の力を示したことであった。

　アルゴリストとして、オイラーに肩をならべるものはなく、おそらくヤコービをのぞいては、追随するものすらいないであろう。アルゴリストとは、特殊なタイプの問題を解くために、一般的な《算法》を案出する数学者のことである。ごく簡単な例として、すべての正の実数は実の平方根をもつことを考えよう（あるいは証明しよう）。その根をどうやって計算したらよいだろうか。これには多くの方法が知られているが、その場合アルゴリストは、実際的な計算法を工夫するのである。あるいはディオファントス解析でも積分学でも、ある問題の解答は、そのなかにでてくる一つあるいはいくつかの変数を、（多くの場合単純な）他の変数の関数によって、たくみに置き換《か》えなければ得られないことが多い。アルゴリストは、そのような精巧な奇術が自然に浮かんでくるよう

L.オイラー

な数学者のことである。その手続きの様式に常道はない。アルゴリストは流暢《りゅうちょう》な作詩者と同じように、生まれながらのものであって、つくられるものではないからである。《アルゴリストなんて》といって軽蔑するのが、今日の数学者の一般的風潮であるが、インド人ラマヌジャン[1]のような偉大なアルゴリストがどこからともなく突然に現れでると、専門的な解析学者でさえ、これを天与《てんよ》の恩恵のように喜びむかえるのである。一見無関係な諸公式をみとおすそのほとんど超人的な洞察力は、一つの領域から他の領域へ通ずるかくれた足跡をみつけだす。そのあとで解析学者たちは、その足跡をはっきりさせるという、自分たちにわりあてられた仕事にとりかかるのである。アルゴリストとは、美しい公式をそれ自体として愛する《形式主義者》である。

オイラーの、平和でありしかも興味ある生活を述べるまえに、その莫大な仕事をうながし、その方向づけを助けた、当時の二つの事情を説明しておかなければならない。

一八世紀の大学は、ヨーロッパにおける学問の中心ではなかった。もし、大学であのような古典教育の伝統への固執と科学に対するあのように明らかな敵意とがなかったとしたら、もっと早くそのような中心となっていたかもしれない。数学は古くからの歴史があったので尊重されたが、物理学は比較的新しかったので疑いの目でみられていた。そのうえ、当時の大学の数学者は、初等的な数学の教授に大部分の努力をそそぐように要求されていた。研究が行なわれたにしても、それは今日のアメリカにおける普通の高等学術機関におけるように、無益なぜいたくとみなされたであろう。イギリスの大学のフェローは好きなこともできたが、なにかまとまったことをするものはほとんどなく、仕上げたところで（あるいは失敗したところで）彼らの生計には何の影響もなかった。このような弛緩《しかん》状態や公然たる敵意のもとでは、大学が科学界の指導者になりうるわけはなく、実際にも指導者は出なかったのである。

指導権をにぎったのは、寛大な、あるいは見通しのきく王侯の援助する各種の王立学士院であった。数学はプロイセンのフリードリヒ大王とロシアのエカテリーナ女王の寛大さに負うところが大きい。彼らは科学史上もっとも活発な時期の一つにおいて、まる一世紀ぶんの数学の進歩を可能にしたのである。オイラーの場合、ベルリンとサンクト・ペテルブルクとは、数学的創造の筋骨となった。この二カ所の創造の中心は、その始まりをライプニッツのたゆみない野心に負っている。ライプニッツが計画をたてたこれらの学士院は、史上もっとも多産な数学者となる機会をオイラーに与えた。したがって、ある意味では、オイラーはライプニッツの孫であるともいえる。

　ベルリンの学士院は、人材の不足から四〇年この方しだいに衰えつつあったが、オイラーはフリードリヒ大王の奨励によって、これに活をいれた。また、ピョートル大帝が在世中、ライプニッツの計画にしたがって完成できなかったサンクト・ペテルブルク学士院は、大帝の後継者によってかたい基礎をきずかれた。

　これらの学士院は、今日のように、功績による会員推挙《すいきょ》をおもな任務とするものではなく、主要会員に科学的研究を続けさせるために、俸給をはらう研究機関であった。そのうえ、俸給や賞与は、一人の男が自分と家族を安楽に暮らさせるには優にあまるほどのものであった。したがって、オイラーの家庭には、ときには一八人もの家族がいたけれども、彼は十分にこの大家族を支えることができたのである。さらに、一八世紀の学士院会員の生活にとっての魅力は、その子どもたちが少しでも有望でさえあれば、世の中への立派な門出を保証されていたことである。

以上の点から、オイラーのおどろくべき数学的生産力に対する第二の影響が現れてくる。支払い側に立つ王侯たちは、自分の払った金に対して、当然のこととして抽象的な教養以外のものを欲した。だが、ひとたびその投資に対して相当な報酬を得たうえは、その使用人に対して、残りの時間を《生産的》労働に従事せよ、と強制はしなかったことは注目すべきである。オイラーもラグランジュもその他の学士院会員も、自由にふるまうことができた。そしてまた、国家が利用しうる直接的実際的な成果をしぼりだそうというような圧力は、毛ほども加えられなかった。一八世紀の支配者たちは、今日の研究所の多くの所長たちよりも賢く、彼らがすぐさま必要とするものについて、ときたま指示を与えるだけで、科学をしてその進むがままにまかせておいた。いわゆる《純粋》研究は、ときおり正しいヒントが得られさえすれば、副産物として支配者たちの要求する直接役立つものも、生みだしうることを本能的に知っていたようである。

この一般論には、一つの重大な例外があるが、それはこの法則を証明するものでも否定するものでもない。オイラーの時代における数学研究の重要問題は、おそらく当時第一の切実な問題であった制海権の問題とたまたま合致《がっち》していた。航海術においてすべての競争国をひきはなす国は、必ず海を支配する。だが航海術とは、陸地から数百マイルも離れた海上で、正確に位置を決定すること、海戦において相手国の軍艦を追いこして有利な態勢をとることに帰着する。周知のように、大英帝国は海を支配していた。それは少なからず、イギリスの航海者たちが、一八世紀を通じて天体力学における純数学的な研究を、実際に応用したことによるのである。

もし先まわりして書くことがゆるされるならば、このような応用の一つは、オイラーと直接の関係がある。近代航海術の元祖はニュートンである。もっとも、彼自身は一度もこの問題について頭を悩ましたことはなかったし、いままで知られているかぎりでは、船の甲板に足をふみいれたこともなかった。海上の位置は、天体（ときとして曲芸的航海においては、木星の衛星までふくむ）の観測によって決定される。そして、ニュートンの万有引力の法則は、十分な忍耐をもってすれば、惑星の位置と月のみちかけとを、必要ならば一世紀さきまでも計算できることを示したのである。それからは、海の支配を望んだ人びとは、将来の位置の表をつくりだすため、計算家たちに航海暦の仕事にあたらせた。

このような実際的な仕事と関連して、月は、ニュートンの引力法則によって三個の物体が互いに引きあうという、とくに厄介《やっかい》な問題を提出した。この問題は、二〇世紀に近づくにしたがって何回となく現れてくるのであるが、オイラーは、この月の問題（『太陰運動論』）について、計算可能な解を作り出した最初の人であった。この三個の物体というのは、月と地球と太陽である。これについては、ここで多くを語らず、後章にゆずることにするが、とにかくこの問題は、全数学界におけるもっともむずかしいものの一つであった。オイラーは、この問題を解決はしなかったし、今日ではもっと優秀な方法が現れているが、その近似計算の方法は十分に実用的であった。実際、これを用いてイギリスのある計算家は、イギリス海軍軍令部のために月の運動表を計算することができ、その功績のために当時としては相当な金額である五〇〇ポンドをもらい、オイラーも方法発明賞として、三〇〇ポンドを授けられた。

レオナルド（またはレーオンハルト）・オイラーは、パウル・オイラーとその妻マルゲリーテ・ブルッカーの子で、おそらくスイスが生んだ最大の科学者であろう。彼は一七〇七年四月一五日バーゼルに生まれたが、翌年両親とともに近くのリーヒェン村に移転し、父親はその村でカルヴァン派の牧師となった。父パウル・オイラー自身もすぐれた数学者で、ヤーコプ・ベルヌーイの弟子である。彼は、レオナルドが自分のあとをついで村の牧師となることを望んだが、幸いにも息子に数学を教えるという誤りをおかした。

若いオイラーは自分がやりたいことを早くから知っていた。にもかかわらず、おとなしく父親にしたがってバーゼル大学に入学すると、神学とヘブライ語を勉強した。数学でもヨハンネス・ベルヌーイの注意をひくほどに進歩を示し、彼が進んで一週一度個人的に教えるようになった。オイラーは、つぎの週の講義にはなるべく疑問をもたずに授業が受けられるようにと、週のほとんどを予習にすごした。まもなく彼の勤勉とすぐれた才能とは、ダニエル・ベルヌーイとニコラウス・ベルヌーイの二人がみとめるところとなり、たちまち意気投合した。

レオナルドは、一七二四年一七歳のとき、修士の学位をとるまで好き勝手にふるまうことをゆるされていたが、その年、父親は彼に数学を捨てて神学に全力をつくすように忠告した。しかし、ベルヌーイ家の人びとが、息子さんはリーヒェンの牧師ではなく大数学者となる運命にあると説いたので、彼もあきらめたのであった。この予言はあたったけれども、オイラーの少年期に受けた宗教教育は生涯にわたって影響をおよぼし、カルヴァン派の信仰は、ひとかけらも捨てようとはしなかった。実際、年をとるにしたがって、しだいに父の天職にまいもどってゆき、全家族の祈禱《きとう》を司会し、説教をもってその祈禱を終わるようになった。

オイラーが初めて独立の仕事をしたのは一九歳のときである。この処女作は、その後のオイラーの仕事の長所と短所とをともに示しているといわれる。パリ学士院は、一七二七年度の懸賞として、船のマストをたてる問題を提出した。オイラーの応募論文は佳作にはいったけれども、賞を得ることはできなかった。のちには一二回も入選して、この失敗をとり返すことになる。この論文の長所は、技術的数学である解析にあり、短所は実際とのつながりの稀薄さにあった。この後のことは、実在するわけもないスイス海軍についての昔からの冗談話を思いだすなら、おどろくにはあたらない。オイラーは、スイスの湖で一、二艘《そう》のボートは見たかもしれないが、大きな船を見たことはなかったのである。彼の数学には現実感が欠けていると批評されているが、その批評もときとして間違いではない。オイラーにとっては、物理的宇宙は数学のための存在であって、それ自身興味あるものではなかった。もし、宇宙が彼の解析学に適合しなかったら、間違っているのは、宇宙のほうにきまっている。

自分が生まれながらの数学者であると悟ったオイラーは、バーゼル大学の教授を志望した。教授の地位が得られなかったので、サンクト・ペテルブルク学士院でダニエルやニコラウスといっしょになれる希望をいだいて研究を続けた。二人は親切にも、オイラーのために学士院での地位をみつけることを買ってでて、申し分ない地位を与えたのであった。

このころのオイラーは、科学であればなにをやってもかまわないと考えていたらしい。ベルヌーイ兄弟が、サンクト・ペテルブルク学士院の医学部に有望な口があると手紙で書き送ってきたとき、すぐさまバーゼル大学で生理学の勉強にとりくみ、また医学の講義にも出席した。しかし、この分野においてさえ、彼は数学と縁をきることができなかった。耳の生理学は音響の数学的研究を暗示し、それはまた音響の伝播についての数学的問題その他へと発展していった。この初期の仕事は、悪夢のなかの狂った樹木のように、オイラーの全生涯のあちこちに枝をはりめぐらしている。

ベルヌーイ兄弟は約束を手早く実行にうつした。オイラーは一七二七年、公式にサンクト・ペテルブルク学士院の医学部準会員として招聘《しょうへい》された。賢明な規則にしたがって、外国人会員はすべて二人の弟子——実際上は修学のための見習い——をつれてゆく義務があった。しかしオイラーの喜びは、彼がロシアの地に足を踏み入れたその当日、気の毒にも吹きとばされてしまった。自由主義的なエカテリーナ一世が亡くなったのである。

ピョートル大帝の皇后となる前、その情人であったエカテリーナは、いろいろな点で度量《どりょう》の広い婦人であったらしく、わずか二年の治世中にピョートル大帝の遺志をついで学士院を創立したのである。エカテリーナの死後、権力は幼帝（おそらく彼のために、そのほうがしあわせであったろうが、統治を始めるまえに死んだ）の未成年期のあいだ、必要以上に野蛮な党派の手中にうつった。ロシアの新支配者は、学士院を無用のぜいたくとみなし、一時期これを閉鎖して外国人会員をすべて引き揚げさせることまで考えたことがあった。これがオイラーのサンクト・ペテルブルク到着のときの情勢であった。この混乱で、彼の目指してきた医学部の椅子は、どこへいったかわからなくなり、絶望のあまり海軍大尉の任をほとんど承諾しようとしていた矢先、数学部にすべりこむことができた。

その後情勢は好転し、オイラーは仕事を開始した。その後の六年間、彼はわき目もふらず仕事をしつづけた。それは数学に没頭していたというばかりでなく、一半《いっぱん》は、どちらを向いてもスパイがいて、普通の社交生活が送れなかったためでもあった。

一七三三年、ダニエル・ベルヌーイは神聖ロシアにあきて自由なスイスに帰った。それにしたがって、オイラーは二六歳という年で、サンクト・ペテルブルク学士院の数学部の主要な地位についた。彼はもう、一生をサンクト・ペテルブルクで送らなければならないと感じて、結婚しておちつき、最善をつくすということに決心した。妻は、ピョートル大帝がロシアにつれ帰った画家、グゼルの娘カタリナである。だが、政治情勢は悪化し、オイラーは以前にもまして出国を望んだ。しかし、あとからあとから子どもが生まれたので、まえよりも束縛は強くなり、たえまない仕事に逃避するようになった。ある伝記作家は、オイラーの比類ない生産性の起因を、この最初のロシア滞在においている。すなわち、日常的な分別が、この不断の勤勉な習慣を身につけさせたのであると。

オイラーはどんな環境でも、どんな場所でも仕事のできる大数学者の一人であった。彼は子ども好きで（一三人生まれたが、そのうち五人だけを残してみな夭逝《ようせい》した）赤ん坊をひざにのせ、上の子どもたちをまわりに遊ばせながら、研究報告を書くこともたびたびであった。彼がもっともむずかしい数学をどんなにやすやすと書きつづったかは、信じられないくらいである。

オイラーのたえまない着想の流出については、多くの伝説が残っている。そのいくつかは、明らかに誇張であるが、彼は二度まで食事に呼ばれる合い間の半時間そこそこに、一つの数学論文を書きあげてしまったといわれる。一つ書き終わると、印刷をまっているうず高い原稿の山の上にのせられた。学士院会報にのせる原稿がたりないと、印刷屋はその原稿の山の頂上からひとつかみもってゆくしきたりになっていた。だから、出版の日付と脱稿の日付とがあとさきになっている場合もまれではなかった。なおそのうえに、オイラーは自分の以前の研究を明確にしたり拡大したりするために、いくども同じテーマにたちかえるくせがあったので、一定の題目に関する原稿を印刷したのをみると、望遠鏡をさかさにのぞくのと同じようになることもしばしばであった。

一七三〇年幼帝の死と同時に、アンナ・イヴァノヴナ（ピョートル大帝の姪）が女帝となり、学士院に関するかぎり、かなり事態は明るくなった。しかし、アンナの愛人エルンスト・ジャン・ド・ビロンの間接の支配下で、ロシアは史上まれにみる暴政に悩み、オイラーは、一〇年間も沈黙のなかに仕事とともに身をひそめなければならなかった。そのなかばごろ、彼は最初の大きな不幸に見舞われた。彼は、著名な数学者たちが数カ月の猶予《ゆうよ》を願ったほどの、天文学上のある問題にかけられたパリ学士院賞を得ようと企てた（ガウスに関連して同様な問題が起こってくるので、ここではこの問題について詳述はしない）。オイラーはこれを三日間で解いた。しかし、緊張がながびいたので発病し、右眼の視力を失ってしまった。

近代における高等批評は、数学史上のすべての興味のある逸話の真実性をくつがえすうえで効果的であったが、これが、オイラーの視力喪失は天文学の問題のためではない、といっているのは注目すべきことである。

しかしそれら博学な批評家たち（あるいはその他のだれでもよい）が、いわゆる因果律についてどのくらい知っているかという神秘的問題は、デービッド・ヒューム（オイラーの同時代人）の亡霊に解決をまかせよう。こう注意しておいて、われわれはもう一度、オイラーと無神論的（または単に汎神論《はんしんろん》的）なフランスの哲学者ドゥニ・ディドロとの有名な話を語ることにしよう。これは年代的にやや順序が違っている。というのは、オイラーの二度めのロシア滞在中に起こったことだったからである。

女帝エカテリーナ二世の宮廷に招かれたディドロは、廷臣に無神論をふきこむことによって扶持《ぶち》を得ようとした。食傷したエカテリーナはオイラーに、この饒舌な哲学者の口を封じるよう命じた。ディドロにとっては、数学はまったく不可解であったから、これはやさしい仕事であった。ド・モルガンが、その古典的名著『パラドックスの革袋』（一八七二）のなかでこの事件を語っている。ディドロは、あるすぐれた数学者が神の存在の代数的証明を所有していて、全廷臣の前でそれを発表するが、聞きたいと思うかどうかといわれ、喜んで出席を承諾した……。オイラーはディドロに近づき、確信にみちた調子で厳粛にいった。

「閣下、$(a+b^n)/n=x$ ゆえに神は存在します。お答えください」

ディドロには、それは何か意味があるように思われたが、彼の当惑した沈黙をあざけるような爆笑の声に、あわれなディドロはすぐさまフランスに帰る許可をエカテリーナに乞うた。女帝は喜んで許可を与えた。

この傑作に満足しないで、オイラーはさらに輪をかけて、神は存在すること、霊魂は物質ではないことを真面目に証明した。彼のこの二つの証明は、当時の神学論文にとりあげられたという。このことは、彼の天才の数学的非実際性を示す顕著な一例とみるべきだろう。

ロシア滞在中、オイラーの全精力を吸収したのは数学だけではなかった。純粋数学からあまり遠くはなれない限り、その数学的才能を要求されるところではどこでも、彼が政府から受けた金に値するだけの仕事はした。オイラーは、ロシアの学校のための初等数学教科書を編纂《へんさん》し、政府の地理部門を管掌《かんしょう》し、度量衡《どりょうこう》の改正を助け、衡器《こうき》検定の実際的手段を考えだした。これらは彼の活動の数例にすぎない。彼はどんなに無関係の仕事をしようとも、いつも数学を発散しつづけた。

この時期のもっとも重要な業績の一つは、力学に関する一七三六年の論文である。論文出版の年は、ちょうどデカルトの『幾何学』の出版の百年記念日の一一年前にあたっていた。オイラーの論文は、デカルトが幾何学に対して行なったことを力学に対して行なった。つまり、力学を綜合幾何学的証明の束縛から解放して、解析的にしたのである。ニュートンの『数学的原理』は、アルキメデスによっても書かれたかもしれない。がオイラーの力学はどんなギリシア人にも書けなかったにちがいない。微積分学の真の力がはじめて力学に向けられ、この基礎科学における新時代が開始されたのである。オイラーはこの領域において、友人ラグランジュに凌駕《りょうが》されたけれども、決定的一歩をふみだした功績は確かに彼のものである。

一七四〇年アンナの死後、ロシア政府は以前よりは自由主義的になったが、オイラーはすでに嫌気がさしていて、フリードリヒ大王のベルリン学士院への招聘《しょうへい》を喜んで受けいれた。皇太妃は彼を大変気に入り、意中を語らせようとしたけれども、彼女のききだしたのは短い返事ばかりであった。

「なぜ話そうとしないの？」と、彼女はたずねた。

「陛下、私は口をきけばしばしばり首になる国から参ったものでございます」と、オイラーは答えた。

その後の二四年間、彼はベルリンで暮らしたが、幸福とはいえなかった。フリードリヒが、朴訥《ぼくとつ》なオイラーよりも典雅な廷臣を好んでいたからである。フリードリヒは、数学の奨励を義務とは思っていたけれども、実際は自分自身数学が得意でなかったので、これを軽蔑していた。しかし、彼はオイラーの才能を十分に理解していたので、鋳貨・溝渠《こうきょ》・運河・年金制度など実際問題に彼を起用した。

ロシアは完全にオイラーを手放したわけではなく、ベルリンに移ってからも、俸給の一部を支払っていた。オイラーは自宅のほか、シャルロッテンブルクの近くに農園をもち、大勢の居候《いそうろう》をおいていたにもかかわらず、裕福であった。一七六〇年ロシア軍が侵入してきて、ブランデンブルクに進撃した際、オイラーの農園は略奪された。ロシアの将軍は、「科学に対して戦争しているのではない」からといって、農園の実際の損害よりも多い賠償金を支払った。また皇后エリザベータは、オイラーの被害を耳にして、十分な賠償金のほかに大金を彼に送った。

フリードリヒの宮廷におけるオイラーの不人気の一原因は、彼がなまかじりの哲学論から超然としていることができなかったからでもあった。フリードリヒに追従《ついしょう》するのに多くの時間をさいたヴォルテールは、大王をとりまく口舌《こうぜつ》の徒といっしょになって、あわれなオイラーを形而上学のむすび目にしばりつけては楽しんだ。オイラーは、それらすべての悪意を甘んじて受け、他人といっしょに自分自身の失策を大笑いした。だが、フリードリヒはしだいにいらだちはじめ、自分が学士院を統率し、宮廷を楽しませるための、もっと社交なれのした哲学者を物色していた。

ダランベール（後述）が、情勢の視察のためにベルリンに招かれた。彼とオイラーとのあいだには、数学についていくらかの気まずさがあった。しかし、ダランベールは個人的な不和のせいで判断をくもらせるような人物ではなく、他の数学者をオイラーの上におくのは非常な侮辱だと、率直にフリードリヒに進言した。大王はこれをきいてますます頑固になり、以前にも増して怒り、情勢はオイラーにとって堪えがたいものとなった。プロイセンにいては息子たちの将来の見込みはない、と彼は感じた。五九歳（一七六六年）でエカテリーナ二世の懇切な招請を受けた彼は、再びサンクト・ペテルブルクに移り帰った。

エカテリーナは、彼を王侯のように迎え、オイラーとその一八人の家族のために家具付きの邸宅をとりそろえ、台所仕事のために自分自身の料理人を与えた。

オイラーのもう一方の眼の視力が白内障のために弱くなりはじめたのはこのころで、まもなく彼はまったくの盲目になってしまった。迫りくる彼の暗黒に、おどろきと同情とを示したのは、ラグランジュ、ダランベール、その他当時著名な数学者の手紙である。オイラー自身は、盲目の切迫を冷静に見つめていた。彼の深い宗教的信仰が、この不幸に直面する助けとなったことは疑いない。しかし、彼は沈黙と暗黒に面して、あきらめたわけでは決してなかった。彼はすぐさま、取り返しのつかないものを取り返しにかかった。最後の光明が消えさる前、彼は、石盤の上にチョークで公式を書くのをつねとした。それからのちは、息子たち、ことにアルベールが筆記者の役をつとめ、彼は公式を説明しながら口述した。彼の数学的生産力は減ずるどころか、かえって増大さえした。

オイラーは、一生を通じて異常な記憶力に恵まれていた。彼はヴェルギリウスの『アエネイス』をそらで暗記していた。青年時代に読んだのち、めったに本を開かなかったにもかかわらず、いつでもどんなページでも初めから終わりまで暗誦することができた。彼の記憶力は、視覚型と聴覚型とをかねていた。彼はまた、初歩の算数ばかりでなく、高等代数学や微積分学に要するむずかしい種類の計算についても、おどろくべき暗算力をそなえていた。当時存在していた数学全領域のあらゆる主要公式は、正確に彼の記憶中に貯蔵されていた。

その記憶力のすばらしさの一例としてコンドルセの語っているところによれば、オイラーの二人の学生が、複雑な収束級数（変数の特殊な値に対する）の第一七項までの部分和を求めたが、答の五〇桁めの数字が一だけくいちがっていた。どちらが正しいかを決定するため、オイラーは全計算を暗算でやりなおしたが、彼の解答の正しいことが証明された。こんなこともあったので、彼は光を失ったことをそれほど惜しみはしなかった。だが、たとえそうであっても、彼の一七年間の盲目生活のうちの一つの偉業は、ほとんど信じがたいものがある。太陰運動論――すなわち月の運動、ニュートンの頭を最後まで悩ました唯一の問題――は、オイラーの手でその最初の完全な分析がなされたのであるが、その複雑きわまりない全計算は、すべて彼の頭のなかで行なわれたのである。

サンクト・ペテルブルクに帰ってから五年め、またもやある不幸が彼をおそった。一七七一年の大火《たいか》で、彼の家はその家具全部とともに焼失し、オイラーが身をもって逃がれることができたのは、スイス生まれの忠僕（ペーター・グリムあるいはグリモン）の勇敢な行為のおかげであった。グリムは、自分のいのちの危険をおかして、炎のなかを盲目の病弱の主人を安全な場所まで運んでいった。文庫は焼けたが、オルロフ伯爵のおかげでオイラーの草稿は全部救われた。女帝エカテリーナはすぐさま、オイラーの損失をすべてつぐない、やがてオイラーは仕事にたちかえった。

一七七六年（六九歳のとき）、オイラーは妻の死というさらに大きな傷手をこうむった。翌年再婚したが、二度めの妻は、亡妻の腹ちがいの妹サロメ・アビガイル・グゼルであった。彼の最大の悲劇は左の眼——少しは希望の残されているほうの眼——の視力回復のため行なった手術が失敗したことである。おそらくは外科的な不注意によるものであった。手術は《成功した》といわれ、オイラーの喜びはその度を知らぬほどであったが、やがて伝染病にかかり、彼が、いまわしいと告白しているほどの長い病苦ののち再び暗黒の世界につきおとされてしまった。

オイラーの生涯をふりかえって、その厖大《ぼうだい》な作品を一瞥《いちべつ》したとき、才能ある人ならばだれでも、オイラーと同じようにたやすくその大部分をやり遂げることができただろうと考えるかもしれない。しかし、数学の現状を検討したならば、われわれの誤解はすぐにとける。なぜなら、ジャングルのようにこみいった理論をもつ今日の数学も、いまわれわれが利用できる方法の力というものを考えれば、オイラーが面した問題にくらべて、けっしてそう複雑化しているわけではないからである。数学は第二のオイラーの出現を待っている。当時彼は、部分的な結果や孤立した定理で混雑する広大な領域を整理し統一し、土地を開拓し、その解析の力によって貴重な物をひとまとめにした。今日でさえも、大学の数学課程で習うことには、オイラーが残したままのものがだいぶある。たとえば、二次の一般方程式の分析から生じる統一的観点による円錐曲線論や三次元空間内の二次曲面論は、オイラーのものである。また、年金やそれから派生する問題（保険・養老年金、その他）は、オイラーによって、現在《投資の数学的理論》の研究者に知られている形にまとめあげられたのである。

アラゴの指摘するように、著作を通じての教師としての、オイラーの偉大で直接的な成功の一因は、彼がおかしなプライドをまったくもたなかったことであろう。もし、前に書いた印象深い著作をもっとわかりやすくするために、比較的本質的価値の低い著作が欲しいといわれれば、オイラーは躊躇《ちゅうちょ》せずにそれを書いたであろう。彼は、自分の評判をおとすことをおそれなかったのである。

創造面においてさえ、オイラーは発見と教授とを結びあわせた。微積分学に関する一七四八年、一七五五年、一七六八〜一七七〇年の大論文（『無限解析緒論』、『微分学原理』、『積分学原理』）は出版直後名著となり、以後七五年間、大数学者志望の青年にはげましを与えつづけた。しかし、オイラーが初めて一流の数学者として現れたのは、その変分法に関する著作（『極大あるいは極小の性質を有する曲線を発見する方法』一七四四）においてであった。この主題の重要性については、前章でも述べておいた。

力学を解析的にしたときのオイラーの偉大な前進については、すでに述べたが、この前進の小さな一例だけをあげてみれば、剛体《ごうたい》力学のあらゆる研究者は、オイラーの回転についての分析〔オイラーの角《かく》〕を知っているであろう。解析力学は純粋数学の一部門なので、ここではオイラーは、他の実際面へ進出したときとは異なり、勢いにのって実際のことを置きざりにして、純粋計算の青空へ飛翔しようというような誘惑は感じなかった。オイラーの労作に対する同時代人のもっともきびしい批評は、単に美しい解析のために計算したという、彼のやむにやまれない衝動に向けられた。彼はときたま、物理的状態について十分な理解を欠いていることもあって、それが何を意味するか考えもせずに、計算に還元しようとしたこともある。それにもかかわらず、今日なお流体力学において用いられている流体運動の基礎方程式は、オイラーのものである。彼は、その努力に値する場合には、十分実際的になることができた。

オイラーの解析学の一つの特質は、一九世紀の主流を形づくるに大いにあずかって力があったから、ここで一言ふれておかなければならない。それは、無限級数は収束《しゅうそく》しなければ安全には使用できない、という彼の認識から発したものである。たとえば、長除《ちょうじょ》法《ほう》で $1/(x-1)$ を計算することによって、

$$\frac{1}{x-1}=\frac{1}{x}+\frac{1}{x^2}+\frac{1}{x^3}+\frac{1}{x^4}+\cdots$$

という等式が得られる。この級数は無限につづく。ここで $x=\frac{1}{2}$ とすれば、

$$-2=2+2^2+2^3+2^4+\cdots$$
$$=2+4+8+16+\cdots$$

となる。

収束（ガウスの章で述べる）の研究は、どのようにしたらこのような不合理がさけられるかを示している（コーシーの章を参照）。奇妙なことに、オイラーは、無限算法の取り扱いには注意を要することを認識していながら、自分自身の大部分の著作では、それを無視してしまっている。彼は、解析学を信じすぎていたので、明らかに不合理であるものをもっともらしくするために、ときとして不自然な《説明》をさがし求めることさえもした。

とはいっても、オイラーがものした第一級の健全かつ斬新な著作において、オイラーに比肩《ひけん》するか追随できる人物はほとんどいないことをつけ加えておかなければならない。あまり《重要な》ことではないかもしれないが、数論を愛する人ならば、ディオファントス解析において、フェルマおよびディオファントスその人が受けたと同じ大きさ新しさの月桂冠を、オイラーにも与えることであろう。オイラーは、最初の、そしておそらく最大の万能数学者である。

彼はまた、数学だけにとどまってはいなかった。少なくとも文学および生物学を含めての諸学の書を広く読んでいた。彼は『アエネイス』を読んでいるあいだでさえ、その数学的天才をもって考究すべき問題を探究せずにはいられなかった。「錨《いかり》は下ろされ、疾走する船はとめられる」の一行は、さっそくこのような場合の船の運動にオイラーの眼を向けさせた。彼の何でもござれ式の好奇心は、一時占星術までも飲みこんだが、消化はできなかったとみえ、一七四〇年イワン公に天宮図の作製を命ぜられたとき、天宮図は宮廷おかかえの天文学者の領分に属するからとの理由で、ていねいに断ったことがある。その結果、あわれな天文学者がその仕事をひき受けなければならなくなった。

ベルリン時代の著述の一つは、彼がいくらか敬虔《けいけん》すぎるが優雅な作家であることを示している。それは、フリードリヒの姪のアンハルト・デッサウの王女に、力学・物理光学・天文学・音響学その他を教えるために書かれた、有名な『ドイツ王女への手紙』である。この名高い手紙は非常な人気をよび、七カ国語で出版された。科学に対する一般人の興味は、とかくわれわれが想像するほど最近のものではないのである。

オイラーは、一七八三年九月一八日七八歳で死ぬ最後の瞬間まで強壮な精神を失わなかった。その日の午後、彼はいつものように石盤の上で気球上昇の法則を計算して楽しんだあと、レクセルや家族といっしょに食事をした。《ハーシェル惑星》（天王星）は、当時はまだ新しい発見であったが、オイラーはその軌道を概算していた。少したって彼は、孫をよびにやり、子どもと遊んだりお茶をのんだりしているときに発作におそわれた。パイプが手から落ち、「死ぬよ」という一語とともに、「オイラーは生きることと計算することを中止した[2]」のであった。

10　誇り高きピラミッド――ラグランジュ

私にはわかりませんが……

――J＝L・ラグランジュ

「ラグランジュは、数学世界にそびえる誇り高きピラミッドだ」。これこそ、ナポレオン・ボナパルトが、一八世紀最大の、またもっとも謙遜《けんそん》な数学者ジョゼフ＝ルイ・ラグランジュに与えた敬意ある批評である。ナポレオンは、彼を元老院議員、伯爵、レジョン・ドヌール勲章佩用《はいよう》者にしたのであった。サルデニア王もフリードリヒ大王も、ラグランジュに栄誉を与えたけれども、ナポレオンには及ばなかった。

ラグランジュは、フランス人とイタリア人との混血児だが、フランスの血のほうが濃い。フランス軍の騎兵大尉であった祖父は、サルデニア王カルロ・エマヌエル二世に仕え、トリノに定住して、有名なコンティ家の娘と結婚した。一時サルデニアの主計長官をつとめたラグランジュの父は、カンビアーノの富裕な医師の一人娘マリー゠テレーズ・グロと結婚し、一一人の子どもをもったが、この大勢の子どもたちのうち、一七三六年一月二五日に生まれた末子ジョゼフ゠ルイだけが夭逝《ようせい》をまぬがれた。父親は自分の財産と妻の持参金とでかなり富裕であった。しかし、手に負えない相場師であったので、息子が相続するころには、受け継ぐほどの財産もなくなっていた。後年ラグランジュは、この不幸をかえりみて、生涯中もっとも幸運なことであった、とつぎのように述べている。「もし、財産を相続していたならば、私はおそらく、数学に自分の運命を賭けることはなかっただろう」。

学校時代、ラグランジュがまず興味をひかれたのは古典であって、数学への情熱をかきたてられたのは、むしろ偶然のことからであった。古典の勉強をしてゆくうちに、早くからユークリッドやアルキメデスの幾何学上の業績を知るようになった。しかし、それらは、彼に大きな印象を与えてはいなかったようである。その後、ギリシア人の綜合幾何学的方法に対する微積分学の優越をたたえた、ニュートンの友人ハレーの論文が、青年ラグランジュの手にはいった。彼はそれに魅了されて、改宗したのである。驚くべき短い期間に、当時の近代解析学を独力で征服した。一六歳のとき（ドランブルによると、これはあまり正確ではないらしいが）、ラグランジュはトリノ王立砲術学校の教官となった。それから、数学史上もっとも輝かしい経歴の一つが始まったのである。最初からラグランジュは、解析学者であって幾何学者ではなかった。彼は、数学研究ではほとんど必然的となった専門化の最初のいちじるしい例である。ラグランジュの解析学的傾向は、その傑作『解析力学』につよく現れている。彼はこれを、一九歳の少年のときトリノで計画したのであるが、出版されたのはパリで、一七八八年彼が五二歳のときであった。序文で、「この作品には一つの図もない」といっている。しかし、一方ではまた、幾何学の神へのなかば冗談のつもりのお世辞から、「力学を四次元の空間の幾何学と考えてよい」ともいっている。すなわち、空間と時間中を運動する質点の位置をきめるには、三つのデカルト座標と一つの時間座標とで十分だ、というのであるが、力学に対するこの見方は、アインシュタインが一九一五年に一般相対性理論に利用してから、普遍的なものとなった。

力学に関するラグランジュの解析的研究は、ギリシアの伝統からの最初の完全な絶縁を示すものである。ニュートンおよびその同時代人、すぐあとの後継者たちは、力学的問題の研究にあたって、幾何学的図を有用なものと考えていた。ところが、ラグランジュは、もし最初から解析的方法を用いるならば、もっと大きな融通《ゆうずう》性と、比較にならないほど大きな性能が得られることを証明した。

トリノでは、この青年教師は、自分より年上の学生ばかり教えていた。やがて彼は、

J-L. ラグランジュ

そのうちの優秀なものを選んで研究会を組織したが、これがのちのトリノ科学学士院の前身となった。この学士院の最初の研究論文は、一七五九年ラグランジュが二三歳のとき発行された。他人の名前で発表されたこれら初期のすぐれた数学論文の多くは、内気で地味なラグランジュのものであろうと、一般には推測されていた。フォンスネクスの名で発表された論文が非常に優秀であったので、サルデニア王は、筆者を海軍部の仕事にあたらせた。数学史家はしばしば、なぜフォンスネクスがその最初の数学的成功を継続させなかったのかをいぶかっている。

ラグランジュは、最大最小（4章、8章で述べた変分法）について寄稿し、この論文のなかで、固体と流体に関する力学全体を演繹《えんえき》できるような著作で、この題目を取り扱うことを約束している。このように二三歳で——実際はもっと若いとき——ラグランジュは、天体力学においてニュートンの万有引力の法則が果たしたと同様な役割を、一般力学に対して果たした彼の傑作、『解析力学』の構想を抱《いだ》いていたのである。一〇年後、フランスの数学者ダランベールにあてた手紙のなかで、ラグランジュは一九歳のときに書き上げた初期の作品、『変分法』を自分の傑作だと思っている、と書いている。ラグランジュは、この変分法によって力学を統一し、ハミルトンのいっているように、《一種の科学的な詩》をつくりだしたのである。

一度理解したら、ラグランジュの方法は平明なものである。ある人が評したように、力学を支配するラグランジュの方程式は、あらゆる科学のうちで、無から有をつくりだす技術のもっとも精妙な実例である。だが、ちょっと考えてみれば、広大な諸現象のあふれている宇宙を統一するために、一般的な科学的原理は、たぶん単純でなければならないであろうことは明らかである。最大限に単純な原理こそ、詳細に検討してみると、個別的かつ特殊的にみえる種々様々な最大量の問題を、統一できるのである。

トリノ科学学士院発行論文集の同じ巻のなかで、ラグランジュはもう一つの長足《ちょうそく》の進歩を行なった。彼は確率論に微分学を適用したのである。これでも二三歳の若い巨人には物足りないらしく、音響の数学的理論においてもニュートンをはるかに凌駕《りょうが》した。すなわち彼は、分子から分子へと一直線に伝達される衝撃によって運動する、その直線上のすべての空気分子を考察する。このことによって、流体力学よりはむしろ弾性をもつ質点系の力学として、理論を考えた。同じ一般的方向をとって、彼は、振動論全体において基本的な重要性を有する振動弦の問題の、正確な数学的定式化に関して、著名な数学者のあいだで多年にわたって行なわれていた、激しい論争を片付けた。二三歳のラグランジュはすでに、当時最大の数学者――オイラーとベルヌーイ兄弟――に匹敵すると認められていた。

オイラーは、いつでも他人の業績への賞賛を惜しまなかった。年少の競争者ラグランジュに対する彼の態度は、科学史上もっとも立派な私欲なさの一例である。一九歳の少年ラグランジュが、オイラーにいくつかの論文を送ったとき、この有名な数学者はただちにその価値を認め、有望なこの青年学徒に研究を続けるように激励したのであった。四年後、ラグランジュは、長年オイラーが準幾何学的方法を用いて困りぬいていた等周問題（ベルヌーイの章で述べた変分法）を考究するための真の方法を書いて送ったが、このとき、オイラーは青年に手紙をだして、この新しい方法を用いれば、難関を突破できると述べた。そして、長いあいだ探し求めてきた解決をいそいで印刷に出すかわりに、オイラーは「君に与えられるべき栄光を少しでも奪うことがないように」と、先にラグランジュが発表するまで、その印刷を差しひかえたのである。

私信ではどんな賞めことばにみちていても、ラグランジュを助けることにはならない。そう思ってオイラーは、ラグランジュのあとで自分の著作を発行するとき、ラグランジュが道を明らかにするまでは、自分では乗りこえられなかった難関がどんなものであったかについて述べたのである。最後に、仕事の総仕上げとして、オイラーは一七五九年一〇月二日、二三歳という並はずれて若いラグランジュをベルリン学士院の外国人会員に選んだのであった。この外国での公的な承認は、国内においてラグランジュの非常に大きな助けとなった。オイラーとダランベールは、ラグランジュをベルリンにつれてこようという計画をたてた。二人はなかば個人的な理由から、この有望な若い友人をベルリンの宮廷のおかかえ数学者にしたかったのである。長いあいだの交渉ののち、計画は成功し、大フリードリヒはこの交渉の過程でいっぱいくわされた形ではあったが、ひどく当然のことながら子どものように喜んだのである。

ラグランジュの誠実な親友で、心からの崇拝者であったダランベールについても、ひとことふれておかなければならない。その性格の一面が、後述の俗物ラプラースと好個《こうこ》の対《つい》をなすという点からも、そうしておく必要がある。

ジャン・ル・ロン・ダランベールの名は、パリのノートル・ダム寺院近傍のサン・ジャン・ル・ロンという小会堂からとったものである。ダランベールはレジョン・ドヌール受勲者のデトゥーシュの私生児で、母親の手でサン・ジャン・ル・ロン会堂の階段（step）に捨てられていた。教区委員は、この捨て子の世話を貧しいガラス屋のおかみさんにたのんだが、彼女は自分の実子のように育てた。デトゥーシュは法律によって、この私生児の教育費を支払わねばならなかった。ダランベールの実母は、子どもの所在を知っていて、子どもが早くから天才のきざしを示すのをみて、手もとにおきたいとつれもどしにいった。

少年は答えた、「あなたはぼくのまま母（stepmother）にすぎません（フランス語ではだめだが、英語ではうまいしゃれになる）。ぼくのほんとうのお母さんはガラス屋のおばさんです」と。こうして、実母が昔自分を捨てたように、ダランベールは自分の肉親を捨て去ったのである。

のちに有名になり、フランス科学界の大立者《おおだてもの》となったとき、ガラス屋夫婦は以前の裏長屋に住みつづけることを望んだが、ダランベールは不自由のないように面倒をみ、いつも彼らを自分の両親と呼ぶことに誇りを感じていた。ダランベールを、ラグランジュと別個にとりあげるほどの余裕はないが、ダランベールが重要な歳差《さいさ》運動の問題をはじめて完全に解決した学者であることを忘れてはならない。彼のもっとも重要な純粋数学上の仕事は、主として振動弦に関連する偏《へん》微分方程式にあった。

ダランベールはその若い文通者に、むずかしくてしかも重要な問題を研究するよう激励した。彼はまた、自分自身、からだが丈夫でなかったためだろう、ラグランジュが健康をそこなわないように気を配った。ラグランジュは、実際一六歳から二六歳までの、まったく無理な心身の使い方で消化器をはなはだしく弱らせ、以後一生を通じて健康を

J. ダランベール

管理する必要があった。ことに過労について厳重に警戒しなければならなかった。ダランベールは手紙のなかで、ラグランジュが夜ふかしのため紅茶やコーヒーを飲みすぎることを戒《いまし》め、他の手紙で、学者の病気に関する近刊の本を読むようにと、悲痛な注意をも与えている。それらに対してラグランジュはいつも愉快そうに、自分は元気で馬車馬《ばしゃうま》のように働いている、と答えるのであったが、けっきょくは彼も代償を支払うはめとなった。

一面からみれば、ラグランジュの経歴は奇妙にもニュートンのそれと似かよっている。第一級の大問題への長いあいだの精力の集中は、中年までにラグランジュの情熱をさましてしまい、彼の精神こそ以前と同様に強かったとはいえ、数学に対しては無関心になってきた。四五歳という若さで、彼はダランベールにあてて書いている。「私の気力はだんだんと衰えてゆくようです。そして、今後一〇年もなお数学をやっていくつもりはありません。坑道はもうあまりにも深く、新しい鉱脈が発見されないとしたら、見捨てなければならなくなるでしょう」と。

この手紙を書いたとき、ラグランジュは病気で、憂鬱症《ゆううつ》だった。といっても、この手紙は真実を伝えていないわけではない。ダランベールが死の一カ月前に書いた最後の手紙（一七八三年九月）は、ラグランジュの心理的な病気の唯一の治療法として、仕事を勧めている。「神の名においてお願いします。仕事をやめないでください。仕事こそあなたの最大の慰安なのです。さようなら、おそらくは永遠に。この世の中でだれよりもあなたを愛し、尊敬している男を少しは記憶にとどめておいてください」。

ラグランジュの最悪の憂鬱症は、人間の知識などはどれ一つとして努力して求める価値があるほどのものではない、という当然の結論をもたらしはしたが、数学のために幸いなことに、それはダランベールとオイラーとが彼をベルリンに招こうと計ってから、光栄ある二〇年間がすぎたのちのことであった。ベルリンにゆくまえに、ラグランジュが研究して解いた大問題のうちには、月の秤動《ひょうどう》の問題がある。説明可能なあるわずかな不規則性はあるにしても、なぜ月はいつも同じ面を地球にむけているのだろうか？　この事実を、ニュートンの引力の法則から演繹することが求められていた。この問題は、中心間の距離の平方に反比例する引力で相互に引きあう、有名な《**三体問題**》――ここでは地球と太陽と月――の一例である（この問題についてはのちにポアンカレと関連して述べることにする）。

この秤動問題の解釈によって、ラグランジュは一七六四年フランス科学学士院からグラン・プリを授けられた。ときにわずか二八歳であった。

このめざましい成功にはげまされて、学士院はさらに一層むずかしい問題を提出したが、ラグランジュはそれをも解いて一七六六年再び賞を得た。当時木星の衛星は四つしか発見されていなかった。木星系（木星、太陽および四衛星）は六天体の問題であった。

実際的計算に適合する形での完全な数学的解答は、今日（一九三六年）でさえわれわれの力の及ばないところにあるが、ラグランジュは近似的方法を使用して、観測上の均差《きんさ》の説明にいちじるしい進歩を遂げた。

ニュートンの学説をこのように応用することは、ラグランジュがその活動的な生涯を通じて、非常に興味をいだいたことであった。一七七二年三体問題に関する研究問題で、再びパリ学士院賞を獲得し、一七七四年と一七七八年にも、月の運動や彗星の摂動《せつどう》で同様な成功をおさめている。

これらのめざましい成功を早くからみとめたサルデニア王は、一七六七年ラグランジュにパリ、ロンドンへの旅費を出す気になった。そのとき、ラグランジュは三〇歳であった。イギリスにはサルデニア公使カラッチョーリに随行する予定であったが、パリに着いたとたん重病にかかりパリに留まるのをよぎなくされてしまった。それはラグランジュのために催《もよお》された宴会で、盛りだくさんなイタリア料理を食べすぎたためだといわれる。パリ滞在中、のちに貴重な友人となった僧院長マリを含めて、さまざまな有数の知識人と会った。この宴会でパリに住みつきたいという欲望が癒され、旅行できるまでに回復すると、まっすぐトリノに帰っていった。

とうとう一七六六年一一月六日には、遠慮がちではあるが《ヨーロッパ最大の国王》と自称するフリードリヒからベルリンに迎えられた。フリードリヒは、その宮廷に《最大の数学者》をかかえることを名誉としたのである。少なくとも、後者の《最大》だけはほんとうだろう。ラグランジュは、ベルリン学士院の物理学・数学科の主任となり、二〇年間というもの、学士院会報をつぎからつぎと大論文で飾っていった。彼は講義をする必要はなかった。

最初のあいだ、この若い主任は、いささか微妙な立場におかれているのに気付いていた。当然のことながら、ドイツ人は自分たちの頭上をこして外国人が輸入されることに憤慨し、フリードリヒの輸入人物に向かっては冷ややかないんぎんともつかない態度をもって向かった。実際、その態度は侮辱的であることもしばしばだった。しかし、ラグランジュは第一級の数学者であることに加えて、口を閉じていなければならない時と場所を心得ている、まれな才能をそなえた、思慮ぶかいおだやかな人物であった。気のおけない、友だちあての手紙では、自分やダランベールがきらっていたイェズス会士についてさえ、腹蔵《ふくぞう》ない口をきいたし、学士院への公式報告のなかでは、他人の科学的業績について、まったくおおっぴらに批評した。しかし、社交においては人に干渉するようなこともなく、たとえ理由のあることでも、人を怒らすようなことはなかった。また、同僚が自分の存在に慣れるまで、彼らから遠ざかっていた……、と告白している。

ベルリンでは、ラグランジュの生来の口論ぎらいが非常に役に立った。オイラーは宗教論争や哲学論争でたびたび大失敗をやらかしたけれども、ラグランジュは追いつめられて止むをえない場合でも、答えるまえにいつも、「私にはわかりませんが」という誠実な前おきをするのを忘れなかった。

だいたいにおいて、オイラーが自分の知らない哲学問題に突きかかるのをときどき不愉快に感じていたフリードリヒに、ラグランジュは共感していた。彼はダランベールに書いている。「われわれの友人オイラーは偉大な数学者ですが、哲学者の資格はありません」。また他の機会に、有名な『ドイツ王女への手紙』のなかで、オイラーが信心ぶかい説教をながながとしているのにふれて、この古典を《オイラーの黙示録注解》とあだ名している。偶然にもこれは、ニュートンが自然哲学への興味をなくしたときおちいった分別なさをも暗に皮肉っている。「彼が、形而上学的にこんなにも単純で子どもっぽいとは、信じられないくらいです」とオイラーについて書いているが、自分自身については、「私は論争が大きらいです」といっている。ラグランジュが手紙で行なう哲学論には、自分の発表する論文にはみられない案外な皮肉味がまじっている。たとえばこうも書いている。「いつも気づいていることですが、人のもったいぶりは、その人の功績と正確に反比例しています。これは道徳の公理の一つです」。宗教については、ラグランジュは、強いて名づければ、不可知論者であった。

フリードリヒは、ラグランジュをかかえたことをよろこび、何時間もなごやかに彼とともにすごし、規則的な生活のごりやくについて説教した。ラグランジュがオイラーとはきわだってちがうのを、フリードリヒはことのほか喜んだ。大王は、オイラーの目立ちすぎる信心深さと、宮廷的洗練さの欠如とに不快をもよおしていた。大王は、オイラーを気の毒にも《鈍重な片目の数学者》と呼ぶようにさえなった。当時オイラーは、一方の目だけしか見えなくなっていた。ダランベールに対して、フリードリヒは詩と散文でお礼のことばをあびせてこう書いた。「私の学士院で、片目の数学者を双眼の数学者にかえることのできたのは、まったくあなたの労苦と推薦《すいせん》のおかげです。これはとくに解剖学科にとって喜ばしいことです」。こんな皮肉をいったにしても、フリードリヒは決して悪意の人ではなかった。

ベルリンに落ちついて間もなく、ラグランジュはトリノから親戚の娘をよびよせて、結婚した。このことについては二つの説があるが、その一つによれば、ラグランジュはその娘や娘の両親と同居して、娘の買い物に興味を抱いた。彼は注意ぶかい性質のうえに倹約家でもあったので、娘の浪費をみるにみかねて自分で彼女のリボンを買ってやったりした。そのようなことから結婚しなければならないはめになったという。

もう一つの説は、ラグランジュの一通の手紙から推測できる告白がある。これは、恋におぼれているはずの青年が書いたものとしては、確かに不思議なほど冷淡な告白である。ダランベールは、彼をからかって書いている。「あなたは、われわれ哲学者のいわゆる運命的突進をなしたのだと思います……。大数学者は、何にもまして自分の幸福を計算できなければなりません。あなたはきっとこの計算をしてみて、結婚が答えであることを発見されたのだと思います」。

ラグランジュは、この手紙を本気でとりあげたのか、冗談のうえの試合でダランベールを負かそうとしたのかわからないが、とにかく勝ったのである。ダランベールは、ラグランジュがひとことも自分の結婚のことにふれた便りをよこさないのに、驚いてみせたのだ。

ラグランジュはこう返事した。「私の計算がうまかったか、まずかったかはわかりません。いや、むしろ計算などしなかったように思います。なぜなら、計算などしたら、ライプニッツのように考えすぎて、決心できなくなったでしょう。白状しますが、私は結婚したいと思ったことは一度もありません……。しかし、いろいろの事情から、親類の娘と婚約して、私の身のまわり一切の世話をさせることにしたのです。もしお知らせを怠《おこた》っていたとしたら、これはまったくささいなことなので、わざわざお知らせするまでもないと思ったからです」。

結婚生活は、妻が慢性病で寝つくまで幸福にすごされた。ラグランジュは寝食も忘れて看護につとめたが、そのかいもなく死亡し、彼は悲嘆にくれた。

ラグランジュは仕事になぐさめを求めた。「私の仕事は、心おだやかに沈黙して数学を研究することだけだ」。彼はそれから、気短な後輩たちを絶望させるような、彼の仕事の完璧さの秘奥《ひおう》をダランベールに物語っている。「私は強制されていないし、義務からというよりもむしろ自分の楽しみのために働くので、まるで建築好きの殿様と同じことです。私は結果に十分満足するまで、作ったりこわしたり、作りなおしたりしますが、満足することはめったにありません」。また他の機会には、過労のための病気についてこぼしてから、休息をとることができないといって、「十二分に満足するまでは論文を何度でも書きなおすという悪いくせは、どうしてもやめられません」。

ベルリンでの二〇年間におけるラグランジュの主な努力は、天体力学と彼の傑作の推《すい》敲《こう》とだけにかぎられていたわけではない。彼は、脇道にあたるフェルマの領域のなかへとそれていったが、これは数論においては簡単に見える問題でも、本質的にはどんなにむずかしいかを示す一例として、とくに興味をひく。大ラグランジュでさえ、数論研究には意外な労力が強いられるのにすっかりまいったのである。

一七六八年八月一五日、彼はダランベールにあてて書いている、「この数日間少し模様をかえて、整数論の問題にかかっていますが、思ったよりむずかしいことがたくさんあって驚いています。たとえば、ここにたいへん苦労してやっと解に到達した一例があります。平方数でない正の整数 n が与えられたとき、nx^2+1 が平方数になるような整数 x を見いだせというものです。この問題は、平方数〔ガウスに関連して説明するはずだが、今日のいわゆる**二次形式**〉の理論では非常に重大なものです。平方数は、ディオファントス解析における主要な対象です。それだけではなく、私はこの機会に、非常に美しいいくつかの整数論の定理を発見しましたが、おのぞみならそのうちにお知らせしましょう」。

ラグランジュが述べている問題は、アルキメデスや古代インド人以来の長い歴史を有するものであって、nx^2+1を平方数にすることについての彼の研究論文は、整数論における一標識となっている。彼はまた、いくつかのフェルマの定理とジョン・ウィルスン（一七四一〜一七九三）の定理とを証明した最初の人であった。ウィルスンの定理というのは、pを素数とするとき、$1, 2, 3, \cdots$ から $p-1$ までのすべての数をかけて1を加えると、その和はpによってわりきれるというものである。しかも、pが素数でなければ、このようなことは成り立たないというのである。たとえば、$p=5$ならば、実際$1\times2\times3\times4+1=25$となって5でわりきれる。これらは、初等的な推論によって証明することができ、数論における超知能テストの一つになっている。[1]

ダランベールは、返書のなかで、ディオファントス解析が積分学で有用かもしれない、と述べているが、くわしくは説明しなかった。が奇妙なことに、この予言は一八七〇年代にロシアの数学者G・ゾロタレフ[2]によって実現された。

ラプラースもまた一時、数論に興味をもったことがあって、フェルマの未証明の定理はフランス数学界最大の名誉ではあるけれども、またそのもっとも著《いちじる》しい汚点でもあり、この汚点を除くのはフランス数学者の義務である、とダランベールに語っていた。しかし彼は、それが困難きわまりないものであるとも予言した。彼の意見によれば、この困難の根本は、**離散的**問題（究極的には、1, 2, 3, … のようなポツポツを取り扱うもの）が、微積分が連続的問題に対して供給するような、一般的武器をもって攻撃できない点にあるというのである。ダランベールもまた数論について、「それは最初予想されたよりもむずかしい」といっている。ラグランジュやその友人たちのような数学者のこうした経験は、数論が本質的にむずかしいことを示すものかもしれない。

ラグランジュの一七六九年二月二八日付の他の手紙は、そのことの決着を報告している。「お話しした問題は最初の予想よりだいぶ手間どりましたが、とうとう幸福な結末をつけることができました。二つの未知数を有する不定二次方程式については、実際的に何ものもあますところはないと信じます」。これはあまりに楽観的すぎた。彼はガウスのことばを聞かなければならなかったのであるが、これはガウスの両親が結ばれる七年前のことであった。ガウスの誕生（一七七七年）の二年前、ラグランジュは悲観的な気持で自分の仕事を回顧している。「数論研究は、私にとって、もっとも労多く、もっとも功少ないものです」と。

元気なときのラグランジュは、自分の仕事の《価値》をめったに見誤ることはなかった。一七七七年彼はラプラースにあてて書いている。「私はいつも数学を野心の対象としてよりも、むしろ娯楽の対象とみなしてきました。そして私は、いつも不満足な自分自身の仕事よりも他人のをみて楽しんでいた、と断言できます。このことから、もし貴方が、御自身の成功によって嫉妬をのがれているとすれば、私も自分の気質によってそうしているのだということがおわかりでしょう」。これは、ラプラースが、自分は自分自身の崇高な好奇心をしずめるために数学を研究するのであって、《大衆》の喝采《かっさい》を博するために研究するのではない、といかにももったいぶった宣言——ただし、この宣言は彼の場合半分は偽《いつわ》りである——をしたのに対する答えである。

一七八二年九月一五日付のラプラースへの手紙は、『解析力学』の完成をつげているので、歴史的に非常に重要である。「私は副論文の第一部にある原理または公式だけを基礎にして、解析力学をほとんど完成しました。しかし、いつまたどこで印刷できるかわかりませんので、仕上げを急いでいません」。

ルジャンドルが印刷のための編集を引き受け、ラグランジュの古い友人である僧院長マリが、やっとのことでパリの一出版屋を説きふせ、出版してみることを承知させた。ところがこの如才《じょさい》ない出版屋は、僧院長が一定期日以後売れ残ったストックを全部買いあげるとの約束をしたのちにやっと、印刷にとりかかるのに同意した。本はラグランジュがベルリンを去ったのち、一七八八年まで出版されなかった。できあがった一部が彼らの手にわたされたときには、彼はもう一切の科学や数学に無関心になっていたので、本を開く気にもならなかった。当時のラグランジュの気持としては、印刷屋が漢字で印刷しても、かまわなかったであろう。

ラグランジュのベルリン滞在中の一研究は、近代代数学の発展上から非常に重要である。すなわち、一七六七年の研究論文『数係数方程式の解法について』、および方程式の代数的可解性についての一般的問題を扱ったあとの付録論文である。おそらく、方程式の理論と解法とにおけるラグランジュの研究の最大の重要性は、一九世紀初期の有数な代数学者に与えたその霊感であろう。着想と霊感を求めてラグランジュに立ち帰った人びとが、三世紀以上も多くの代数学者を悩ましつづけた問題を、ついに解決した例もまれではない。ラグランジュ自身は、中心的な難関——与えられた方程式が代数的に解けるための必要で十分な条件を求めること——を解決しはしなかったけれども、その解決の萌芽《ほうが》は、すでに彼の仕事のなかに含まれていたのである。

この問題は、代数学上の大問題の一つであるが、簡単に説明することもできるから、ここでちょっと触れておこう。これは一九世紀の大数学者であるコーシー、アーベル、ガロア、エルミート、クロネッカーの業績のなかに、しばしば起動力として現れてくるものである。

まず第一に、数係数の代数方程式を解くことは、何の困難もないことを強調しておかなければならない。もし方程式が高次のもの、たとえば、

$$3x^{101}-17.3x^{70}+x-11=0$$

であったら、たいへんな骨折り仕事にはなるが、そのような場合にも単刀直入な方法が多く知られていて、それによってこのような**数字**方程式の解は、指定された任意の正確さまで求めることができるのである。これらの方法中のあるものは、現在では学校代数の正規の課程の一部をなしている。しかしラグランジュの時代には、数字方程式を、指定された精度まで解くための一般的な方法は、たとえ存在していたとしても、一般には用いられていなかった。ラグランジュは、そのような方法を案出した。理論的には、要求された課題を果たしたが、実際的ではなかった。今日数字方程式にとり組んでいる技師で、ラグランジュの方法を使おうなどと思うものはだれもいないだろう。

ところが、われわれが、**文字**係数の方程式、たとえば、$ax^2+bx+c=0$, あるいは、$ax^3+bx^2+cx+d=0$, その他四次以上の方程式の**代数的**解法を求めようとすることになると、真に重大な問題が生じてくる。それは、未知数xを既知項$a, b, c, \cdots$で表す一組の公式を求め、その公式を方程式の左辺に入れると、左辺は〔恒等的に〕0になるようにすることである。n次の方程式については、未知数はちょうどn個の値をもつ。たと

えば、上述の二次方程式については、

$$\frac{1}{2a}\left(-b+\sqrt{b^2-4ac}\right),\ \frac{1}{2a}\left(-b-\sqrt{b^2-4ac}\right)$$

が二つの根を表す求める公式で、これを x に代入すると ax^2+bx+c は〔恒等的に〕0になる。この際求める x の値は、つねに有限回の、加減乗除の四則と開方を使って $a, b, c, \dots$ によって表されなければならない。問題というのはこれであるが、果たしていつも解けるのであろうか。その解答は、ラグランジュの死後約二〇年たってやっと見いだされたけれども、糸口は彼の著作中に容易に認められる。

広大な理論への第一歩として、ラグランジュは四次までの一般方程式に対して、先輩たちが与えたあらゆる解法をあますところなく研究し、解法を得るためにしぼり出された一切の工夫は、一般的方法でおきかえられる、ということを示すのに成功した。この一般的方法のなかに、前述の糸口が含まれているのである。$a, b, c, \dots$ などの文字を含む代数式が与えられたとしよう。もし、そのなかの文字をあらゆる可能なやり方で交換したとすると、与えられた式からどれだけの異なった式が導きだされるだろうか。たとえば、$ab+cd$ で、b と d をおきかえると、$ad+cb$ となる。この問題は、密接な関係のあるもう一つの問題を暗示するが、それもまた、ラグランジュが秘めていた糸口の一部であった。つまり、どんな文字の交換が、与えられた式を不変にしておくか、というのである。たとえば、$ab+cd$ で、a と b を交換すると $ba+cd$ となるが、$ab=ba$ であるから、これは $ab+cd$ と同じである。これらの問題から、**有限群《ぐん》の理論**が発生してきた。この群は、代数的可解性に関する問題解決の鍵であることがわかるのであるが、それについては、コーシーとガロアとを考察する際に説明しよう。

もう一つ注目すべき事実が、ラグランジュの研究中に現れている。すなわち二次、三次および四次の一般代数方程式は、それより低次の方程式〔分解方程式〕の解に関連させて解くことができるのである。これは二次、三次および四次の方程式に対しては、手ぎわよくまた一律に有効なのであるが、五次の一般方程式

$$ax^5+bx^4+cx^3+dx^2+ex+f=0$$

に対してまったく同じことを試みた場合には、**《分解方程式》**は、五次より低くなるどころか、六次のものになってしまう。これでは、与えられた方程式を、よりむずかしいものにおきかえることになる。2, 3, 4 に対して有効な方法も、5 に対しては無効なのである。そして、不都合な 6 をさけて通る何らかの手段がないかぎり、道は閉ざされているのである。事実、のちに、この困難はさけて通ることができないことが判明する。これは、ユークリッドの方法で、円と等積の正方形を作ったり、角を三等分したりすることができないのと同じことである。

フリードリヒ大王の死（一七八六年八月一七日）の後、非プロイセン人に対する反感と科学への無理解から、ラグランジュや学士院の彼の外国人同僚にとって、ベルリンは住みよいところではなくなったので、彼は辞職を希望した。この辞職は、一定年数のあいだ、学士院の会報に研究論文を発表するという条件でゆるされ、彼もこの条件に同意した。彼は、喜んでルイ一六世からの招聘《しょうへい》を受諾し、フランス学士院の一員として、パリで数学研究を続けることになった。一七八七年パリに着いたとき、彼は王室と学士院から最大の敬意をもって迎えられた。ルーヴル宮に気持ちのよい住居をあてがわれ、そこに大革命まで住んでいたが、ことにマリー・アントアネットからは特別な寵愛《ちょうあい》をうけた。それから六年後、彼女は断頭台にのせられた。マリーは、ラグランジュより一九歳ばかり年下であったが、彼をよく理解していたらしく、彼の重苦しい憂鬱を軽減するためできるだけのことをしてくれた。

五一歳になって彼は、万事が終わったように感じた。これは明らかに、長いあいだの過労からきた神経衰弱である。パリの人のあいだでは、彼は優しくて、話して気持ちのよい人と思われていたが、自分から話しかけるようなことはなかった。話しても多くを語らず、放心したように見え、いかにも憂鬱らしかった。ラヴォアジエの家で催《もよお》される科学者の会合でも、ラグランジュは窓ぎわにぼんやり立って外をながめ、彼に挨拶にくる人びとに背をむけていた。それはまったく、悲しい無関心そのものの図であった。自分でも、情熱はもう消えてしまい、数学に対する興味も残っていない、と語っていた。ある数学者が、何か重要な研究をしていると聞くと、「それは結構なことです。私もそれを始めたことがありますが、でも、仕上げる必要もないでしょう」と答えるのがつねであった。『解析力学』は、二年間も机の上に開かれずにおかれてあった。

ラグランジュは、いまや数学と名のつくものは何でもいや気がさして、自分が本当に興味をもっていると信ずるものに向かった。あたかも『数学的原理』の後のニュートンのようである。すなわち、形而上学・人間思想の進化・宗教史・一般言語理論・医学および植物学である。この奇妙な雑学において、彼はその広汎《こうはん》な知識と、数学に無関係な事物に対する洞察力とによって、友人たちをおどろかせた。化学は当時、それに先行した錬金術とは違って、急速に科学となりつつあった。それは、主としてラグランジュの親友ラヴォアジエ（一七四三〜一七九四）の努力のおかげであった。化学の初学者のだれにでもわかるような意味で、ラグランジュは、化学を《代数のようにやさしく》したのは、ラヴォアジエだと言明した。

数学については、ラグランジュはそれが終わりをつげた、少なくとも衰亡時代にはいったと考えていた。化学・物理学また科学一般が将来第一流の天才の興味をひくにたる領域となるだろうと彼は予想し、学士院や大学における数学の講座は、まもなくアラビア語のそれと同じ程度の取るにたらないものになるだろう、と予言さえした。ある意味では正しかった。ガウス、アーベル、ガロア、コーシーその他の人たちが数学に新しい観念を注入しなかったなら、ニュートンのまきおこした波紋は、一八五〇年までに消え失せてしまったことであろう。幸いにも、ラグランジュは長命してガウスがその輝かしい経歴をふみだすのをみて、自分の不安は根拠のないものであったと悟《さと》ることができた。一八〇〇年以前の時代は、その最盛時でさえ現代数学のほんのあけぼの程度にすぎない。そしてわれわれはいまなお早朝にあり、もし到来するとすればその白昼はどんなにすばらしいものかと想像する。こう考えるわれわれは、今日ラグランジュの悲観論を微笑をもってむかえるのであるが、また彼を手本として、予言をさけることをも学ぶものである。

フランス大革命は、ラグランジュの無感動をうち砕いた。彼はもう一度生きかえって、数学に清新な興味をそそぐようになった。バスティーユ陥落の日一七八九年七月一四日は、参考のためにも記憶すべき日であろう。

フランスの貴族や科学者は、彼らが何の渦中にまきこまれているかをついに悟り、ラグランジュにベルリンへ帰るようにすすめた。ベルリンでは歓迎されるのがわかっているし、彼の出発に反対した人は一人もいなかったのである。しかし彼は、パリを去るのをこばみ、とどまって《実験》をみとどけたいといった。彼も友人たちも、予想もしなかった恐怖政治がいよいよやってきたとき、ラグランジュはあまり遅くまでふみとどまって、逃げもせずにいたことをいまさらながら後悔した。もっとも彼は、生命の危険をおそれていたわけではない。第一に、彼はなかば外国人なのだから殺される心配はないし、第二に、自分の生命にたいした執着ももっていなかったからである。だが、あまりの残酷さは彼の心をいためた、人間性と常識とに対して、少しばかり残っていた信頼の念がほとんど消え失せてしまった。「お前がそれを望んだのだ」。残虐な行為があとからあとから続いて起こり、革命時にはさけがたい恐怖を目にするためにとどまっていたような誤りを悔いるごとに、彼はこういって自分自身をせめた。

人類の更生と人間性の改革とを目ざす革命家たちの雄大な計画も、彼を感激させるにはたりなかった。ラヴォアジエが断頭台《ギロティン》に登ったとき、ラグランジュは、その愚かな処刑に対する憤怒を抑えることができなかった。社会正義だけを問題としたら、たしかに彼は断頭台に登る資格はあったろう。「彼の首を落とすのは、一瞬の手間にすぎない。だが同じような頭をつくるには、一〇〇年でも十分とはいえないのだ」。けれども収税請負人であり大化学者であったラヴォアジエの首を無事に肩の上にのせておく常識的理由として、彼の科学への貢献があげられたとき、侮辱され圧迫されていた市民たちは「民衆に科学はいらない」と叫んだのであった。彼らは正しかったといえるであろうか。化学がなければ、石鹸《せっけん》も作れないのである。

ラグランジュの全研究生活は、実際には王侯の保護のもとに送られたのではあるが、彼は決して王党派にくみしてはいなかった。また、革命家の側に同情するのでもなかった。彼は、両党派から容赦なく切りくずされる文明の中道にはっきりと、また断固として立っていたのである。彼は、人間の忍耐の限度をこえるほど虐待《ぎゃくたい》されてきた民衆に同情し、正当な生活条件を獲得するための闘争に彼らが勝つことを祈っていた。だが、彼の心はあまりにも現実的で、民衆の指導者たちが人間性改革のためと称する幻想的な計画にまどわされることはなかったし、またそのような計画をつくりだすことが、情熱的な断頭台処刑家の叫ぶような、人間性の偉大さの疑うべからざる証拠だとも信じられなかった。「もし本当に偉大な人間精神をみたいと思うなら、ニュートンが白光を分析したり、宇宙のヴェールをはいでいる書斎にはいってみたらよい」と、彼はいった。

ラグランジュは寛大に取り扱われた。政府は、特別な布告をもって彼に《年金》を与え、インフレーションでその年金がほとんど無価値になったとき、彼を発明委員会の委員に任命してその不足を補い、また造幣《ぞうへい》委員にも任命した。一七九五年高等師範《しはん》学校が設立されたとき(その第一回は短命に終わったが)、ラグランジュは数学教授に任命され、高等師範学校が廃止になり、パリ高等理工科学校が一七九七年に設立されたとき、彼はその数学科の課程の企画に参加し、その最初の教授になった。彼は生徒の準備がととのっていないような場合、講義を要求されるまではけっして教えなかった。自分自身の教材に適応させ、算術や代数から解析へと生徒を導いたが、教師であるよりむしろ生徒の一人のようにみえた。当時最大の数学者はまた偉大な数学教師になったのである。ナポレオン配下の若い熱烈な技術家を養成して、将来のヨーロッパ征服に備えさせたのも、彼であった。何事かを知っているものは教えることができないという、神聖な迷信は粉砕された。初歩の段階よりはるかに進んで、ラグランジュは生徒の面前で新数学を発展させ、やがてその生徒たちがみずから、その発展に参与したのであった。

このように発展させられた二つの仕事が、一九世紀初頭の三〇年間の解析学に大きな影響を及ぼすことになる。ラグランジュの生徒たちは、微積分学の旧来の形式にしみ込んでいる無限小や無限大という概念に困難を感じた。そこでラグランジュは、この困難を克服するため、ライプニッツの《無限小》やニュートンの極限に関する特殊な概念を使わずに、微積分学を発展させる仕事にとりかかった。彼自身の学説は、二つの論文――『解析関数論』（一七九七）と『関数解析講義』（一八〇一）――に発表された。これらの論文の重要性は、数学のうちにあるのではなく、コーシーその他の人びとを刺激して、満足すべき微積分学を構成させた点にある。ラグランジュは完全には成功しなかった。とはいっても、われわれは現代においてすら、ラグランジュが闘って敗れた難関が、まだ完全に克服されるまでにはいたっていないことを思い起こさずにはいられない。彼の企ては立派なものであり、また当時としては満足すべきものでもあった。われわれ自身の試みが、彼のものほど長つづきしたなら、それで十分ではあるまいか。

革命期におけるラグランジュのもっとも重要な業績は、度量衡《どりょうこう》におけるメートル法の完成に指導的役割を果したことであろう。10の代わりに12という数が数構成の底数として選択されなかったのは、彼の皮肉と常識によるものである。12の《ごりやく》は明らかであって、今日でも狂信者の群れと異ならない熱心な主張者は、人を感動させるような論文をものして、宣伝している。10進記数法の上にさらに12進法をかさねるのは、五角形の穴に六角形の釘を打ちこむのと変わらない。12進法の不合理を、どんな変屈者《へんくつもの》にもわからせるため、ラグランジュは、それよりよいものとして11進法を推奨《すいしょう》した。どんな素数を底数にしても、すべての分数が同分母の形で表されるという利点がある。それに反して、12進法の短所は数多くあり、短除法《たんじょほう》を理解しているものには、だれにでも明らかである。そこで、委員会は10進法の採用を可決した。

ラプラースもラヴォアジエも、委員会が初めて構成されたときの委員であったが、三カ月後他の人びとといっしょにその椅子から《パージ》され、ラグランジュは委員長として残った。「なぜ私が残されたのかわからない」と、彼はいぶかっていたが、それは彼の沈黙の才能が、その椅子のみならず首までも救ってくれたことに気づかなかったからである。

興味ぶかい仕事をしていたにもかかわらず、ラグランジュはまだ孤独で、元気がなかった。この生と死のあいだのたそがれから救われたのは五六歳のときで、その救い主は彼の友人である天文学者ルモニエの娘で、四〇も年下の少女であった。彼女はラグランジュの不幸に心うたれ、結婚を切望した。はじめは反対であったラグランジュも、ついにその情熱にほだされて承諾した。老人とうら若い娘とのあいだの男女関係の法則がどんなものであるかはわからないが、この結婚は理想的なものであった。若い妻は、単に夫に忠実であったばかりでなく、またとない良妻であることを証明した。彼女は、夫を外界につれだし、生きようとする欲望を再び起こさせるのを自分の生の目的とした。ラグランジュは、自分の側でもできるだけ譲歩し、いままで一人ではけっしてゆこうとしなかった舞踏会にも、妻といっしょに出席した。ほどなく、彼は一分間でも妻から目をはなすのにたえられないようになり、そのほんのわずかな買物などの留守にも非常な苦痛を感じるほどになった。

この新しい幸福にひたっているあいだでさえ、ラグランジュは、実生活から奇妙にも超然とした態度をもちつづけ、自分自身の欲望についても、以前と変わりなく、完全に正直であった。「私ははじめの結婚で子どもができなかった。二度めの結婚でできるかどうかわからない。欲しくもない」と彼はいった。彼の心からの、そしてかくしだてしないことばによれば、彼のあらゆる成功中もっとも貴重なものは、その若い妻のような献身的で心やさしい伴侶を見いだしたことであった。

いまでは、フランス国民は栄誉の雨を彼のうえに降らせている。かつて、マリー・アントアネットの寵臣《ちょうしん》であった男は、いま彼女を殺害した民衆の偶像となったのである。一七九六年、フランスがピエモンテを併合したとき、タレイランは、当時まだトリノに生きていたラグランジュの父を、儀礼をもって接待すべき命《めい》をうけ、彼をたずねてつげた。「ピエモンテが生んだことを誇りとし、フランスが所有するのを誇りとする御令息は、その天才によって、全人類に名誉を得させたのであります」。ナポレオンは外征のあいまに内政にたずさわっているとき、しばしばラグランジュと、哲学問題や近代国家における数学の機能について語りあい、いつも熟考してからことばを発し、けっして独断的にならない、このことばつきのやさしい人物に対し、深い尊敬の念をいだいていた。

ラグランジュは、そのおだやかな内気さのなかに、皮肉な機智をかくし、ときどきはそれが思いがけない機会にとびだすのであった。ときには、それがあまりに巧みだったので、ラプラースのようなぞんざいな人は、自分に向けられているのに気づかないほどであった。あるとき、単なる空想やあいまいな理論化に対して、実験と観察とを弁護していった。「これらの天文学者は奇妙な人びとで、自分たちの観察に一致しない理論は信じない」。彼が音楽会でうっとり聞いているのをながめて、ある人が、なぜ音楽が好きなのかとたずねたとき、彼は「音楽は私を孤独にするから好きなのです。私は初めの三節まできいていますが、四節めにはもう何もわかりません。私は自分を思索にまかせてしまいます。何ものも私を邪魔しません。こうして私は、何題となくむずかしい問題を解きました」と答えた。彼のニュートンに対する心からの敬意でさえ、同じようなおだやかな皮肉味をおびている。彼は「たしかにニュートンは卓越した天才であった。しかしわれわれは、彼がまたもっとも幸運な人であったこともみとめなければならない。宇宙の体系を確定できる機会は一度しか見いだせないからだ」と断言している。そしてまたこうもいっている。「あの時代に、宇宙の体系がまだ発見されないでいたことは、ニュートンにとってどれほど幸いであったことか！」。

ラグランジュの最後の科学的努力は、『解析力学』第二版のための改訂と増補とであった。すでに七〇歳を越えてはいたが、以前の精神が復活したかにみえた。そこで、かつての習慣にたちかえって休まず働いたが、その結果肉体がもはや精神に服従しないことを悟らざるを得なかった。まもなく彼は、とくに朝ベッドを離れるときに、卒倒の発作を起こしはじめた。ある日妻は、彼が床の上に倒れ、そのとき机の角《かど》に頭をぶつけ、けがをしているのを発見した。その後彼は、あまりに精を出すのはやめたけれども、仕事だけは続けた。自分自身、病気が重症であることを知っていた。だが病気のために冷静さを失うようなことはなかった。その一生を通じて、ラグランジュは哲学者が希望する生活のように、運命には無関心に生きた人であった。

ラグランジュの死ぬ二日前、モンジュその他の友人は、彼の死期が近づいていること、また何か自分の生涯について話したいことがあるだろうと察して、彼を訪問した。彼はそのとき、気分はよくなっていたが、記憶の喪失で話したいこともよくは話せない状態であった。彼は語った。

「みなさん、私は昨日たいへん具合が悪くて、もう死ぬかと思いました。からだが少しずつ弱くなってゆくのです。心とからだとの機能が知らないうちに消えてゆくのです。私は、自分の力が規則正しく減ってゆくのを観察していました。こうして私は、悲しみもなく、後悔もなく、非常に静かな衰え方で終わりに近づいてきました。死ぬのはちっとも恐ろしいことではありません。もし苦痛なしにやってくるのなら、それは不愉快ではない最後のお務めなのです」。

彼は、生命の座は肉体中の全器官に分布されていて、それが彼の場合には、全体にわたって一様に衰弱したのだと信じていた。

「数分間で、もうどこにも活動がなくなる。いたるところ死だ。死は肉体の絶対的休息にすぎない」。「私は死にたい。そうです、私は死にたいのです。私は死のなかに快楽を見いだします。でも妻はそう思っていません。いま私はもう少し劣った妻、もう少し私の力の復活に熱心でない妻だったらと思います。そうすれば私は、安心して死ねることでしょう。私は出世もしましたし、数学で有名にもなりました。私はだれをも憎まず、何も悪いことをしませんでした。もう死んでもいいのです。でも妻はそう思いません」。

彼の願いは、まもなくかなえられた。友人たちが立ち去ってからまもなく、再起不能の卒倒が彼をおそった。そして一八一三年四月一〇日の早朝、七六歳でその目を閉じた。

11　農民から俗物へ――ラプラース

自然のもろもろの現象はすべて少数の不変の法則の、数学的帰結にすぎない。

――P＝S・ラプラース

侯爵ピエール＝シモン・ド・ラプラースは、生まれながらの百姓でもなく、俗物紳士として終わったのでもない。しかし、第二義的な場面においては、その輝かしい経歴は表題のような範囲内にかぎられていて、この大ざっぱな見かたからすれば、人間性の一標本として、多大の興味がある。

数理天文学者として、ラプラースがフランスのニュートンと呼ばれるのは正当であり、数学者としては近代確率論の創始者とみなしてもよいだろう。人間的な面ではおそらく、高貴な職業は必然的に高貴な性格をつくる、という教育学上の迷信をうらぎる、もっともきわだった実例であろう。しかし、苦笑を禁じえないようないろいろな弱点——肩書き崇拝、政治上の変節、たえず人びとの尊敬のまとになっていたいという欲望——にもかかわらず、ラプラースの性格のなかには、真の偉大さの要素がある。真理のための真理への無私な献身について、彼がいったことを全部が全部信じなくてもよいし、また、彼がニュートンのいわゆる《海辺にあそぶ少年》をこぎれいな警句にはめこもうとして、「吾人の知るは多からず、知らざるは無量なり」という臨終のことばをつくり、練習していた入念さに微笑してもよい。だが術策にたけた恩知らずな政治家の常套手段だというので、ラプラースが未知の入門者に対してほどこした親切までも否認することはできない。一青年に救いの手をさしのべるために、ラプラースは、一度自分自身をあざむいたことがある。

ラプラースの幼少期については、ほとんど知られていない。両親はフランス、カルバドス県ボーモン・タン・オージュに住む百姓で、ピエール＝シモンは一七四九年三月二三日そこで生まれた。ラプラースの青少年期のことがはっきりしないのは、彼の俗物根性のせいである。彼は自分の貧しい両親のことを心底から恥じており、自分が農民出身であることを、必死になってかくそうとしたものである。

ラプラースは、近所の金持ちの世話で機会をつかんだが、これはおそらく、村の学校で非常に成績がよかったからだろうと思われる。彼の最初の天才ぶりは、神学上の論争に現れたという。もしこれがほんとうならば、成年期のやや積極的な無神論に対して、おもしろい序幕だったといわなければなるまい。彼は早くから数学に首をつっこんだ。ボーモンには士官学校があって、ラプラースはそこへ通い、また一時そこで数学を教えたこともあったといわれている。たしかではないが、ある説によると、そこでは数学的才能よりもむしろそのおどろくべき記憶力のために、人の注目をひき、そのおかげで有力者の推薦《すいせん》を受けてパリにゆくことになったのだという。ときに一八歳であったが、以後彼はボーモンの泥を靴から永久に払いおとし、幸運発見の途にのぼったわけである。自分の実力についての自己評価は高かったが、高すぎるというほどでもなかった。青年ラプラースは正しい自信をもって数学界を征服するためパリに乗りこんだのであった。

ラプラースは、パリに到着するとダランベールをたずね、推薦状を差し出した。彼は面会をことわられた。ダランベールは、有名人だけの推薦を受けてきた青年には興味がなかったのだ。若者にしては洞察力を発揮して、ラプラースはなにが原因かを察し、宿にかえると、ダランベールにあてて、力学の一般法則についてのすばらしい手紙を書いた。これが効き目を現した。ダランベールは返事をだしてラプラースに会いにくるようにいった。「お気付きのように、私はあなたの紹介状にあまり注意を払いませんでした。あなたにはその必要はありません。そんなものがなくても、あなたはご自分をよく紹介しました。私にはそれで十分です。あなたは当然私の支持をあてにしてくださってよろ

P-S. ラプラース

しい」。数日後、ダランベールの尽力によって、彼はパリ士官学校の数学教官に任命された。

いまやラプラースは、ニュートンの引力の法則を微細にわたって全太陽系に適用するというその生涯の大事業に身を投じていた。もしこのほかに何もしなかったなら、彼はもっと偉大になっていただろう。ラプラースは、どんな種類の人間になりたかったかを、一七七七年二七歳のとき、ダランベールあての手紙のなかで書いている。このなかのラプラースは、自己分析における現実と夢想とのもっとも奇妙な錯綜の一例である。

「私が数学を研究してきたのは、虚栄心というよりいつも趣味からでした。私の最大の楽しみは、発明家の進歩の跡をたどり、彼らの才能が障害とぶつかってそれを乗りこえてゆくありさまをみることです。私は、自分の身を彼らの立場において、自分なら同じ障害をどんなにして乗りこえただろうか自問してみます。これはたいていの場合、自分の自負心を傷つけるだけに終わるのですが、それにしても、彼らの成功を祝う喜びは、私の小さな屈辱感をつぐなってあまりあります。もし私が、幸運にも彼らの業績に何物かをつけ加えることができたとしたら、自分の功績は全部彼らの最初の努力に帰する考えです。彼らが私の立場にあったら、私よりはるかに進歩していたと確信しますから……」。

この文章の最初のほうの文句に対しては、別にいうこともない。だが、あとのほうの、こなまいきな一〇歳ぐらいの男の子が人のいい日曜学校の先生にだすような、つんとすました感想文の調子はどうだろう。とくに自分の《ひかえめな》成功を、先輩たちの下準備のおかげだなどと気まえよくへりくだっているところにご注意あれ。このあからさまな恩義の告白ほど、真実からほど遠いものはない。正直のところ、ラプラースは、同輩のものでも、先輩のものでも、利用できるものは何でも手当たりしだい遠慮会釈なく盗んだのである。たとえば、ラグランジュからはポテンシャル（後述する）の根本概念をとりあげ、ルジャンドルからは解析学に必要なものは何でもとり、最後に、彼の傑作『天体力学』では、自分の研究に包含《ほうがん》されている他人の研究については、故意に言及をさけ、彼だけで天体の数学的理論を創造したと後世に信じさせようとしている。もちろんニュートンからのたびたびの引用はさけられなかった。ラプラースは、こんなにまで狭量《きょうりょう》になる必要はなかったのである。太陽系の力学に対する彼自身の巨大な貢献は、彼が無視した人びとの研究を容易に圧倒し去るものであったのだから。

ラプラースが考究した問題の複雑さと困難さとは、同様な企てを見たことのない人には、わからないであろう。ラグランジュを論ずるにあたって、われわれは三体問題にふれておいたが、ラプラースのとりかかったのもそれと同様の問題で、規模が大きいだけである。彼は、ニュートンの法則から、太陽系の諸惑星相互間の、および太陽に対する摂動《せつどう》――横のほうにひきつけたり、方向をそらしたりすること――の綜合的結果を解かなければならなかった。土星は、その平均運動量が不断に減少していくが、そのために太陽系外の空間にさまよい出るであろうか。あるいはそれでもまだ太陽系の一員としてとどまっているのであろうか。木星と月との加速度は、ついには一方を太陽の中におとし、他方を地球と衝突させたりしないであろうか。これらの摂動は、累積的で発散的であろうか。あるいは周期的で保存的であろうか。これらの問題とそれと同様の他の謎が、つぎの大問題の細目《さいもく》であった。つまり、太陽系は安定であるか不安定であるか？　ニュートンの引力法則が、実際に普遍的であり、また惑星の運動を統制する唯一の原理だと考えられていたのである。

この一般問題へのラプラースの重要な第一歩は、一七七三年彼が二四歳のときに踏みだされ、太陽からの諸惑星の平均距離は、ささいな周期的変化をのぞいては、不変であることが証明された。

ラプラースが安定性の問題に着手したときには、専門家の意見はせいぜい中立的であった。ニュートン自身は、神のときどきの干渉がなければ、太陽系は秩序立たず、破壊か分解かはさけられないと信じていた。オイラーその他の学者は、太陰運動論（月の運動）のむずかしさに眩惑《げんわく》され、惑星とその衛星との運動が、はたしてニュートンの仮説で説明できるかどうかを疑っていた。つまり、作用している力の数があまりに多く、その相互作用があまりにも複雑であるので、合理的な推測は不可能であろうと見ていたのである。ラプラースが、太陽系の安定性を証明するまでは、学者の推測は、どれもこれも似たりよったりのものであった。

おそらく、読者諸君がすでにいだいていると思われる反対論をここで片づけておくために、安定性の問題に関するラプラースの解答は、ただニュートンと彼とが想像していた、高度に理想化された太陽系にのみ有効であると、述べておこう。なかでも、潮汐《ちょうせき》の摩擦（地球の日々の自転にブレーキをかけているような）が無視されている。『天体力学』が出版されて以来、われわれは太陽系について、ラプラースの知らなかったいろいろなことを学んでいる。ラプラースの理想的なものとは反対の実在の太陽系の安定性の問題は、いまだに確定をみていないといっても過言ではあるまい。だが、たとえ天体力学専門の学者のあいだで学説がいかに相違していようとも、有力な意見は、ただ彼らからはじめて得られるのである。

ある人びとは、その気質の上から、複雑な周期運動を絶え間なく繰り返す永久に安定な太陽系というラプラースの着想を、果てしない悪夢のように重苦しいと感ずるかもしれない。これらの人に対しては、新しい慰めとして、太陽はいつか新星のように爆発するだろうという説を紹介しておく。そのときにはもう、安定性の問題がわれわれを悩ますこともないであろう。なぜなら、そのときわれわれは突然みんな完全なガス体になってしまうのだから。

この輝かしい出発に対して、ラプラースは二四歳になるかならないかで、科学学士院の会友という、彼の経歴中での最初の高い名誉をもってむくいられた。その後の彼の学究生活を、フーリエはつぎのように要約している。

「ラプラースは、そのあらゆる著述に一定の方向を与え、けっしてその方向から離脱しなかった。彼の見解のゆるぎない不変性は、彼の天才のもっともいちじるしい特徴である。彼はすでに〔太陽系の問題を研究しはじめたときに〕、数学解析の先端におり、そのあらゆる機微《きび》を知りつくし、どんな人も彼より優れてその領域を拡張することはできなかった。彼は、天文学の主要問題を解決し〔それは一七七三年学士院に報告された〕、全才能を数理天文学に捧げようと決心したが、のちにこの決心を貫いて、この学問を完成させた。彼は、自分の遠大な計画を熟考し、科学史上まれにみる忍耐力をもって全生涯をその完成につくした。問題の広大さは、彼の天才の正当な誇りを満足させるのに十分であった。彼はプトレマイオスの『アルマゲスト』にも匹敵する著書『天体力学』にとりかかったが、この不滅の傑作は、近代における解析科学〔数理解析〕がユークリッドの『幾何学原論』を凌駕《りようが》したように、プトレマイオスの著書をしのぐものである」。

これ以上正しい評価はない。ラプラースが数学において行なったことは何でも、この大問題解決の補助手段として企てられたのである。ラプラースは、自分の最善と信ずるただ一つの中心目的に全力を集中するという、天才にとっての常識の偉大な一例であった。ときたま脇道へそれることがあっても、それも長くは続かなかった。一度は数論に強く魅せられたこともあったが、その謎が太陽系の研究に割りあてられた時間にくいこむのを悟って、まもなく放棄してしまった。彼の画期的研究である確率論でさえも、ちょっと見ると彼の進路からそれているように思われるが、数理天文学研究上の必要から霊感を受けたものなのである。一度理論に深く入りこむや、彼は、それがあらゆる厳密科学にとって不可欠なものであることを知り、力のかぎりそれを発展させるのが正当だと信じたのであった。

ラプラースの全天文学研究を理論体系にまとめあげた『天体力学』は、二六年以上にわたり、数回にわけて出版された。惑星の運動、その形状（回転体としての）および潮汐現象を扱った第二巻が一七九九年に現れ、一八〇二年と一八〇五年との二巻でもその研究を継続し、最後に一八二三〜二五年の第五巻で完成した。そのなかの数学的説明はきわめて簡潔で、ときには不手ぎわでさえある。ラプラースが興味をいだいたのは結論だけで、そこに到達するまでの経路ではなかった。複雑な数学的議論を短くわかりやすい形式にちぢめる労力をはぶくため、彼はしばしば結論以外のすべてを略し、「容易にわかるように」という楽観的なことばですましておいた。ところが、彼自身これら説明するまでもない結論にたどりつくために、もう一度推理を繰り返した場合には、数時間、あるときには数日間も苦しんだものである。相当才能にめぐまれた読者でさえもやがて、この有名な「すぐにわかるように」にぶつかるごとに、また一週間も苦しい勉強を強いられるのかと、思わずためいきをもらすほどである。

『天体力学』の主要な結論をもっと読みやすくしたものが、一七九六年『宇宙体系解説』という表題で現れたが、これはまったく数学のはいらないラプラースの傑作と称されている。この本と『確率論』（一八二〇年第三版）の長い非数学的緒論（四折判一五三ページ）とで、ラプラースは数学者であると同時に大文章家であることをも証明した。数学者だけにわかる専門的な点にわずらわされないで、確率論の範囲と魅力とをいちべつしたい人は、ラプラースのこの緒論を読むにこしたことはない。ラプラースが書いて以来、ことに最近確率論の基礎理論において、多くの新しい研究が行なわれたけれども、彼の解説はいまだに古典としての価値があり、少なくとも確率論の全域に関する一原理の完全な表現でもある。いうまでもなく、この理論はまだ完成していない。それだけでなく、まだ着手されてさえいないように考えられはじめている。つぎの時代がすべてを新しくやりなおさなければならないのかもしれない。

ラプラースの天文学研究で、一つの興味ぶかい項目があるので、ついでにここでふれておこう。それは、太陽系の創成に関する有名な星雲説である。カントが先行していたことに気づかず、ラプラースは、なかば冗談にそれを注解のなかで提議したのだった。彼の数学は、組織的な研究に対しては不十分であって、それが何らかの科学的意義をもつようになったのは、ジーンズが現代にいたって論議を再開してからのことである。

一八世紀フランスの指導的科学者、ラグランジュとラプラースの二人は、興味ある対照的な型をなし、その対照は数学の発展とともにいちじるしくなってきた。ラプラースは数理物理学者の領域にはいり、ラグランジュは純粋数学者の種族に属する。自分自身数理物理学者であるポアソンは、ラプラースのほうをむしろ好ましい型とみなしていたようである。すなわち、つぎのようにいっている。

「数の研究にせよ、月の秤動《ひょうどう》論にせよ、ラグランジュとラプラースとのあいだには深い相違がある。ラグランジュはしばしばその扱う問題のなかに数学のみを見る。諸問題は数学のためのさまざまな機会を提供するにすぎないようにみえる。したがって彼は、優雅さと普遍性とを高く評価したのである。これに反して、ラプラースは、数学を主として道具とみなし、特別な問題が起こるたびごとに、それに適合するように数学を修正した。一方は大数学者であり、他方は高等な数学を使って自然を知ろうとつとめた大哲学者であった」と。

フーリエ（後述）もまた、ラグランジュとラプラースとの根本的な相違におどろいた。フーリエは、自分自身数学においてはむしろせますぎるほど実際的であったにもかかわらず、ラグランジュの真価をすぐさまみとめることができた。

「ラグランジュは大数学者であると同時に哲学者でもあった。彼は全生涯を通じて、その日常の節制により、また生活の単純さと性格の高尚さとにより、さらに最後にその科学的業績の正確さと深さとによって、人類全体への不動の愛情を証明したのである」。

このことばは、フーリエの口からでたものだけに、ことさら注目をひく。フランスできなれている葬式演説のにおいがしないでもないが、少なくとも今日《こんにち》では、このことばは真実である。ラグランジュが近代数学に与えた大きな影響は、《その科学的業績の正確さと深さ》によるものであるが、この点がときとして、ラプラースの傑作には欠けているものなのである。

同時代人と後継者との大多数は、ラプラースをラグランジュよりも高く評価しているが、これはなかばラプラースがとりかかった問題の大きさ——太陽系は巨大な永遠の自動機械であることを証明しようという雄大な企画——のおかげである。もちろん、この雄大な企画それ自身は、本質的には幻想にすぎない。ラプラースの時代には、もちろんわれわれの時代でさえも、この問題に真の意義を与えるほど、実際の物理的宇宙について知られてはいなかった。そして、われわれが現在もっている複雑な大量の資料を、数学が十分にこなせるまでには、長年月《ちょうねんげつ》を要するであろう。おそらく数理天文学者は、《宇宙》の、あるいはそれよりもはるかに印象的でない太陽系のものさえも、理想化された模型をもてあそびつづけ、また人類の運命に関する楽観的な、あるいは悲観的な小冊子をはんらんさせつづけるであろう。しかし、結局彼らの研究の副産物——彼らが道具として案出した純粋数学の完成——こそ、まさしくラプラースの場合に起こったように、(憶測の宣伝とは反対に)科学の進歩への永久的な貢献となるであろう。

前述のことばがあまりに強すぎると思われるならば、『天体力学』がどんな運命に出会ったかを考えてもらいたい。ラプラースは複雑きわまりない事実を理想家的な夢でおきかえたが、今日、講壇的数学者以外に太陽系の安定性に関するラプラースの結論が、これら複雑な事実に対する信頼しうる判決である、と心から信ずる人があるだろうか。あるいは大勢いるかもしれない。しかし、ラプラースがその理想を実現するために発展させた数学的方法の偉力と有用性とを疑う数理物理学者は、一人もいないであろう。

一例だけをあげてみても、ポテンシャルの理論は、今日ではラプラースが予想したよりもはるかに意義をましている。この理論の数学がなかったら、われわれは電磁現象を理解しようという企《くわだ》ての第一歩から先へは進めなくなっていたであろう。この理論から発展したのが、数学の一有力部門である境界値《きょうかいち》問題で、今日ではその物理学における意義は、ニュートンの万有引力理論全体よりも大きいくらいである。ポテンシャルの概念は、第一級の数学的霊感であった。それは他の方法をもってしては攻究しがたい、物理学上の諸問題に対する手がかりを可能にしたのである。

ポテンシャルとは、ニュートンについての章で、流体の運動とラプラースの方程式とに関連して述べた関数uのことにほかならない〔本書二〇九ページ参照〕。そこでは、関数uは《速度ポテンシャル》になっている。問題がニュートンの万有引力についてであれば、uは《重力ポテンシャル》となる。流体運動・重力・電磁気その他の理論へポテンシャルを導入したことは、数理物理学における最大の進歩の一つであった。それは、二つまたは三つの未知数の偏《へん》微分方程式を、一つの未知数の方程式でおきかえるという効果をもっていたのである。

一七八五年ラプラースは三六歳のとき学士院の正式会員に昇進した。この名誉は、科学者の経歴のうえで重要なものである。この年はさらに、公人としてのラプラースの生涯に一転機を画した年でもあった。なぜなら、その年ラプラースは、士官学校で一六歳になる、ある特別の志願者を試験するというまたとない機会を得たのである。だがこの青年こそ、ラプラースの予定をくるわせて、数学への献身から政治の泥沼へとむかわせる運命をもたらしたのである。その名は、ナポレオン・ボナパルトであった。

ラプラースは、比較的安全な立場にあって、いわば高見の見物をしながら、革命を通りぬけた。しかし、彼ほどの名声と不断の野心をもつものが、まったく危険をまぬがれるということはありえない。ド・パストレの賛辞にあることばが正しければ、ラグランジュもラプラースも、断頭台をまぬがれたのは、ただ砲兵用の弾道を測定し、火薬用の硝石《しょうせき》製造を手伝ったためにすぎなかったからである。二人とも、あまり必要のない学者のように、草を食《は》むまでにはいたらず、また不運な友人コンドルセのように、貴族用のオムレツを注文して正体を暴露するほど不注意でもなかった。コンドルセは、普通のオムレツにいくつぐらい卵をいれるか知らなかったので、一ダースいれてくれと注文してしまったのである。ご商売はというコックの質問に「大工だよ」と答えた。「そうですか。ではどうぞお手をおみせなすって。いや、あなたは大工じゃありませんや」。これがラプラースの親友コンドルセの破滅のもとだった。コンドルセは、牢獄で毒殺されたか、自殺をよぎなくされたかのいずれかである。

革命後、ラプラースは政治に首をつっこんだ。ニュートンのレコードをやぶろうという望みからかもしれない。フランス人は、政治家としてのラプラースの《融通無碍《ゆうずうむげ》》にいんぎんにふれている。しかし、これはあまりにひかえめすぎる。ラプラースの政治家としての弱点といわれるものは、危い綱渡りを巧みにやってのけることである。彼が移りかわる歴代政府のもとで、公職を保つことができたのは、主義主張を変えていったからだという批判がある。どの党が政権をとろうと、そのときどきの政権の忠実な支持者になることを、相《あい》対立する諸党派に納得させうる人は、通りいっぺんの人物ではないのである。下手にたちまわったのはラプラースではなくて、ひいき筋のほうである。「アメリカで」共和党の郵政長官が、資格もない民主党員に、実入りのもっとも多いポストを全部やってしまうとしたら、これはいったいどんなふうに考えていいものだろうか。話の筋がちがいはしないだろうか。ラプラースは、政府が代わるたびに有利なポストにありついた。狂信的な共和主義から、熱烈な王党派に一夜にして変わることは、彼にとっては何でもないことであった。

ナポレオンは、ラプラースの道をひらくために尽力し、内務大臣にさえ任命した。これについては後述する。ナポレオンの制定した勲章のうち、レジョン・ドヌール大勲章、レユニオン勲章を含めて、めぼしいものはすべて、この器用な数学者の胸をかざり、伯爵にも昇格させてもらった。しかも、ナポレオンが没落したとき、彼は何をしたか。この恩人を追放する法令に署名しただけのことである。

王政復古後は、ルイ一八世に忠節をつくすのに何の抵抗も感じなかった。いまや、ラプラース侯爵として貴族院に席をつらねていた。ルイ一八世は自分の支持者の功績をみとめて、一八一六年パリ高等理工科学校再編委員会委員長にラプラースを任命した。

ラプラースの政治的天才のもっとも完璧な例は、おそらくその学術的著作に現れている。政治的意見の変遷に調子をあわせて、学問を修正してゆくには、真の天才を必要とする。『宇宙体系解説』の初版は、五百人審議会に献呈《けんてい》されたものであるが、それはつぎのような高貴なことばで終わっている。「社会秩序は、自然とわれわれとの真の関係を唯一の基礎とすべきであるが、天文学の最大の功績は、この関係についての無知から生ずる誤りを、一掃したことにある。その不変の基礎とは、真理と正義とである。人びとの幸福を確保するためには、ときに彼らをあざむき隷属させることも有益だという危険な格言に禍《わざわい》あれ！　これらの法則が犯された場合、必ず罰を受けることは、あらゆる時代のにがい経験が証明するところである」。一八二四年にはこの文句が禁じられて、ラプラース侯爵はつぎのように修正した。「われわれは、考える人間の喜びであるこの進んだ知識の貯えを慎重にまもり、増大させよう。それは航海術と地理学に大きな貢献をした。しかし、その最大の功績は、天文現象が招いていた恐怖を一掃し、われわれと自然との真の関係についての無知から生じた誤りを消滅させたことである。その誤りは、科学のたいまつが消されれば、すぐとまた現れ出るのである」。調子の高さにおいて、この二つの崇高な金言のあいだにはほとんど差はつけられない。

勘定の上で、（マイナスの）借り方に記帳するには、これでもう十分であろうが、つぎのエピソードは、ラプラースがほかの廷臣よりもぬきんでている一つの特長——その真の確信が問われた場合は、道徳的勇気をも示すという——を示している。ラプラースは『天体力学』について、ナポレオンと応酬したとき、彼が真の数学者であることを示したのである。ラプラースは、その著書をナポレオンに献呈した。ナポレオンは、彼をなぶりものにしようとしたのか、明らかな見落としを指摘した。「あなたは宇宙体系について、このように巨大な本を書かれたが、宇宙の創造者については一言もふれておられない」。ラプラースはいい返した。「閣下、私にはそのような仮説は必要ございませんでした」。ナポレオンがこれと同じことをラグランジュにくり返したとき、ラグランジュは答えた。「はい、でもそれは立派な仮説でございます。そしてとてもたくさんのことが説明されております」。

ナポレオンに向かって立ち上がり、真理を語るには勇気が必要であった。あるとき学会の会議の席上、ちょうどそのときふきげんに人を侮辱したかったナポレオンは、故意に残忍さを発揮して、老ラマルクを泣きださせてしまったことがある。

もう一つ（プラスの）貸し方に記入してもいいのは、新進の学徒に対するラプラースの心からの親切である。ビオ(1)の話によれば彼がまだ青年のころ、ラプラースの出席した学士院の会合で研究報告をしたことがある。報告のあとでラプラースは、彼をすみにつれてゆき、古い黄色味がかった自分の原稿をみせた。それは同一の発見で、まだ発表されていないものだった。ラプラースは、このことを人にもらすなとビオに注意してから、自分に先んじてその研究を出版するようにすすめた。これは、この種のラプラースの行為の一例にすぎない。数学研究の入門者は、自分のまま子だとラプラースは口ぐせのようにいっていたが、そのまま子を彼は自分の実子同様に扱ったのである。

数学者の非実際的であることとの例としてよく引用されるのであるが、ナポレオンのラプラースについての有名な評価を記しておこう。これはナポレオンがセント・ヘレナに幽閉されているときに、自ら語ったことばだということである。

「ラプラースは一流の数学者ではあるが、行政家としては凡庸《ぼんよう》であることをたちまちにして暴露した。彼の最初の仕事ぶりから、われわれは幻滅を感じた。ラプラースは問題を真の観点からみない。彼はいたるところで陰険さを求め、疑惑しか抱かない。そして最後に行政のうちに無限小の精神をもちこんだ」。

この皮肉たっぷりな批評は、ラプラースの内務大臣としてのわずか六週間の短い任期からわり出されたものである。しかし、その当時ルシアン・ボナパルトが就職口を探していて、彼がラプラースのあとをおそって内務大臣となったのであるから、これはナポレオンの有名な身内びいきの弁解であったかもしれない。ラプラースのナポレオンについての批評は、いい残されていないが、おそらくはつぎのようなものとなったであろう。「ナポレオンは一流の軍人だが、政治家としては凡庸であることをすぐさま暴露した。彼の最初の仕事ぶりからわれわれは幻滅を感じた。ナポレオンはあらゆる問題を一目瞭然の観点からみる。彼はいたるところで陰謀の疑いをかけるが、実際に陰謀の行なわれているところでは、支持者に対して子どもっぽい信頼を抱いているだけだ。最後に、彼は盗賊の巣窟《そうくつ》に寛大の精神をもちこんだのである」。

けっきょく、どちらのほうが実際的な行政官であったのだろうか。その獲得したものをまもることができないで幽閉されたまま死んだ男のほうであろうか。それとも、死ぬ当日まで、富と名誉を集めつづけた男のほうであろうか。

ラプラースは、晩年をパリからさほど遠くないアルクーユの所領で安楽な隠退生活のうちに送った。短い病気ののち一八二七年三月五日七八歳で死亡した。臨終のことばはすでに紹介したとおりである。

12　皇帝の友——モンジュとフーリエ

画法幾何学の図式について何事かを理解しようとして私がどんなに苦労しなければならなかったか、人に話してもわかってもらえない。私はほんとにいやだった。

——シャルル・エルミート

フーリエの定理は近代解析のもっとも美しい成果の一つであるばかりでなく、近代物理学のほとんどあらゆる難問の攻究上不可欠の道具になったといっていいかもしれない。

——ウィリアム・トムソンとP・G・テート

ガスパール・モンジュ（一七四六〜一八一八）とジョゼフ・フーリエ（一七六八〜一八三〇）の経歴は、不思議と似ているので、いっしょに述べたほうがいいだろう。数学の方面で、二人ともそれぞれ根本的な貢献をしている。モンジュは画法幾何学（デザルグ、パスカルなどの射影幾何学と混同してはならない）を発明したし、フーリエは熱伝導に関する古典的研究から、数理物理学の近代化を行なった。

モンジュの幾何学は、もともと工兵学のために発明されたものだが、それがなかったならば、一九世紀における機械の大量生産はおそらく不可能であったろう。画法幾何学は、機械工学を実現するのに役立つすべての用器画とグラフの諸方法の基礎である。

熱の伝導に関する業績において、フーリエが創始した方法もまた、数理物理学の中枢神経である境界値問題において、似たような重要性をもっている。

であるから、モンジュとフーリエは、われわれの文明に対してかなりの寄与をなしているのである。モンジュは、実際的工業方面で、またフーリエは純粋科学の面で。しかし、フーリエの方法は、今日《こんにち》実際的方面でも欠くことのできないものとなっている。事実その方法は、経験法や便覧《びんらん》の段階をこえて、電気・音響技術（無線を含む）において、あたりまえのことになっている。

この二人の数学者とともにあげなければならない人物がもう一人いる。その生涯を語る余白はないが、それはモンジュ、ラプラース、ラヴォアジエ、ナポレオンの親しい友人であり化学者であるクロード＝ルイ・ベルトレ伯（一七四八〜一八二二）である。ベルトレは、ラヴォアジエとともに近代化学の創始者の一人とみなされている。ベルトレとモンジュの仲は非常に親密だったので、崇拝者は、非学術上の仕事では二人を区別するのをあきらめ、簡単にモンジュ＝ベルトレと呼んでいた。

ガスパール・モンジュは、一七四六年五月一〇日フランスのボーヌで生まれた。父のジャック・モンジュは行商の刃物とぎ師だったが、非常に教育熱心で、三人の息子を地方の専門学校にあげた。三人とも出世したが、なかでもガスパールはぬきんでていた。宗教団体が管理する専門学校では、何ごとにも一等賞をかち得た。そして、自分の姓名のあとに、《黄金の少年》という特別の名誉称号をつけることをゆるされた。

一四歳のとき、モンジュの特別の綜合能力は、消火ポンプの組み立てとなって現れた。びっくりした市民たちは、たずねた、「教える人も模型もないのに、どうしてこんなことがうまくやれたのかね」と。モンジュのこれに対する答えは、彼の数学的経歴その他の経歴の縮図ともいうべきものであった。「ぼくにはきっと成功する手段が二つあったのだ。一つは頑張り、一つは幾何学のような忠実さで考えを翻訳してくれる指だ」。実際、彼は生まれながらの幾何学者であり、技師であって、複雑な空間的関係を具象化する能力にかけては、だれも彼にはかなわなかった。

一六歳のときには、まったく自発的に自分で測量機械をつくり、ボーヌのすばらしい地図を作製した。この地図が彼に最初の大きなチャンスを与えたのである。

モンジュの先生たちは、彼の明らかな天才をみとめて、同じ宗教団体の経営するリヨ

G.モンジュ

ンの専門学校の物理学教師に彼を推薦《すいせん》した。モンジュは一六歳でその職についた。その親しみやすさ、忍耐づよさ、まったくの気どりなさ、これらが完璧な知識とあいまって、彼をすぐれた教師に仕立てた。宗教団体では、モンジュに誓約をたてて入団したらどうかとすすめてきた。モンジュは父親に相談した。目はしのきく刃物とぎ師は、用心したほうがいいと忠告した。

数日後、帰宅の途中モンジュは、彼の有名な地図をみたいという工兵士官に会った。士官は父親をたずねて、息子をメズィエール士官学校にいれないかとすすめた。おそらく、モンジュの将来のためには幸運なことであったろうが、その士官は、モンジュの生まれが賤《いや》しいため、将校にはなれないことだけはいわなかった。そうとは知らず、モンジュは喜んで受諾して、メズィエールへいった。

モンジュはすぐ、メズィエールにおける自分の立場に気づいた。学校には、わずか二〇人の学生がいるだけで、そのうち一〇人は、毎年工兵中尉として卒業していった。残りの一〇人は《実際的な》仕事――実はよごれた仕事だった――につかなければならなかった。しかし、モンジュは少しもこぼさず、かえって観測や製図の日常きまった仕事のあとで、数学を勉強する余裕が十分あるので喜んでいた。課目の大部分は、築城に関するもので、陣地のどの部分も敵の直接砲火にさらされないようにするのが主眼であった。普通の計算には、際限なく算数が必要だった。ある日、モンジュはこの種の問題の解答を提出した。これは上官の検閲へとまわされた。

上官は、モンジュがかけた時間ぐらいでその問題が解決されたことに疑いをもって、これの検閲を拒絶した。「自分がわざわざ時間をかけてこの答えを調べるにもおよばない。きみは数字を配列する時間さえなかったはずだ。私には計算上手ということは信じられても、奇跡は信じられないよ」。モンジュは、自分は算数を使ったのではない、といって頑張った。その頑張りが効を奏して解答は校閲され、正しいことがわかった。
これが、画法幾何学のそもそもの起源である。モンジュはすぐ助教授として、工兵将校候補たちに、この新方法を教授することになった。いままで悪夢のようにおそれられていた問題——ときとして、いく度もご破算にし、またやり直してやっと答えが得られたいろいろな問題——は、いまではイロハのように簡単になった。モンジュは、その方法を外部にもらさないように誓わされ、一五年間というもの、その方法はひたすら軍事機密としてまもられることになった。やっと一七九四年になって、パリの高等師範学校で公開教授をすることがゆるされた。その聴講者のうちに、ラグランジュがいた。ラグランジュの画法幾何学に対する反応は、自分は生涯散文をしゃべってきたと気づいた〔モリエール喜劇中の〕ジュルダン氏の場合とよく似ていた。講義をきいてラグランジュは述べた。「モンジュの講義をきいてはじめて、自分が画法幾何学というものを知っていたことに気がついた」と。

画法幾何学の背景となっている観念は、ラグランジュにとってそうであったように、われわれにとってもおかしいほど簡単に思われる。画法幾何学とは、通常の三次元のひろがりを有する立体その他の図形を、一平面上に表現する方法である。まず九〇度の角度で開いたうすい本の隣りあったページのように、たがいに直交する二枚の平面を想像する。一方の面は水平に〔平面面〕、他方は鉛直に〔立画面〕しておく。表現すべき図形を、平面に垂直な光線によって、これらの平面のおのおのに正射影する。こうして、図の上に二つの正射影ができる。平画面上のものを**平面図**といい、立画面上のを**立面図**と呼ぶ。そこで、立画面と平画面とが一平面（平画面と同一の）になるまで、立画面をうしろへ倒す。あたかも本のページをテーブルの上にたいらに開くようにする。

このようにして、立体その他空間における図形は、一平面（製図板）上の二つの正射影によって表現される。たとえば、平面はその**跡**《せき》――平面と平画面および折りかえされる前の立画面との交線――によって表される。また立体、たとえば立方体は、その辺と頂点との正射影によって表される。曲面と平画面および立画面との交わりは曲線になるが、これらの曲線、つまり前の曲面の跡が、曲面を一枚の平面上に表すのである。

以上の説明を発展させ、同様に簡単な別の説明を発展させてゆくと、通常三次元の空間内で視覚化されているものを、一枚の紙上に描く、一つの画法ができあがる。短期間の練習によって製図家は、人びとがよい写真を判断するのと同様に、容易にそのような表現をよみわけ、そこから多くのものをとりだすことができるのである。この簡単な発明が、工兵学や機械設計学に革命をもたらしたのであった。応用数学の分野における他の一流の発明発見と同様に、この発明のもっとも目立った点は、その単純性にある。画法幾何学を発展させたり修正したりするには、いろいろのやり方があるが、それらはみなモンジュへと立ち帰ってゆく。このテーマは、いまでは研究しつくされているので、数学専門家にはたいした興味を与えない。

モンジュの数学に対する貢献について述べるのは終わりにして、その伝記を続けよう。その前に思い起こしておきたいことがある。それは今日、彼の名前が、曲面の幾何学と関連して微積分学の初歩を終わった学生によく知られていることである。モンジュのおかげで、曲面の曲率の研究に対する微積分学の組織的な応用には、長足《ちょうそく》の進歩がもたらされた。曲率の一般論によって、モンジュはガウスのための道を準備し、ガウスはリーマンにインスピレーションを与えた。リーマンはまた、相対性理論を記述するリーマンの名で知られる幾何学を発展させたのであった。

モンジュのような生まれながらの幾何学者が、エジプトのぜいたくな料理をむさぼるように貪欲に八方に手をのばしたのは、むしろ悲しむべきことであるかもしれないが、彼がそうしたことは事実なのである。幾何学における業績と密接に関連している彼の微分方程式研究もまた、彼がどんなに才能をもっていたかを示している。これらの偉大な事業を完成した土地メズィエールを去ってから数年して、モンジュはパリ高等理工科学校で、自分の発明について同僚たちに講演をした。このときもラグランジュは、聴講者の一人であったが、彼は講演後モンジュに語った。「あなたは、いまたいへんすばらしいことを話された。私はそれを自分でやってみたかった」と。また別の機会には、「幾何学に解析学を応用することで、あの男は不朽《ふきゅう》の名を得るだろう」と。まさにそのとおりであった。なお面白いことに、必要にせまられて彼の天才は、数学から離れていったにもかかわらず、才能が失われることはなかった。あらゆる大数学者のように、モンジュは最後まで数学者だったのである。

一七六八年二二歳のとき、モンジュはメズィエールの数学教授に昇進し、三年後物理学教授の死にともなって、そのあとをおそった。こうした兼務も、彼をいささかも苦しめはしなかった。頑丈な体格で、頭脳と同じように強い体をもっていたモンジュは、三、四人ぶんの仕事がいつもできたし、実際にそうした仕事をやってのけた。

モンジュの結婚には、一八世紀的ロマンスの風《ふう》がある。あるレセプションの席上、一人のならず者貴族が、自分の求婚を拒絶した若い未亡人の悪口をいっているのを耳にした。モンジュは騒々しく話している人びとのむれをおしのけて、その男に近づき、自分の聞きちがいではないか、とたずねた。「それがきみと何の関係があるんだ」。モンジュは相手のあごにパンチで応答した。決闘は行なわれなかった。数カ月後ほかのレセプションでモンジュは、魅力ある若い女性にたいへん惹かれた。紹介されてはじめて、その名前オルボン夫人は、自分がそのために決闘を挑んだ未知のあの婦人であることを思いだした。彼女は、まだ二〇歳の未亡人で、死亡した夫の残務を整理するまでは結婚したくないといっていた。「そんなことはかまいませんよ」。モンジュは彼女を安心させた。「私はいままでに何度となく、もっとむずかしい問題を解いてきましたよ」。モンジュと彼女は、一七七七年に結婚した。彼女は夫よりも長生きして、夫を永遠に記念するためにできる限りのことをした。夫が彼女に会うずっとまえに、すでに自分で記念碑を建立《こんりゅう》していたのにも気づかずに。モンジュの妻はどんな場合でも、夫から離れたことはなかった。ナポレオンでさえ、最後には老齢の故をもってモンジュを解任したというのに。

このころ、モンジュはダランベールやコンドルセと文通していた。一七八〇年この二人は、政府を口説いてルーヴルに水力学研究所を創設させた。モンジュは、半分はメズィエールで過ごしてもよいとの了解のもとに、パリにおもむいて研究所長の任務についた。ときに三四歳であった。三年後、メズィエールでの職を解かれ、海軍将校候補の試験官に任命された。このポストには、一七八九年のフランス大革命勃発まで就任していた。

革命時代の数学者たちの経歴をかえりみて、いやでも目につくことは、今日のわれわれには、いたって明白に思われることだが、だれもがいかに盲目であったか、ということである。一人として自分がダイナマイトのうえにすわり、導火線にはすでに火がつけられていることに気づかなかったのである。おそらくわれわれの子孫も、二〇三六年には、われわれ自身について同じようなことをいっているだろう。

六年間海軍の職にあるあいだ、モンジュは潔癖な公務員としてとおった。息子を落第のうき目にあわされた不満な貴族たちが、厳罰に処すると彼を脅迫しても、モンジュは一歩もゆずらなかった。「もし私のやり方があなた方のお気に召さないのなら、だれか別な人にやらせたらいいでしょう」。こうして、海軍が一七八九年の事業にそなえる態勢ができていったのである。

彼の生まれと、地位や富にへつらう俗物たちとの接触で得た経験とは、モンジュを自然に革命家に仕立てあげた。直接の体験から、彼は旧秩序の腐敗と大衆の経済的困窮《こんきゅう》とを知っており、新しいゆき方を始めるときがきたと考えていた。しかし、初期の自由主義者の大部分と同じように、いったん血をみた暴徒は、その血を吸いつくすまで満足しない、ということを知らなかった。初期の革命家たちは、モンジュが自分自身に対してもつ以上の信頼を、モンジュにかけていた。彼が賢明に断ったにもかかわらず、一七九二年八月一〇日無理強いに海軍大臣兼植民地大臣に任命されてしまった。彼には適任であったけれども、一七九二年のパリで公職につくのは賢明とはいえなかった。

暴徒はすでに手におえなくなっていた。モンジュは、暴徒を抑制するための臨時行政委員に推《お》された。彼は、自分は人民の息子であるから、友人たちのだれよりも人民をよく理解していると感じていた。たとえば、コンドルセなどは首をはねられるのをおそれて、海軍の仕事を断ってしまっていた。

しかし、人民とはいつでも多種多様なものである。一七九三年二月までに、モンジュは自分がまだあまり過激ではないという疑いをかけられていることを知り、その月の一三日に辞職したのだが、そのあとすぐ一八日には、もう一つの職に選出されている。しかし、これは、海軍将兵のあいだの《自由、平等、博愛》を要求する、ばかげた政治的干渉と、近づきつつある国家の破産状態とのため実現しなかった。この困難な期間、モンジュはいつ断頭台に立たされるかわからなかった。しかし、彼はけっして人びとの無知と無能に屈することなく、誹謗《ひぼう》者に対しては面と向かって、おまえたちは何も知らないが、自分は知るべきことは知っているといいきった。彼の唯一の心配は、国内の分裂が、フランスを外敵の侵入にさらし、革命の成果を台無しにしはしまいかということであった。

ついに一七九三年四月一〇日、モンジュは緊急な要職につくために、辞職をゆるされた。予期していた外敵の攻撃がいよいよ明らかとなってきたからである。

兵器廠《しょう》はほとんどからになっていたにもかかわらず、革命議会は国土防衛のため、九〇万の軍隊を徴集しはじめた。軍需品は必要量の一〇分の一もなく、必要資材――青銅の大砲をつくるための銅と錫《すず》、火薬用の硝石《しょうせき》、銃器のためのはがねなど――が輸入されるあてもなかった。「地中から硝石をとってきてくれれば、三日のうちに大砲に装弾する」と、モンジュは革命議会で語った。それは結構だ。だがどこからとってきたらよいのか、議員たちはこう問いかえした。モンジュとベルトレはそれを教えてやった。

全国民が動員された。モンジュの指導のもとに、フランス全国の都市、農場、村落にパンフレットが配られ、いかにすべきかを人民につたえた。ベルトレに率いられた化学者の一団は、新しいすぐれた精錬法を発明し、火薬の簡単な製造法を考案した。フランス全土は、一大火薬工場と化した。化学者はまた錫や銅をどこでみつけだしたらよいかを人民に教えた。つまり、時計や教会の鐘からとればよいということである。モンジュは、この運動の中心人物であった。そのけたはずれな精力をもって、昼間は鋳造所や兵器廠を監督し、夜は労働者指導のためのパンフレットを書いた。それらはすべて順調に運ばれていった。彼が書いたパンフレット『大砲製造術』は、工場での必携《ひっけい》書となった。

革命が脱線するにつれて、モンジュにも敵が現れないわけにはいかなかった。ある日彼の妻は、ベルトレと夫が告発されるという話をきいて、おそろしさのあまり、真実をたしかめにチュイルリ宮にとんでゆくと、ベルトレは栗の木かげに静かに座っていた。その通りだ、噂はきいている。しかし一週間は何事も起こらないだろう。「それから」と彼はいつものように落ち着いてつけ加えた、「私たち二人はきっと逮捕され、裁判にかけられ、判決を下され、処刑されるでしょう」。

その晩モンジュが帰宅したとき、妻はベルトレの予想を語ってきかせた。モンジュは叫んだ。「何だって！　私はそんなことはぜんぜん知らない。知っていることといえば、大砲製造工場がすばらしくうまくいっていることだけだ」。

　その後間もなく、市民モンジュは自分の下宿の門番から告発された。これはあまりにもひどいことであった。彼は嵐の静まるまでと、用心深くパリを立ち去った。

　モンジュの生涯の第三期は、一七九六年ナポレオンからの手紙をもって始まる。二人はすでに一七九二年に出会っていたが、モンジュは五〇歳、ナポレオンは二三歳年下であった。

　ナポレオンの手紙は、こう述べていた。「不遇な若い砲兵士官が一七九二年海軍大臣から受けた御厚遇に対し、ここに謝意を表することをお許しください。彼はいまでもそのときの記憶を大事にまもっております。この士官はいま、イタリア派遣軍司令官となっており、貴下に謝恩と友情の手をさしのべることをうれしく存じております」。

　このようにして、モンジュとナポレオンの長い親交が始まった。この奇妙な結びつきに注釈をつけ、アラゴ(1)は「モンジュは私を恋人のように愛してくれた」というナポレオンのことばを伝えている。また一方、ナポレオンが利己的でなく永続的な友情をいだいた人物は、モンジュだけであったらしい。ナポレオンは、モンジュが自分の進路をひらいてくれた恩をもちろん感じてはいたが、それがこの先輩に対する彼の愛情の根元となっていたのではない。

ナポレオンの手紙にある《謝恩》とは、モンジュとベルトレとが執政内閣から、委員としてイタリアに派遣され、ナポレオンの戦費負担の一助として、イタリア人が血の気のなくなるまで金をしぼられたあげくに、《寄付》した絵画、彫刻、その他の美術品を選定することであった。モンジュは、この捕獲品を選んでいるあいだに、美術鑑賞眼がいちじるしくできて、ひとかどの鑑識家になった。

しかし、この略奪の本当の意味がわかるにつれて、彼はいくぶん疑念をいだき、ルーブル美術館におさめられる六倍もの量が、パリへと船積みされたときには、もう手びかえるように勧告した。被征服国民を骨の髄までしぼりとるのは、その国民を統治するためにもよいことではなく、征服者のためにもよくない、と彼は述べた。彼の忠告はききいれられた。この鵞鳥《がちょう》はその黄金の卵を産み続けた。

イタリア旅行ののち、モンジュはウーディネ（ヴェネツィアの北）付近の城でナポレオンと落ち合った。二人はまったくの親友となり、ナポレオンはモンジュの会話とその無尽蔵の知識を喜び、モンジュはこの最高司令官の温情にひたっていた。公式の宴会では、ナポレオンはしばしば、軍楽隊にラ・マルセイエーズの演奏を命じた。「モンジュが大好きだからだ」。実際モンジュは、この歌が大好きで、食卓に座るまえに声をはりあげて歌った。

いざゆかん、祖国の子等よ、
　栄光の日はきたれり！

栄光の日はナポレオン時代のもう一人の偉大な数学者ポンスレの上にも輝くのを、われわれは見ることができる。

一七九七年一二月、モンジュは二度めのイタリア旅行にでた。こんどはデュフォー将軍暗殺事件の調査団の一員として出かけたのである。将軍は、ローマでルシアン・ボナパルトのわきに立っているときに射殺されたのであった。調査団は、殺された将軍の同僚の一人のおおまかな立案になるものであったが、不従順なイタリア人のために、フランスをモデルにした共和国の建設を提案した。だがその手ぎわは上々とはいえなかった。新たな略奪の提案がなされたとき、交渉委員の一人はこう批判した。「万事終わりにしなければならない。征服者の権利すらも」と。

この目先のきく外交官が正しかったことは、八カ月後この共和国がイタリア人の手で粉砕されたときに明らかになった。これは当時、カイロにいたナポレオンや、たまたまいっしょにいた、モンジュやフーリエを非常に困惑させた。

モンジュは、ナポレオンが一七九八年、エジプトの征服と文明開発の計画をうちあけた一〇人あまりの人びとのうちの一人である。フーリエが自然とここに登場するので、立ち戻って彼をひろいあげよう。

ジャン＝バティスト＝ジョゼフ・フーリエは、一七六八年三月二一日フランスのオセールで仕立て屋の息子として生まれた。八歳のとき孤児となり、彼の行儀よさとまじめくさった立居《たちい》振舞《ふるまい》とに感心したなさけぶかい婦人の世話で、オセールの司教のもとにあずけられた。彼女は、将来この子がどんなにえらくなるのか夢想もしなかった。司教は、フーリエをベネディクト派僧侶の経営する地方士官学校にいれた。そこで、少年の天才はすぐみとめられた。一二歳になるころには、パリのえらい坊さんたちの説教を立派に代筆した。一三歳のときには、気ままでおこりっぽい、いたずらな問題児であった。そのとき初めて、数学が彼の心をとらえ、彼の性格は魔法にでもかかったように一変した。彼は自分を治療し、救ってくれたものが何であるかをよく知っていた。眠っているとみせかけては、数学を勉強するため、台所や教室で燃えのこりのろうそくをひろい集め、それをあかりに使った。彼の秘密の書斎は、ついたてのうしろの炉ばたであった。

親切なベネディクト派僧侶たちは、この若い天才に僧籍にはいって身をたてるようにすすめたので、彼は見習い僧になるために聖ベネディクト修道院にはいった。だが、フーリエがその誓約をたてるまえに、一七八九年の大革命が勃発《ぼっぱつ》した。彼はまえまえから軍人になりたかったのだが、仕立て屋の息子では士官にはなれなかったので、やむをえ

J. フーリエ

ず僧職を選んだのであった。革命は、彼に自由を与えてくれた。オセールにおける彼の友人たちは、フーリエが僧侶にならずにすむようにとりはからってくれた。彼を呼び戻して、数学の先生にしてくれたのである。これが彼の野心実現への第一歩、しかも長足の第一歩であった。フーリエはまったく多才であった。同僚が病気か何かで休むと、物理学であれ古典学であれ、何でもその休んだ同僚よりはいつもうまく代講した。

一七八九年一二月、当時二一歳のフーリエはパリに出かけて、数字方程式の解に関する研究を学士院へ提出した。この研究は、ラグランジュよりも進歩したもので、いまだに価値を失っていないが、フーリエの数理物理学的方法に色濃くそまっているので、ここではこれ以上説明しないことにする。これは方程式論の初等教科書にも載っているもの(2)であるが、フーリエが一生を通じて、興味をいだいていた問題であった。

オセールに帰ったフーリエは、人民の党派に加わり、かつて少年のころ、人をゆりうごかす説教を代筆したその得意の雄弁で、人民の血をわきたたせ、ありふれた説教屋たちをしめだした。

フーリエは最初から、革命の心酔者であった。革命が手に負えなくなるまでは。恐怖政治の期間を通じ、彼は自分自身の危険も忘れて、無益な残虐行為に抗議し続けた。今日生きていたならば、フーリエは、真の革命が始まれば、いの一番に粛清《しゅくせい》されてしまうことを、おめでたくも気づかずにいるようなインテリゲンチャの一人にちがいない。彼は大衆と知識人が予想した、科学と文化の復興を信じていた。だがフーリエは、その予想していた科学の伸長《しんちょう》の代わりに、科学者が死刑に処せられたり亡命したり、科学それ自身が野蛮な急速な風潮に抗しているのを、まのあたりにしたのである。

無知そのものが、破壊以上に何ごともなしえないのを、冷静に早くから見通していたのは、ナポレオンの不朽《ふきゅう》の功績の一つであろう。彼自身の救済策はけっきょく成功したとはいえないかもしれないが、彼は教化ということが可能であることは認識していたのであった。単なる流血を防止するために、ナポレオンは学校の設立を命令し、あるいは奨励《しょうれい》した。しかし、教師がいなかった。すぐに役にたつような頭脳はすべて、ずっと以前に体からきりはなされてしまっていた。一五〇〇名の新教員の速成が焦眉《しょうび》の急《きゅう》であり、その目的をもって高等師範学校（エコール・ノルマル）が一七九四年に設立された。そしてオセールにおける学生募集の功績によって、フーリエは数学教師の椅子を与えられた。

この任命とともに、フランス数学の教授法には、一時代が画された。革命議会が、記憶したままのことを毎年毎年くり返す旧時代の教授たちの無能な講義を思いだして、数学の創造者たちをまねいて教授を委嘱《いしょく》し、ノートを読みながらの講義を厳禁した。教授は立ちながら（机のまえに腰かけて半分眠りながらではなく）講義し、教授と学生のあいだに質疑応答の自由な交換が行なわれた。その質疑応答を、無益な討論におちいらせないようにするのも、教授の責任の一つであった。

この企ては、予想以上に成功し、フランス数学史・科学史上もっとも輝かしい時期の一つをきずいた。長続きしなかった高等師範学校でも、後世まで残った高等理工科学校（エコール・ポリテクニク）でも、フーリエは教育者として才能を発揮した。高等理工科学校では、歴史的起源に言及し脱線しながら（その多くは彼がはじめて起源まで探究したものである)、数学の講義に生気を与え、抽象論をたくみな応用で興味深いものにした。

フーリエが、まだ高等理工科学校で未来の技師や数学者を養成していた一七九八年、ナポレオンは彼をエジプト教化のための文化使節団の一員として随行させることに決定した。これは「不幸な人民に救いの手をさしのべ、数世紀のあいだ彼らを苦吟《くぎん》させてきた野蛮なくびきから解放し、最後にヨーロッパ文明のあらゆる恩恵をいち早く彼らに与えるため」であった。

この引用文は、信じられないかもしれないが、一九三五年のムッソリーニ党首のエチオピア侵略正当化の演説からとったものではなく、一八三三年にナポレオンのエジプト侵攻の、崇高で人道的な目的を解説したアラゴのことばからとったのである。モンジュやベルトレやフーリエが無理にのみこませようとした「ヨーロッパ文明のあらゆる恩恵」を罪深いエジプトの住人たちがどのように受けとったか。そしてこれらのヨーロッパ文化の三銃士が、その無私の伝道的事業から何を得たか、これは興味ある問題であろう。

一七九八年六月九日、マルタ島に五〇〇隻の艦船からなるフランス艦隊が到着し、三日間でその島を占領した。東方開化の第一歩としてモンジュは一五の初等学校と、パリ高等理工科学校にやや似た高等学校を一つ設立した。一週間後、艦隊はモンジュをナポレオンの旗艦ロリヤン〔東方〕号にのせてさらに東方に向かった。毎朝ナポレオンは、夕食後の討論方針の輪郭を示した。いうまでもなく、モンジュはこの夕べの催しの中心人物であった。真剣に討論されたテーマのうちには、地球の年齢だとか、世界の終末は水が原因か火が原因か、だとか、「惑星には生物がいるかどうか」などであった。この最後の問題は、比較的若いこの年齢で、ナポレオンの野心がすでにアレキサンダー大王のそれをしのいでいたことを示すものといえよう。

一七九八年七月一日、艦隊はアレキサンドリアに到着した。まず第一番に上陸したのはモンジュであったが、ナポレオンは最高司令官としての権限を行使して、このラ・マルセイエーズを高唱する幾何学者が、アレキサンドリア市攻撃に加わるのをおさえた。文明開化の事業が始まるまえに、最初の衝突で、文化使節団が全滅してしまっては何にもならないからである。そこでナポレオンは、モンジュとその他の団員を小船にのせて、カイロに向けてナイル河をさかのぼらせた。

モンジュ一行が、日よけをかけたクレオパトラとその廷臣たちのように、ゆたりゆたりといくあいだに、ナポレオンは、野蛮なそして武器の貧弱な住民を、銃火をもって教化しながら、河岸にそって断固として進撃していった。まもなく、この大胆な将軍は、河の方角に砲声をきいた。最悪の事態を予想したナポレオンは、そのときたけなわの戦闘を放棄して騎馬で救援におもむいた。小船が河州に座礁《ざしょう》し、モンジュが老練な兵士のように、大砲を発射していた。ナポレオンは危機一髪の瞬間にまにあって、敵を岸の上に追い返した。モンジュはそのきわだった勇敢さを讃えられて、勲章をもらった。とにかくモンジュは、願いがかなって、硝煙のなかに身をさらすことができたわけである。ナポレオンは友人の一命を救った喜びから、モンジュ救出のおかげで決定的勝利を逸《いっ》したことも悔いなかった。

一七九八年七月二〇日、ピラミッド戦争の勝利にひき続いて、勝ちほこった遠征軍はカイロに入城した。たった一つの小さなつまずきを除いては、万事は偉大な理想主義者ナポレオンの思いどおりに運んだ。そのつまずきというのは、遅鈍《ちどん》なエジプト人が、モンジュ、フーリエ、ベルトレがエジプト学士院（フランス学士院になぞらえて一七九八年八月二八日に設立されたもの）でふるまった文化の饗宴にはみむきもせず、大科学者の学術講演にも情熱的なモンジュの雄弁にも、エジプトの埋もれた文明の栄光に関するフーリエの歴史的研究にも、ミイラのように動かなかったことである。これらの学者先生は、汗をながしながら、精神的にゆたかにしてやろうと、フランスの博学を大盤ぶるまいした。その味もわからない無趣味なやつどもと、将来の文明人たちをののしりつつも、しかし、何の効果もなかった。いたずらで《純真な》原住民は、イナゴの大群が突風にふきとばされる機会をじっとまちつつ、支配者の鼻をあかしたのである。未開のエジプト人は、風がふきはじめるまで自尊心をおさえて、相手の理解できるたった一つのことばで、征服者どものいわゆる優秀な文明人に批判を加えた。ナポレオン軍の精鋭三〇〇人が、街頭のけんかですっぱり喉をかき切られた。モンジュとそのつれはとりかこまれながらも、今日英語世界のボーイスカウトならメダルをもらってもよいようなヒロイズムを発揮して、やっと喉ぶえをまもったのであった。

エジプト人のこの恩知らずは、ナポレオンを激怒させた。部下を捨てさるのが自分の道徳的義務ではないかというナポレオンの懸念は、パリからの凶報でますます強まった。彼の留守のあいだ、大陸の情勢は急速に悪化し、フランスの名誉と、また自分の身の安全をはかるためにいそいで帰らなければならなかった。モンジュは、彼の内密の計画を知らされたが、フーリエはモンジュほどの寵愛《ちょうあい》を受けていなかったので、知らされなかった。しかし、フーリエは自分が将軍の目には重要人物にうつっていると思いこみ、安心してカイロにとどまり、エジプト開化の仕事にたずさわった。そのためには喉をかき切られてもよいと考えた。ところが、ナポレオンは従順なモンジュをともなって、彼のために砂漠のなかで地獄のせめ苦にあっている将兵への別れもそこそこに、フランスさしてこっそり帰ってしまった。フーリエは、自分が最高司令官というわけではないので、生命があぶないからといってそのあとを追って逃げるわけにもいかず、やむなくカイロにとどまった。この献身的なフーリエが、幻想を捨ててフランスへ帰ったのは、トラフアルガー海戦のあと、フランスがエジプト開化の任をイギリスにゆずった一八〇一年のことであった。

モンジュとナポレオンの帰国の旅は、出発のときのはなやかさにくらべたら、なんとも心たのしまないものであった。ナポレオンは、世界の終末について思索する代わりに、イギリス水兵の手に捕えられた場合の自分自身の末路に想いふけらないわけにはいかなかった。彼は思いだした。戦場における脱走罪は銃殺であることを。イギリスが自分を軍隊から逃げ出した脱走兵として取り扱ったら、どうなることだろう。どうせ死ぬなら、劇的に死ぬことだ。

ナポレオンはある日いった。「モンジュよ、イギリスのやつらに攻撃されたら、やつらがのりこんできた瞬間にこの船を爆破するのだ。その仕事はきみにやってもらいたい」。

その翌日、水平線に帆船のかげがうかんだ。すわこそ、と全員ただちに部署につき反撃の機会をまちかまえた。ところが、それはフランスの船であった。

「モンジュはどこか」。すべての興奮が静まったとき、こう呼ぶだれかの声がした。

モンジュは、手にランプをさげて火薬庫のなかにいた。もしそれがイギリスの船であったならば、一五分のうちにみな吹き飛ばされていたであろう。おそらく一五年後をまたずに。

　ベルトレとモンジュは、一組の浮浪者のようになって、フランスにたどりついた。二人とも着物をかえるひまもなかったのだ。モンジュなどは、留守宅の門番にも見分けがつかないくらいであった。

　モンジュとナポレオンの友情は変わりなく続いた。ナポレオンが最大の権勢をふるっていたときにおいてすら、彼にたてをつき、おそれず真実を語ったのは、フランス広しといえども、モンジュ一人だけだったろう。ナポレオンが皇帝の戴冠《たいかん》式をあげたとき、パリ高等理工科学校の青年たちは反乱を起こした。これらの青年たちは、モンジュの自慢のたねであったのだ。

　ナポレオンはある日いった。「モンジュ、きみの学生たちは、ほとんど皆が私にそむいている。公然と私の敵だと宣言しているではないか」。

　モンジュは答えた。「しかし陛下、あの学生たちを共和主義者にするには、たいへん苦労したものです。帝政主義者にするにもかなりの時間がかかります。それに、はばからずいわせていただくならば、陛下の転向はあまりの早わざでございましたな」。

　このくらいのいいあいは、古い恋人同士のあいだでは何でもないことだ。一八〇四年、ナポレオンはモンジュの功績をみとめてペリューズ（ナイル河口の町の名ペルジウムから）伯の爵位を授けた。モンジュはうやうやしくこれを受け、かつてはあらゆる称号の廃止をとなえたことも忘れて、この貴族の称号につきものの飾りを身につけて喜んでいた。

　こうして、まぶしいほどの華麗さのなかに年月が過ぎ、一八一二年には栄光の日がくるかと思われたが、反対にフランス軍のモスクワ退却がはじまったのであった。六六歳のモンジュは、ロシア遠征のナポレオンに随行するには年をとりすぎていたので、フランスの田舎にある所領にとどまって、官報を通して遠征軍のあとを熱心に追っていたのである。運命の《官報第二九号》が、フランス軍敗走を伝えたとき、彼は卒倒した。回復したあとで、彼はいった。「さっきまでの私には、こんなことは考えられもしなかった。いまは、死に方は心得ている」。

　モンジュは最後の幕を免《まぬが》れたが、フーリエがそれをおろすのを手伝った。エジプトから帰るとすぐに、一八〇二年一月二日フーリエは、グルノーブルに県庁をおくイゼール県知事に任命された。この地方は、当時政治的騒乱のうちにあり、フーリエの最初の仕事は、治安を回復することであった。彼は奇妙な反対にあい、それをまた奇妙なやり方でしずめた。というのは、エジプト滞在中フーリエは、学士院の考古学研究推進に一役かったが、グルノーブルの善良な市民たちは、学士院の発見の一部にかかわる宗教的意味に疑惑をもち、ことに古い記念碑を太古のものとするのは、聖書の年代学と一致しない、といってさわぎたてた。ところが、フーリエが家の近くで考古学研究をしているとき、宗団創設者として崇《あが》められている聖徒で、フーリエの大叔父にあたるピエール・フーリエの像を発掘したことから、市民たちは、以前の反対をとりさげて、フーリエに味方するようになった。こうして尊敬を獲得すると、フーリエは沼地の干拓《かんたく》、マラリアの一掃、封建的因襲の打破など、いろいろの有益な事業を成し遂げた。

フーリエが、数理物理学の一指標である不朽の傑作『熱の解析的理論』を書きあげたのは、グルノーブルにおいてであった。熱の伝導に関する彼の最初の研究論文は、一八〇七年に提出されたが、非常に有望とみえたので、学士院はフーリエを奨励するため、熱の数学的理論を一八一二年度のグラン・プリ懸賞題目とした。フーリエはグラン・プリを獲得したけれども、批判が全然なかったわけではなく、彼はその批判に対して憤《いきどお》ったけれど、示唆を受けた点も少なくなかった。

ラプラースとラグランジュおよびルジャンドルが審査員であった。彼らは、フーリエの研究の新奇さと重要性とをみとめつつも、数学的な取り扱い方に欠陥があり、正確さにおいて欠けているところがあるのを指摘した。ラグランジュ自身、フーリエの主要定理の特殊な場合を発見していたけれども、彼がいま指摘したと同一の難関につきあたって、一般的結果を導きだすまでにいたらなかったのである。この微妙な難関は、当時克服することのできる性質のものではなかったのであろう。満足できる解決に達するには、実は一世紀以上もかかったからである。

ついでながら、この論議は、純粋数学者と数理物理学者とのあいだの根本的相異を表現している点でおもしろく思われる。純粋数学者の左右できる唯一の武器は、鋭く厳しい証明で、主張されたある定理が、当時のもっともきびしい批評にたえられなかったならば、純粋数学者はそれをほとんど有用とは考えないであろう。

ところが他方、応用数学者や数理物理学者は、無限に複雑な物理的宇宙が、人間にわかるほど簡単な数学理論によって十分に記述できると想像するほど、楽天的にはなりえない。しかし彼らはまた、宇宙を、みずから自分の解を創り出す微分方程式の無限の体系と考える、エアリーの美しい（あるいはバカげた）描写が、数学的偏狭《へんきょう》とニュートン的決定論から生まれた幻想にすぎないとわかっても、大して残念とも思わない。彼らは、自分たちの裏口のとびらに、もっと現実的な逃げ道——物理的宇宙それ自身——をもっているのである。彼らは**実験**することができるし、また不完全な数学的結論を経験の判決にかけることもできる。ところが、そんなことは数学の本性から、純粋数学者には不可能なことである。数学的予想が、実験と喰い違う場合には、応用数学者や数理物理学者は、数学者のように物理的実証に背をむけるようなことはしない。かえって役に立たない数学を投げ捨てて、もっとよい道具をさがしはじめる。

自然科学者が、数学それ自身のための数学に無関心なのは、純粋数学者にとっては心外なことであるが、同様に純粋数学者がどっちでもいいようなギリシア文字イオタの添え書きを省略するのも、他の種類の衒学者《げんがくしゃ》にとっては心外なことであろう。その結果、科学にいちじるしい貢献をなし得た純粋数学者は、きわめて少数しかなかったのである。もちろん科学者からみて有用な（おそらく不可欠な）多くの道具を発明したことは別としてである。そしてまた、奇妙なことに科学者の大胆な想像にもとづく研究に、異論を

A-M. ルジャンドル

となえる純粋数学者自身、数学は決して一般世人の考えているように、こせこせした正確さに執着するものではなく、想像力を通じて創造するものであり、ときとしては偉大な詩や音楽のように奔放《ほんぽう》である、と強調する。そして物理学者は、数学者の領分で、ときには数学者を負かす場合もある。熱の解析的理論に関するフーリエの古典には、明らかに厳正さが欠けてはいたけれども、それを無視すれば、ケルヴィン卿をして《偉大な数学詩》と呼ばしめるものがあった。

前にも述べたように、フーリエの主要な貢献は、ニュートンの章でも説明した境界値問題においてである。これは、前もって指定された初期境界条件に適合するような、微分方程式の解を求めるもので、数理物理学の中心問題といってもよいであろう。フーリエがこの方法を熱伝導の数学的理論に応用して以来、有能な学者が一世紀にわたって輩出した結果、研究は彼が予想したよりははるかに進歩したけれども、決定的一歩を彼がふみだしたという事実に変わりはない。彼の研究の一、二は、非常に簡単なものなので、ここで述べることにしよう。

代数学では、簡単な代数方程式〔の左辺〕のグラフを描くことを学ぶが、このときできる曲線は、もしどこまでも延長できるとしたら、途中で突然切れたり、あるところから先はなくなったりするというようなことはない。

たとえば、次ページ上の図のように、〔両端の限られた有限の長さの〕**線分**が無限に

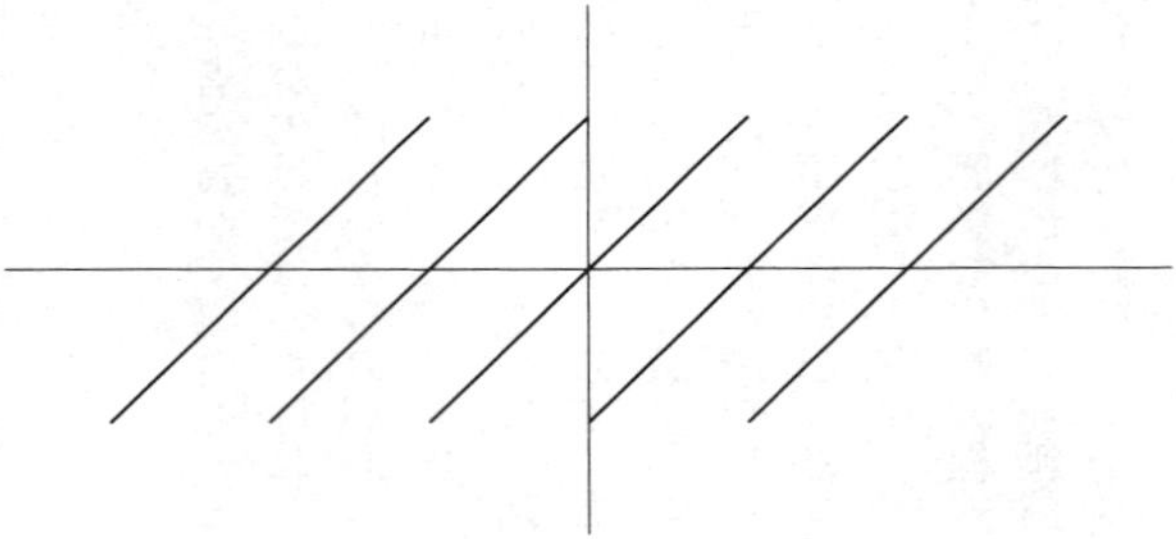

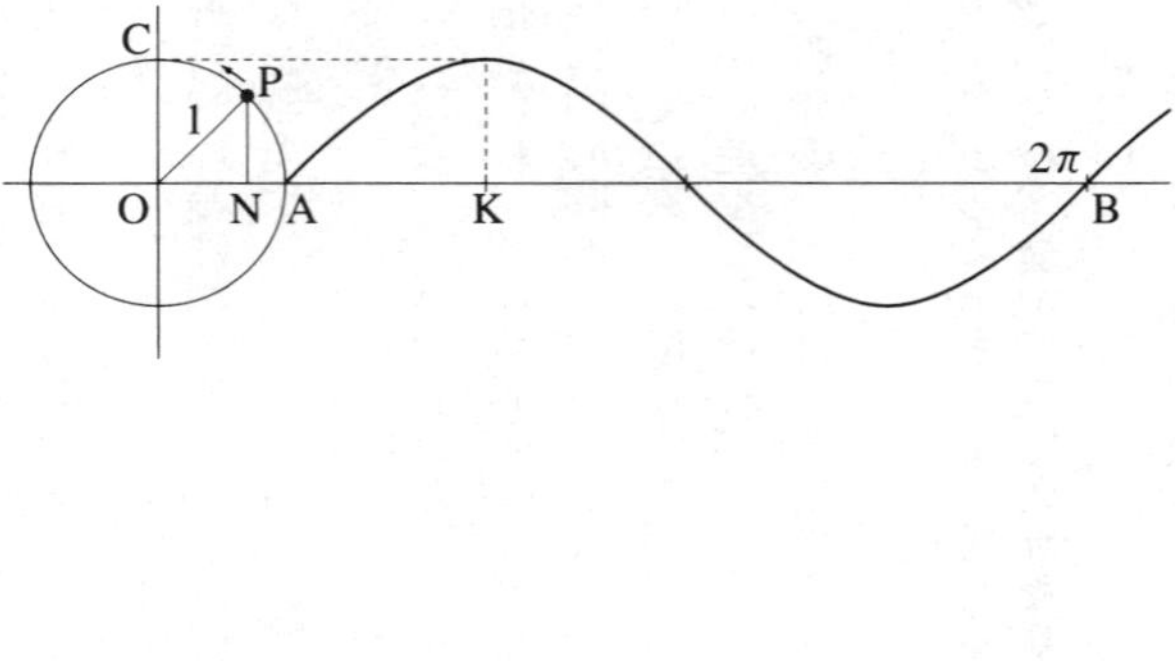
C
P
1
O
N
A
K
2π
B

多く繰り返されるような曲線は、いったいどんな種類の方程式のグラフになるのだろうか。直線あるいは曲線のバラバラの断片から構成されたこのようなグラフは、物理学、たとえば熱・音響・流体運動などの理論でしばしば現れてくる。ところがこれらを、有限の閉じた数学的式で表示することは不可能なことが証明できるのである。したがって、このような曲線の方程式には、無限個の項が現れてこなければならない。**《フーリエの定理》**は、このようなグラフを数学的に表現し研究する手段を与えるものである。この定理によると、制限つきではあるが、ある区間内で連続な関数について、あるいは不連続であっても、その区間内にせいぜい有限個の不連続点しかもたない関数について、さらに方向を変える点を有限個しかもたない場合には、正弦関数あるいは余弦関数またはその双方の無限和で表される（これは大ざっぱな表現にすぎない）。

正弦と余弦という名前がでてきたから、そのもっとも重要な特性である周期性を思い起こそう。右図で円の半径は（長さの単位）１であるとしよう。中心Oを原点とする直交軸を作り、横軸に2πに等しい長さの線分ABをとる。ABは（半径１の）円周の長さに等しい。Aから出発して、円周上を矢印の向きにまわる点Pを考え、PからOAに垂線PNをひく。このとき、Pがどこにあっても、NPの長さを∠AOPの**正弦**（サイン）といい、ONを**余弦**（コサイン）と呼ぶ。ただしNPとONの符号は、解析幾何学におけるのと同じに決める（つまり、OAより上にあれば、NPは正で、下にあれば負である。また、ONはOCより右にあれば正で、左にあれば負とするのである)。

ところで、点Pが円周上どんな位置にあっても、∠AOPの四直角に対する関係は、弧APの全円周に対する関係と同じである。そこで、∠AOPの大きさを、弧APの長さで測ることができ、それをさらに線分AB上に目盛ることができよう。たとえば、点PがCにくれば、全円周の$1/4$だけを通過したわけであるから、このときの∠AOCに対応して、ABの、Aから$1/4$の長さのところに点Kが得られる。

つぎに、AB上の各点で、対応する角の正弦に等しい長さの垂線を立てる。正弦の値が正なら、垂線はABの上に向けて、負なら下に向けてひくのである。これらの垂線の端は、図に示すような連続曲線、すなわち**正弦曲線**になる。点Pが円周を一周してAにもどってきて、再び円周をまわり続ければ、曲線はBをこえて反復される。このようなことが際限なく繰り返される。2πの長さの区間だけ進むと、曲線がそっくり反復される。つまり、正弦関数は周期関数で、その周期は2πである。正弦“sine”ということばを“sin”と略記すると、任意の角xに対して、等式

$$\sin(x+2\pi)=\sin x$$

が成り立つ。そしてこれが、$\sin x$がxの関数として周期2πをもつことを表している。

容易にわかるように、図の曲線全体を、左にAKに等しい距離だけずらすと、∠AOP

の余弦のグラフが得られる。そして前と同じく、

$$\cos(x+2\pi)=\cos x$$

が成り立つ。ここでは、余弦“cosine”を“cos”と略記したのである。

これも図を見ればわかることだが、$\sin 2x$ は $\sin x$ より《二倍も速く》その周期を進行する。したがって、$\sin 2x$ の周期は $\sin x$ の半分、つまり π で、そのグラフは $\sin x$ のグラフを（縦はそのままにして）横を半分にちぢめたものになる。同様に、$\sin 3x$ の周期は、$2\pi/3$ である、等々同じようなことが、$\cos x, \cos 2x, \cos 3x, \cdots$ に対しても成り立つ。

ここまでくると、フーリエの主要な数学的結果を大ざっぱに叙述することができる。グラフの《切れ目》に関する前記の制限のもとで、確定したグラフをもつすべての関数は、

$$y=a_0+a_1\cos x+a_2\cos 2x+a_3\cos 3x+\cdots$$
$$+b_1\sin x+b_2\sin 2x+b_3\sin 3x+\cdots$$

の形の式で表されるというのである。ここで、…は二つの級数がこの規則にしたがって無限に続くことを意味している。また、係数 $a_0, a_1, a_2, \cdots, b_1, b_2, b_3, \cdots$ は、x の与えら

れた関数yがわかればきまる。いいかえると、xのどんな関数でも、**三角級数**あるいは**フーリエ級数**と呼ばれる上記のような型の級数に展開されるというのである。しかし、繰り返していうが、これらすべてのことは、ある制限つきでのみ成り立つのである。ところが幸いなことに、これらの制限は数理物理学上それほど重要ではなく、例外はあっても、ほとんど偶然的で、あまり物理的意味をもっていない。繰り返しになるが、フーリエの定理は、境界値問題に対する最初の考究であった。ニュートンの章でも同様の問題の実例をあげたが、それはフーリエの方法によって初めて解くことができるのである。いずれの問題においても、係数$a_0, a_1, a_2, \cdots, b_1, b_2, \cdots$を、計算につごうのよい形で求めることが必要になる。それを与えるのがフーリエ解析である。

上に述べたような周期性（一重周期性）という考えは、自然現象に対して明らかな重要性をもつ。潮汐、月齢、四季、その他多くの身近な現象が、その本性上周期的である。たとえば、太陽の黒点の循環のような複雑な周期的現象も、多くの場合、一重周期性をもつ何個かのグラフの合成によって、いくらでもくわしく近似することができる。だから、そのような現象の研究は、全体を構成する個々の周期現象を分析しておけば、簡単になるであろう。

楽音を基音と倍音とにわける場合にも、数学的には手続きはまったく同じである。音の《質》に対するきわめて大ざっぱな第一近似としては、基音を考えるだけで十分である。さらに、理想的な音（その中には無数の倍音が含まれている）を忠実に再生するにも、普通は数種の倍音を合成するだけでよい。《調和》解析、あるいは《フーリエ》解析で取り扱う現象についても同様のことが成り立つ。地震や年間降雨量の循環に対する長周期（基本振動にあたる）を見いだそうという企てさえ、もくろまれたこともある。これら一重周期性の概念は、純粋数学においても、応用数学同様重要で、のちにそれが一般化されて、多重周期性（楕円関数その他の多重周期関数と関連して）となり、それがまた逆に応用数学に働きかけるのを見るであろう。

フーリエは、自分は第一流の仕事をしているのだという自信があったので、批評家には見むきもしなかった。けっきょく批評家のいうところが正しく、彼がまちがっていたのではあるが、それにしても彼が、自主独立の名声を維持できるだけのことを成し遂げた点に変わりはない。

一八〇七年に始められた研究が、一八二二年に完成し、熱伝導論にまとめられたとき、それは、最初彼が学士院に提出した論文と一字一句も変更されていないことが明らかとなった。こうして彼は、フランシス・ゴールトンがあらゆる著作家に与えた「批評に憤慨すべからず、それに答うべからず」という忠言の後の部分を身をもって示したわけである。フーリエが憤ったのは、むしろ純粋数学者が自分たちの仕事をそっちのけにして、数理物理学の領域をうろつきまわることであった。

フーリエにもフランスにも、平穏な日が続くかと見えたそのころ、一八一五年三月一日、エルバ島を脱出したナポレオンが、フランス海岸に上陸した。老兵たちには、だれも彼もが、頭痛をやっとはらいのけたときに、またまたもっとひどい頭痛の原因が現れた、という感じであった。フーリエは当時グルノーブルにいて、民衆がナポレオンを歓呼して迎えるのをおそれ、いそぎリヨンにかけつけて、ブルボン家にこの一大事を報告した。あいかわらず頭の鈍《にぶ》いブルボン家の人びとは、彼のいうことを信じない。帰途グルノーブルが降服したことを知った。フーリエ自身も捕えられ、〔リヨン近くの〕ブルゴアンでナポレオンの面前にひきだされた。彼の前にいるナポレオンは、エジプト時代と少しも変わりのない司令官であり、頭で疑っても腹のなかでは信じないわけにはいかないような、昔ながらの彼であった。ナポレオンは、コンパスを手にして地図の上に身をかがめていたが、顔を上げていった。

「何だ、知事さん、あなたもか。あなたもわしの敵になったのか」。

フーリエは口ごもりながら答えた、「誓約の結果、それが義務となりました」。

「義務だって？　あなたと同じ意見のものはこの国のなかに一人だっていませんよ。あなたは戦闘計画をおたてのようだが、そんなことをわしがおそれていると思ったら間違いですよ。ただ、わしの敵のなかに、エジプトへの随行者、露営のパンをわけあった仲間、わしの旧友が加わっているのをみるのがつらいのだ。それだけじゃない。あなたの今日あるのはだれのおかげか、お忘れになってはいないでしょうね」。

　フーリエはエジプトで冷淡においてきぼりをくらったことを思いだしながらも、ナポレオンのことばを呑みこんでいた。しかし、これは彼の心情のやさしさと胃袋の強健さとを証明するものではあっても、精神の頑強さを証明するものではあるまい。

　数日後ナポレオンは、忠誠を誓うフーリエにまたもたずねた。

「わしの計画をどう思う？」

「おそれながら、あなたは失敗するでしょう。途中で一人の狂信者にあったら万事休すですよ」。

「馬鹿をいいなさい。だれもブルボン家に味方するものはありません――狂信者だって？　そのことについてだが、やつらがわしを法律の保護から除外したことを新聞で読んだでしょう。わしはやつらより寛大だ。あいつらをチュイルリ宮殿から追いだすだけで我慢するつもりだよ」。

「三つ子の魂百までも」という諺《ことわざ》があるが、ナポレオンの慢心ぶりもなかなかなものである。

　第二次王政復古のとき、フーリエはパリにいて、持ちものを質に入れて命をつないでいた。だが、飢え死ににいたらないうちに、旧友の同情のおかげでセーヌ県統計局長に任命されることになった。学士院は一八一六年、フーリエを会員に選挙したけれど、ブルボン政府は、かつての大敵に味方したものに、そのような名誉を授けることをゆるさなかった。しかし、学士院は学界の権威を主張して、翌年、フーリエを会員に選んだ。ブルボン家のフーリエに対するこの行為は、ささいなことのようにみえるけれども、モンジュに対する措置《そち》にくらべたら、まだ王侯にふさわしいものと評することができよう。王侯は下賤《げせん》なまねはできない、とよくいわれるが。

フーリエの晩年は、噂の雲のなかに蒸発してしまった。彼は学士院の常任書記として、いつもきき手をみつけることができた。ナポレオン治政下における、自分の功績をふいちょうしたというだけにとどまらなかった。実際はわめきちらして聞くにたえない厄介者になっていた。そして、科学上の仕事を続けるかわりに、自分がしようとしていたことばかりを、大げさに聴衆にいってきかせた。だが、彼は人なみ以上に科学の進歩に貢献した人物である。もし人間の仕事に不滅の名に値するものがあるとすれば、彼の仕事こそそれを受ける価値がある。ほらを吹いたり、いばったりする必要は少しもなかったのである。

エジプトの経験は、フーリエに奇妙な習慣を教え、それが彼の死を早めたらしい。砂漠の暑さは、健康に最適の条件だと彼は信じていた。ミイラのように自分のからだを包帯でぐるぐる巻いたうえに、友だちからは、サハラの砂漠と地獄をあわせたより暑いといわれるほどの部屋に住んでいた。彼は一八三〇年五月一六日、六三歳のときに心臓病（動脈瘤ともいわれる）で死んだ。フーリエは、その仕事が非常に基本的なものであったため、その名がどの文明国でも形容詞になっているほど、選ばれた数学者の一人である。

モンジュの凋落《ちょうらく》は、ひどく緩慢《かんまん》でまた悲惨なものであった。第一回王政復古の後、ナポレオンは自分のつくった俗物政府が、自分の権力が衰えるのをみるやいなや、自分をうら切るのをみて、怒り、復讐の念に燃えたった。そこでもう一度、権力をとりかえしたとき、彼ら恩知らずの頭に、復讐のむちをふるおうとした。これをいさめて、慈悲と常識とを説いたのが、むかしながらの善良な平民モンジュである。彼はいった、いつかナポレオンが壁を背にして進退に窮《きゅう》するときがあるかもしれない（地震であらゆる退路がさえぎられた場合のように）、そのとき、いまの恩知らずどもの世話にならないと、だれに予想できよう、と。ナポレオンは冷静さをとりもどして、賢明にも慈悲の念を復讐のこころにおりまぜた。このときの寛大な特赦《とくしゃ》は、まったくモンジュのおかげであった。

ナポレオンは配下の軍隊をワーテルローに見捨てて、自分はパリへと逃げかえった。このとき、フーリエの熱情はさめ、モンジュのそれはいよいよたぎりたった。

歴史の教科書でしばしばナポレオンの最後の夢、アメリカ征服について語っているが、モンジュの伝えるところは、それとは異なり、もっと高い、信じがたいほどに高度な夢であった。四方を敵にかこまれ、もうヨーロッパには征服するような土地もなく、いたずらに無為をかこつナポレオンの鷲のような目は、西へと向けられ、アラスカからケープ・ホーンまでの全アメリカを一望のもとにおさめたのであった。しかし、病におかされた悪魔のようにボナパルトは、修道僧になりたいと切望した。彼は断言した。「科学だけが自分を満足させることができる。自分は第二の、そしてもっともっと偉大なアレクサンダー・フォン・フンボルト(3)になりたい」と。

「自分は、この新しい生涯のなかで、わしにふさわしい研究や発見を残したいものだ」と、彼はモンジュに告白した。

ナポレオンにふさわしい科学上の仕事とは、一体どんなものだろう。彼は自分の夢を手みじかに説明している。

「第一に、科学の現状について教えてくれる仲間がいる。それからあなた〔モンジュ〕とわしは、カナダからケープ・ホーンまでの全大陸を歩きまわるのだ。そしてこの大旅行中に、科学界がまだ結論をくだしていない地球物理学上のあらゆる大現象を研究するのです」。妄想狂であろうか？

当時六七歳に近かったモンジュは叫んだ、「陛下、陛下の協力者はここにひかえております。モンジュはどこまでもおともします」。

やがて昔ながらの自分にたちかえったナポレオンは、バフィン湾からパタゴニアまでの電撃進軍にとって妨げとなる、この随行志願の老人をつれていこうとする考えをあっさり捨ててしまった。

「モンジュ、あなたは年よりすぎる。もっと若い人が必要なんです」。

モンジュは「もっと若いの」をさがしに、よろめきながらでていった。精力的な主人のまたとない伴侶として、彼の頭に浮かんだのは、気性のはげしいアラゴであった。しかし、アラゴはこの上ない光栄についてモンジュの雄弁のかぎりをきかされたが、すでに悟るところがあった。ナポレオンがワーテルローでなしたように、自分の部下を見捨てる将軍は、たとえアメリカのような安易な土地にさえも、ついてゆけるような指揮者ではない、と彼は指摘した。

これ以上の交渉を行なうにも、イギリス軍の反撃がこれを手荒くさえぎってしまった。一〇月のなかばごろには、ナポレオンはアメリカではなしにセント・ヘレナを探検していた。アメリカ征服のためにたくわえてあった金は、科学者とは別のだれかのもっと大きなポケットのなかにおさまり、ミシシッピー河やアマゾン河の河岸に、ナイル河のほとりの空想的な学士院にも匹敵する同類の、《アメリカ学士院》を建設するのぞみは失われてしまったのである。

かつて帝政のパンを味わったモンジュは、いまや塩をなめなければならなかった。革命家として、また成り上がりのコルシカ人の寵臣《ちょうしん》としての経歴のおかげで、彼の首はブルボン家の求める好餌《こうじ》となった。モンジュは貧民窟《ひんみんくつ》から貧民窟へと、首をつなげておくための漂浪を続けなければならなかった。ブルボン家がモンジュに対してとった行為には、人道上非難すべき点が多くある。彼らはこの老人から、ナポレオンの寛大さとは何の関係もない最後の名誉をうばいとった。一八一六年、彼らはモンジュを学士院から追放するよう命令し、学士院会員たちは、いまは兎のようにおとなしくその命令に服した。

ブルボン朝の最後の迫害行為は、モンジュの葬儀にもついてまわった。自分で予想したとおり、彼は卒倒してから長いあいだ痴呆状態を続けて、そして死んだ。

その日一八一八年七月二八日、高等理工科学校の学生一同は、葬儀参加の許可をねがいでた。王はこれを拒絶した。学生たちは、モンジュがナポレオンの強圧的干渉からまもってやった心からの誇りであり、彼はまた学生の偶像でもあったのだ。

規律正しい学生たちは、この禁止命令をまもった。しかし彼らは、学士院会員たちよりも思慮は深かった。もっと勇気があったといってもよいだろう。王の命令は葬儀当日だけのものであった。翌日学生たちは一団となって墓地に行進し、彼らの先生であり友であったガスパール・モンジュの墓に花輪をささげたのであった。

原注および訳注

1

（1）Sigmund Freud（1856〜1939）　オーストリアの神経病理学者。精神分析学者。エディプス・コンプレックスなどが有名。〔訳注〕

（2）William Blake（1757〜1827）　イギリスの詩人、画家、神秘思想家。〔訳注〕

（3）Heinrich Rudolf Hertz（1857〜1894）　ドイツの物理学者。〔訳注〕

（4）Charles Robert Darwin（1809〜1882）　イギリスの博物学者。進化論の発見者。〔訳注〕

（5）Sir James Hopwood Jeans（1877〜1946）　イギリスの天文学者、物理学者。〔訳注〕

（6）Moritz Benedict Cantor（1829〜1920）　ドイツの数学史家。〔訳注〕

2

（1） Niels Henrik David Bohr（1885～1962） デンマークの原子物理学者。〔訳注〕

（2） Werner Karl Heisenberg（1901～1976） ドイツの原子物理学者。〔訳注〕

（3） $a^2=2b^2$ としてみよう。そこで a, b は1よりも大きい公約数をもたないとしても、一般性を失わない（そのような1より大きい公約数があれば、方程式を簡約して、それらを除くことができる）。もし a が奇数ならば、$2b^2$ は偶数だから、すぐに矛盾が起こる。もし a が偶数、たとえば $2c$ ならば、$4c^2=2b^2$ または $2c^2=b^2$, ゆえに b は偶数である。それゆえに a, b は2という公約数をもつことになり、また矛盾が起こる。〔原注〕

（4） といってしまうのは、一種の飛躍かもしれないが。〔原注〕

（5） Luitzen Egbertus Jan Brouwer（1881～1966） オランダの数学者、位相数学に業績があり、数学の基礎については直観主義を主張。〔訳注〕

（6） Phaethon はギリシア神話のヘリオスとクリュメネの子。父の馬車を御したが、馬が彼に従わないので、ゼウスは地上が火事になるのを防ぐためにその雷電をもってファエトンを殺した。ファエトンはエリダノス河に墜落し、彼の姉妹たちは、その死を悲しみ、河畔でポプラの木になった。〔訳注〕

（7）一八八二年、ドイツの数学者リンデマン（C. L. Ferdinand Lindemann〔1852～1939〕）によって証明された。〔訳注〕

3

（1）ライン宮中伯でプファルツ選帝侯かつボヘミア王であるフリードリヒ五世の長女、イギリスのジェイムズ一世の孫娘。〔原注〕

（2）ピスガー山は、モーセが約束の地カナンを眺めたといわれるヨルダンの山。〔訳注〕

（3）一六五四年王位は従兄カール十世に譲り、五五年カトリックに改宗して、六八年ローマに移住、学芸の保護に余生を過ごす。〔訳注〕

（4）Jacques Hadamard（1865～1963）フランスの数学者、『発明の心理』という名著がある。〔訳注〕

4

（1）さしあたっての説明上では、これだけで十分である。実際は問題の関数を**停留的**（大まかにいえば、増しも減りもしない状態）にする変数（座標と速度）の値が求められるものである。極値はたしかに停留値ではあるが、停留値は必ずしも極値ではな

い。〔原注〕

（2）右の注を参照のこと。〔原注〕

（3）新たなフェルマ型素数は発見されていない。二〇〇〇年時点でも $5 \leqq n \leqq 19$ の n に対して $F_n = 2^{2^n} + 1$ が合成数であることがわかっている。〔訳注〕

（4）一般に $x = m^2 - n^2$, $y = 2mn$, $a = m^2 + n^2$（$m > n \geqq 1$, m と n は互いに素で、一方は偶数で他方は奇数）とおくと、ディオファントスの問題の（互いに素な）解がえられる。〔訳注〕

（5）代数では u, a, b がどんな数であっても、$u^{ab} = (u^a)^b$ であるから、読者は n が奇素数である場合に証明すれば十分であることがわかるであろう。〔原注〕

（6）一九〇八年故パウル・ヴォルフスケール教授（ドイツ人）はフェルマの《最終定理》の完全な証明に一〇万マルクの賞金を設定した。第一次世界大戦後のインフレーションは、この賞金を一セントの何分の一かにしてしまったが、これが現在金の欲しい人が証明によって得る金高なのである。〔原注〕

（7）フェルマの《最終定理》については、本文にあるように $n=4$ はフェルマ自身によって、また $n=3$ はオイラー（一七七〇年）、$n=5$ はディリクレとルジャンドルによって証明された。一八四〇〜六〇年代になって、のちにも出てくるように、ドイツのクンマーによって、一〇〇以下の指数 n に対して整数解のないことが確立され、これが契機となって、代数的整数論という美しい分野が発展してきたことは本書にもくわしく述べられている。

このように個別の指数 n についてたどってゆく方向では、一九九四年現在四〇〇万くらいまで、また整数解 x, y, a が素の指数 n で割り切れない場合については 8.8×10^{20} まで整数解のないことが確かめられていた。

ところが、この《最終定理》の最終的解決については、一九八三年以来劇的な新展開があり、一九九四年ついにイギリスの若い数学者アンドリュー・ワイルズ（一九五三〜　）によって完全に一般的な証明が与えられた。フェルマの挑戦以来実に三六〇年余の決着である。

その際の鍵になったのが、日本の谷山豊、志村五郎とアンドレ・ヴェーユの立てたいくつかの予想で、それらの予想は一九五五年の日光での国際数学者会議をきっかけにして当時若手だったこれら日本の数学者たちがヴェーユに助けられ（そそのかされ）ながら別の関心から立てた楕円曲線とそれに関連する関数についてのある種の問題だった。これについて、一九八三年フライ（一九四四〜　）がフェルマ問題との関連を指摘、一九八六年セールとリベットがこの谷山・志村・ヴェーユ予想からフェルマの《最終定理》が出てくることを示してから急展開、ワイルズが七年がかりで谷山・志村・ヴェーユ予想（のある形）の証明に成功したことによって、フェルマ問題に幕が降ろされた。

ひとたび証明が確立されれば、別の証明が発見されないとはいえないから断言はできないが、以上の歴史を顧《かえり》みると、この二世紀にわたる数学の重要な成果をたっぷり動員して得られているので、もう少し広い余白があれば「証明が書けた」とするフェルマの言《げん》は信じられないというのが、大方の数学者の評である。（ワイルズ自身の論文だけで二〇〇ページに達する！）

興味ある読者は、足立恒雄『フェルマーの大定理が解けた！』（ブルーバックス、講談社）など参照されたい。〔訳注〕

5

（1）この仕事をしたときのパスカルの年齢については、権威ある学者によって一五歳から一七歳までのちがいがでている。一八一九年のパスカル全集は、円錐曲線に関するある命題の叙述についての簡単な摘要を収めているが、これはライプニッツが見た完成した論文ではない。〔原注〕
（2）つまり相交二直線の場合。〔訳注〕
（3）サイクロイドを用いると、正確に等時性をもった振子が作れる。〔訳注〕

6

（1）$\frac{\partial^2 u}{\partial x^2}+\frac{\partial^2 u}{\partial y^2}+\frac{\partial^2 u}{\partial z^2}=-\sigma\frac{\partial u}{\partial t}$.〔訳注〕

（2）ニュートンお気にいりの姪が、彼の昇進をはやめるために、その魅力を利用したというゴシップが流れていた。〔原注〕

（3）この問題は（現代風にいえば）、任意のパラメータ曲線群に対する直交曲線をみつけよ、というものである。〔原注〕

7

（1）Alfred North Whitehead（1861～1947）/Bertrand Arthur Russell（1872～1970）共著で一九一〇～一三年『数学原理《プリンキピア》』を出版。〔訳注〕

（2）Hermann Günther Grassmann（1809～1877）ドイツの数学者・言語学者。一八四四年テンソル解析を含む『外延論』を著した。〔訳注〕

8

（1）実際のところ、私はここで二つの伝説をむすびつけた。女王ディドーは最大の面積を《囲む》ために一枚の牡牛の皮を与えられた。彼女はこれを切って一本の革紐に

し、それで半円を囲んだという。〔原注〕

（2）変分法のこの問題または他の問題に関する歴史的注釈については、G・A・ブリス『変分法』（一九二五年、シカゴ）を参照のこと。ヤーコプ一世の英語名はジェイムズである。〔原注〕

9

（1）Srinivasa Ramanujan（1887～1920）インドが生んだ解析数論の奇才。霊感によって多数の定理を発見したが、証明できていないものも多い。〔訳注〕

（2）コンドルセ『讃辞』（Éloge）から引用した。〔原注〕

10

（1）あるスペインの紳士による傑作な《証明》をここに引用しておくのもおもしろいであろう。

$1\times2\times\cdots\times n$は、普通$n!$と略記される。さて$p-1+1=p$で、これは$p$でわりきれる。全体に感嘆符!をつけると、$(p-1)!+1!=p!$である。右辺はまた$p$によってわりきれる。そこで$(p-1)!+1!$は$p$によってわりきれるというのである。だがおしいことに、この証明はpが素数でない場合でも同様に有効である。〔原注〕

（2） G. Zolotareff（1847～1878） ロシアの数学者。〔訳注〕

11

（1） Jean Baptiste Biot（1774～1862） フランスの数学者・物理学者・天文学者。〔訳注〕

12

（1） F・J・D・アラゴ（一七八六～一八五三）は、天文学者、物理学者、科学方面の伝記作家である。〔原注〕

（2） 二一歳のフーリエが発見したのは、数字方程式 $f(x)=0$ が区間 (a, b) 内に持つ実数解の個数に関係する。$f(x)$ を実数係数の n 次の多項式とし、c を一つの実数とするとき、$f(x)$ の第一次、第二次、……第 n 次の導関数の値

$$f(c), f'(c), f''(c), \cdots, f^{(n)}(c)$$

の符号変化の個数を $V(c)$ で表わす。フーリエの定理は、この実数解の個数が $V(a) - V(b)$ に等しいか、それより偶数だけ少ないというのである。〔訳注〕

（3） Alexander von Humboldt（1769～1859） ドイツの自然地理学者・外交官。一

七九九〜一八〇四年中南米を探査した。〔訳注〕

解説——数学少年の夢

数学者・評論家
森　毅

ぼくは数学少年だった。気が多いたちで、文学少年でもあり演劇少年でもあり、ついでに昆虫少年でもあったけれど。

古本屋をまわって、数学の本をあさってきて、それを楽しむ。戦争中の出版事情もあって、新本屋の棚はがらがら、本というのは古本屋で探すものだった。

系統的ではない。たまたま手に入ったものを読む。だから基礎学力が不足していて、よくわからんままになんとか楽しむ。小学生のころに熱中した、シェークスピアやピランデルロだって同じこと。

長じてから、専門分野の違う数学者の話を聞いても、その分野の基礎学力が不足しているので、よくはわからぬのだが、それなりに議論をかわすのが得意だった。異分野交流の重要性というのは、専門分野の基礎がないからこそ、意味があるのだ。

学校の数学の成績はそこそこだった。かけっこでいつもビリだったように、スピードというものに縁がない。計算はのろいし、なにより、よくまちがう。もっとも、まちがわないようにすることよりも、まちがいに早く気づくことのほうがずっと重要で、入試などはうまくくぐりぬけた。

数学オリンピックというのは、学校数学の優等生たちのゲームではなくて、数学少年たちのゲームであって、彼らは学校の成績はそれほどでなくとも、入試はうまくクリアすることが多い。

ぼくの時代は牧歌的な時代で、今は受験戦争の時代などと、言ってもらっては困る。ぼくの時代には本物の戦争があって、どこかの学校にもぐりこまぬと戦争にかりだされたのだ。文学者に憧れてばかりだと兵隊にとられるので、数学者に憧れているほうが安全で、それで数学科に進んでしまった。その時代は、旧制高校の理科が八クラス、文科が一クラス。医者や技術者は必要だが、政治や経済は当面の間にあわぬ。文科は入るのが難しいし、理科より先に学徒動員で戦線に連れていかれる。

「理科」とか「文科」とか言うのは、旧制高校の遺制だが、「理系ばなれ」というのをぼくはあまり心配しない。それよりも、理系なら理系だけ、文系なら文系だけ、というのが困る。理系とも文系とも言えぬ分野の増えている時代なのに。旧制高校では、文学や哲学を論ずるのが理科生の見栄で、数学や物理を論ずるのが文科生の見栄だった。

だから、数学少年が数学者になるともかぎらぬのは、昆虫少年が昆虫学者になるとかぎらぬようなもの。漫画家になってもかまわぬ。稲垣足穂も、森敦も数学少年だった。大学で数学科へ進んだあとで、文化庁長官になったり、広島市長になったりしてもよい。オリンピック少女でミュージシアンになったのもいたっけ。

さて、ベルの『数学をつくった人びと』の出たのは戦後だったが、小学生ぐらいのときに読んだ記憶がよみがえった。英語の読めぬころだから、もちろん日本語で。たぶん、どこかの古本屋で手に入れて、数学者に憧れていたのだろう。部分訳だったのかもしれぬし、「数学者物語」風にリライトされたものかもしれぬ。著作権などが、あまり問題にならなかった時代だから。数学者には妙な人が多いなと、変人あつかいされていた自分をなぐさめ、数学者にあこがれたわけ。もっとも、詩人にも芸術家にも、変人は多いから、べつに数学者でなくてもよかったはずだが。

世間での小学校以来の数学のイメージはおかしい。きまった問題にきまった解きかたできまった答をだすといったイメージ。実際には、解きかたのわからぬものを考えるのが研究である。このごろでは、「問題解決」と言わずに「課題探求」を言うようになった。自分でもなんとかなりそうで意味のありそうな問題にとりつくところから、研究は始まる。そして、だれもが考えるやり方ではしかたない。少しは他人と違う発想の切り口でないとつまらぬ。もちろん成功すればなによりだが、成功しなくともその切り口に有効性があれば、それなりに評価される。

大学入試だってそうで、正答まで行きつかなかったり、途中でまちがって違う答になっても、九点ぐらいもらえることがあるし、展開の不完全をとがめられて、答があっていて五点しかもらえなかったりする。問題にしても、京大の数学入試では、モルモットの数学教授に解かしてみて、教授に最初から解きかたがわかったら不採用。解きかたのわかった問題は出ないと思っていたほうがよい。学校数学は解きかたのわかった問題が多いし、受験数学はわからぬ問題が多いと心得るのが一般的。だから、オリンピック少年は学校数学よりは受験数学に適応する。

学生のころは、知りあった少女に「数学科の学生です」と言うと、奇異な目で見られるのに閉口したが、この業界は案外と住みよかった。なにより、みんなと同じ発想でいるよりは、違う発想でいることが尊重される。だれでも、新しい発想や新しい切り口を探しているから。

でも、数学者の世界が変人だけでなりたつわけではない。大部分は普通の人であって、ただ変人であることがそれなりに認められているというだけ。このごろの時代だって、変人が首相や知事になったり、ノーベル賞学者が変人くらべを競っているが、「みんなと同じ」よりも「みんなと違う」が認められるようになっただけのことだろう。

その点で、もと文学少年ないしは演劇少年として見ると、ベルの本は数学者を聖化しすぎている気がしないでもない。数学者でも、行政官になったり革命家になったりした人がいるが、その部分を数学者としての部分より低く見ているような気がする。そのことで、数学者の世界を聖化された特別の世界のようにするのはつまらんし、数学者の世界がそれで閉ざされたのでは発展性がない。数学者の世界だって、普通の世界だって、いろいろと妙な人もいて、それでその世界のゆたかさがあると考えるのがよい。

だから、数学者の世界がそれほど特別でなくてもよいが、変人であることへの抑圧が少ないだけに、ゆたかな多様性が保障されると考えているのが、今では普通の人になってしまったぼくの考え。

このごろでは、アカデミックな数学史も制度化されてきたが、ベルの本に史料批判を求めるのは野暮。それはなにより、数学少年に夢を与えるためのもの。この数学少年というのは、会社でくたびれている中年だって、定年後をもてあましている老人だってかまわない。心に数学少年の夢を楽しむ人のこと。

本書は一九九七年一〇月に東京図書より刊行された『数学をつくった人びと』(新・新装版、上下巻)を三分冊にして文庫化したものの、第一分冊です。

人名索引（Ⅰ巻～Ⅲ巻総合）

●カ行

●サ行

●タ行

●ナ行

●ハ行

●マ行

●ヤ行

●ラ行

●ワ行

〈訳者略歴〉
田中勇 1930年生 法政大学大学院博士課程修了 著書『アメリカ現代史』他 訳書『サム・ロイドのパズル百科』他
銀林浩 1927年生 東京大学理学部数学科卒 明治大学名誉教授 著書『人文的数学のすすめ』他 訳書『ガウスの生涯』（共訳）他

HM=Hayakawa Mystery
SF=Science Fiction
JA=Japanese Author
NV=Novel
NF=Nonfiction
FT=Fantasy

〈数理を愉しむ〉シリーズ

数学《すうがく》をつくった人《ひと》びと Ⅰ

〈NF283〉

二〇〇三年九月 三十日 発行
二〇一三年十月二十五日 八刷
（定価はカバーに表示してあります）

著者 E・T・ベル
訳者 田《た》中《なか》勇《いさむ》 銀《ぎん》林《ばやし》浩《こう》
発行者 早川 浩
発行所 株式会社 早川書房
郵便番号 一〇一 - 〇〇四六
東京都千代田区神田多町二ノ二
電話 〇三-三二五二-三一一一（大代表）
振替 〇〇一六〇-三-四七七九九
http://www.hayakawa-online.co.jp

乱丁・落丁本は小社制作部宛お送り下さい。
送料小社負担にてお取りかえいたします。

印刷・精文堂印刷株式会社 製本・株式会社フォーネット社
Printed and bound in Japan
ISBN978-4-15-050283-6 C0141

本書は活字が大きく読みやすい〈トールサイズ〉です。

TOKYO
HAYAKAWA
BOOKS